职 业 教 育 课 程 改 革 新 教 材

数学

Mathematics

上册

主　编　侯学群　吴　鹏　孙少平

副主编　罗庆丽　王文文　王艳丽

张　娟　冯　静

主　审　王兆晶　胡德文

zjfs.bnup.com | www.bnupg.com

北京师范大学出版集团

BEIJING NORMAL UNIVERSITY PUBLISHING GROUP

北京师范大学出版社

图书在版编目(CIP)数据

数学. 上册 / 侯学群，吴鹏，孙少平主编. —北京：北京师范大学出版社，2019.8(2021.8 重印)

ISBN 978-7-303-24816-2

Ⅰ. ①数… Ⅱ. ①侯… ②吴… ③孙… Ⅲ. ①高等数学—高等职业教育—教材 Ⅳ. ①O13

中国版本图书馆 CIP 数据核字(2019)第 133753 号

营销中心电话　010-58802755　58800035
北师大出版社职业教育分社网　http://zjfs.bnup.com
电子信箱　zhijiao@bnupg.com

出版发行：北京师范大学出版社 www.bnupg.com
北京市西城区新街口外大街 12-3 号
邮政编码：100088

印　　刷：三河市兴达印务有限公司
经　　销：全国新华书店
开　　本：787 mm×1092 mm　1/16
印　　张：15.75
字　　数：271 千字
版　　次：2019 年 8 月第 1 版
印　　次：2021 年 8 月第 3 次印刷
定　　价：39.00 元

策划编辑：庞海龙　　责任编辑：马力敏
美术编辑：高　霞　　装帧设计：锋尚设计
责任校对：陈　民　　责任印制：陈　涛

前言

数学是研究数量关系和空间形式的科学，是科学和技术的基础，是现实生活中解决客观问题的必要工具，是人类文化的重要组成部分. 在大数据和人工智能时代，数学在科学研究和社会生产服务中发挥着越来越重要的作用. 数学课程是数学教育的基本形式，是学生获得数学知识和数学技能、掌握数学的基本思想方法、积累基本的数学活动经验、形成数学思维品质、具备一定的数学能力、提高数学文化修养的主要途径.

中等职业学校数学课程是中等职业学校学生必修的一门公共基础课程，承载着落实立德树人根本任务、发展素质教育的功能，具有基础性、发展性、应用性和多样性等特点. 中等职业学校数学课程的任务是使中等职业学校学生获得进一步学习和职业发展所必需的数学知识、数学技能、数学思想和数学方法；具备中等职业教育数学学科核心素养，形成在未来学习和工作中运用数学知识发现问题的意识、运用数学方法和数学工具解决问题的能力；具备一定的科学精神、工匠精神和创新意识，养成良好的道德品质，成为德智体美劳全面发展的高素质技术技能人才.

本套教材是在 2015 年第一版的基础上修订出版的第二版，分为上册和下册，是根据《中等职业学校数学课程标准》(征求意见稿)、《技工院校公共课设置方案》、《数学课教学大纲》等文件精神，结合当前中等职业学校学生的特点，在第一版使用了三年的基础上编辑修订而成的. 本套教材的特点是：

1. 承上启下，学以致用. 注重知识的衔接，强调学习的有效性. 在九年义务教育的基础上，使学生进一步学习并掌握职业岗位和生活中所必要的数学基础知识，重点使得学生“愿意学，学得会，用得上”.

2. 降低起点，化解难点. 在讲授新的知识内容之前，先复习以前的有关知识，降低知识的起点，在呈现新的知识时，从多个方面去阐述，适当地降低抽象化和形式化的要求，帮助同学们更好地理解知识的本质.

3. 紧扣专业，突出重点. 对于不同的专业，根据相关的专业课程设置，打破第一版教材各章节的顺序，按照专业教学的实际需求规划各章节，突出专业需求和重点.

4. 夯实基础，分层教学. 在内容组织方面力求遵循因材施教、分层次教学的理念，引导学生逐步培养良好的学习习惯、实践意识、创新意识和实事求是的科学态度. 其中，加“*”号的章节作为选学内容，加“*”的题目作为选学题目，供有精力和有需求的学生进行学习.

5. 体例清晰，结构完整. 例题、思考题、课堂练习配合紧密，每章小结画龙点睛，复习题训练注重层次，专题阅读丰富有趣.

本套教材主要由侯学群和孙少平修订、统稿和定稿. 本次修订工作是在遵循“坚持推进课程改革，不断打造精品教材”的要求下进行的，对各章的内容进行了修订和增补，修订的内容主要包括以下几个方面.

上册第 1 章删去了不等式与方程的一些简单内容，保留了不等式的基本性质与解法，增加了 1.3 基本不等式的应用，由侯学群、孙少平修订编写；增加了 2.1.5 区间、3.1.4 反函数及复合函数、3.3 一次函数和二次函数、4.3.3* 函数零点以及图像变换，由孙少平、侯学群修订编写；增加了第 7 章复数，由冯静编写；增加了第 8 章算法与程序框图，由张娟编写.

下册删除了第 10 章 Mathematica 软件初步；增加了 3.4 二项式定理，3.5 统计初步，由张娟编写；增加了 4.4 空间中点、直线、平面之间的位置关系，6.4 直线与圆锥曲线的应用，由孙少平、侯学群编写；增加了第 7 章参数方程和极坐标变换，由冯静编写.

对全书的习题配置、本章小结和专题阅读等内容进行了充实和调整，大幅度增加了每一章课堂练习及复习题(B)的内容，便于学生复习、巩固所学知识，提高学生解决实际问题的能力，主要由侯学群和孙少平修订编写.

本书的编写修订工作得到了北京师范大学出版社的大力支持，在此表示衷心的感谢！由于时间仓促和水平有限，在修订的过程中，尽管我们认真对待和严格要求，难免有不尽如人意的地方，诚请广大读者和同行批评指正.

编　者

2019 年 1 月

目 录

第1章 不等式

本章概述

本章我们精选了九年义务教育阶段所学习的数学基础知识，包括数及不等式的概念、性质和运算，温故知新，以便于同学们做好数学知识的衔接，更好地开始新知识的学习.

本章学习要求

△ 1. 理解并掌握不等式的基本性质.

△ 2. 掌握一元一次不等式(组)、一元二次不等式、含有绝对值的不等式的解法.

△ 3. 学会运用不等式的基本性质和基本不等式解决一些简单问题.

1.1 不等式的基本性质

本节复习初中所学实数的基本知识，包括实数的分类、实数的运算法则和不等式的基本性质.

1.1.1 实数的分类

有理数：整数和分数统称为有理数(整数、有限小数和无限循环小数统称为有理数).

例如，-2，$\frac{3}{4}$，-3，$-\frac{3}{7}$，7.5，3.141 414 14，…

无理数：无限不循环小数称为无理数. 例如，$\sqrt{2}$，$\sqrt{3}$，π，…

实　数：有理数和无理数统称为实数.

- 实数
  - 有理数
    - 整数
      - 正整数
      - 0
      - 负整数
    - 分数
      - 正分数
      - 负分数
  - 无理数(无限不循环小数)

有理数都能表示成分数吗?

数　轴：规定了原点、正方向和单位长度的直线叫作数轴(图 1-1).

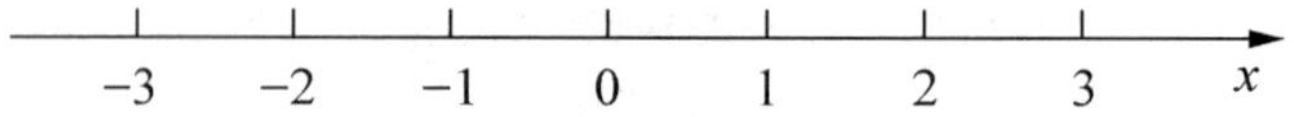

图 1-1　数轴

实数与数轴上的点具有一一对应的关系吗?

1.1.2 实数的运算法则

加　法：同号两数相加，取相同的符号，并把两数的绝对值相加；

异号两数相加，取绝对值较大的加数的符号，并用较大的绝对值减较小的绝对值.

减　法：减一个数等于加这个数的相反数.

乘　法：两数相乘，同号得正，异号得负，并把两数的绝对值相乘. 任何数与零相乘都得零.

除　法：除以一个数等于乘这个数的倒数.

乘　方：n 个相同的因数相乘，结果叫幂.

正整数指数幂：$\overbrace{a\cdot a\cdot a\cdot a\cdot\cdots\cdot a}^{n\text{个}}=a^n$（$n$ 是正整数）.

零指数幂：$a^0=1(a\neq 0)$.

负整数指数幂：$a^{-n}=\dfrac{1}{a^n}$（$a\neq 0$，且 n 是正整数）.

整数指数幂的运算法则：（$a\neq 0$，$b\neq 0$，且 m，n 是整数）.

$$a^n\cdot a^m=a^{n+m}；\ (a^m)^n=a^{mn}；$$

$$(a\cdot b)^n=a^n\cdot b^n；\ \frac{a^m}{a^n}=a^{m-n}.$$

平方根：若 $x^2=a(a\geqslant 0)$，则 x 称为 a 的平方根(二次方根).

立方根：若 $x^3=a$，则 x 称为 a 的立方根(三次方根).

n 次方根：若 $x^n=a$（a 是一个实数，$n>1$，且 n 是正整数），则 x 称为 a 的一个 n 次方根.

当 n 为偶数时，对于每一个正实数 a，它都有两个 n 次方根，且互为相反数，分别为$\sqrt[n]{a}$和$-\sqrt[n]{a}$；而对于每一个负实数 a，它的 n 次方根是没有意义的.

当 n 为奇数时，对于每一个实数 a，它在实数集里只有一个 n 次方根，表示为$\sqrt[n]{a}$.

当 $a>0$ 时，$\sqrt[n]{a}>0$；当 $a<0$ 时，$\sqrt[n]{a}<0$.

0 的 n 次方根是 0，即$\sqrt[n]{0}=0$.

n 次根式：我们把形如$\sqrt[n]{a}$（有意义时）的式子称为 n 次根式，其中 n 称为根指数，a 称为被开方数，非负的 n 次方根$\sqrt[n]{a}$称为 a 的 n 次算数根，并且$(\sqrt[n]{a})^n=a$（$n>1$，且 n 是正整数）.

1.1.3 不等式的性质

性质1 不等式的两边同时加(或减)同一个实数，不等号的方向不变，即

如果 $a>b$，那么 $a+m>b+m$；

如果 $a<b$，那么 $a+m<b+m$.

性质2 不等式的两边同时乘(或除以)同一个正数，不等号的方向不变，即

如果 $a>b$，且 $m>0$，那么 $am>bm$；

如果 $a<b$，且 $m>0$，那么 $am<bm$.

性质3 不等式的两边同时乘(或除以)同一个负数，不等号的方向要改变，即

如果 $a>b$，且 $m<0$，那么 $am<bm$；

如果 $a<b$，且 $m<0$，那么 $am>bm$.

推论1 如果 $a>b$，那么 $b<a$.

推论2 如果 $a>b$，$b>c$，那么 $a>c$.

一元一次不等式： 只含有一个未知数，并且未知数的次数是一次的不等式.

不等式的解集： 使不等式成立的未知数的取值范围.

解不等式： 求不等式解集的过程.

一元一次不等式的解法： 利用不等式的性质，将不等式逐步化成 $x<a$(或 $x>a$)的形式. 基本步骤：去分母→去括号→移项→合并同类项→将系数化为1.

不等式的解集可以在数轴上直观地表示出来吗?

思考题 1-1

1. 若 a 是一个实数，则它的相反数是多少？它的绝对值是多少？若 $a\neq0$，则它的倒数是多少？

2. 0的相反数是多少？0有倒数吗？

课堂练习 1－1

1. ________和________统称为实数.

2. $-\sqrt{2}$的绝对值是________，相反数是________，倒数是________.

3. -3，$\frac{2}{5}$，$\sqrt{\frac{4}{9}}$，$-\sqrt{2}$，$\frac{\sqrt{5}}{4}$这些数中，整数有________，分数有________，有理数有________，无理数有________.

4. 求下列各式中 x 的值.

(1)$x<0$，$|x|=3$；　(2)$x>0$，$|x|=0.2$；　(3)$|x|=4$.

5. 化简.

(1)$(2x^2+3x)-4(x-1)^2$；　(2)$(3ab-5)(-2a^2+5ab+7)$；

(3)$\frac{3}{a^2b}+\frac{1}{ab}-\frac{1}{a^3b^3}$；　(4)$\frac{3-x}{2x-4}\div\left(x+2-\frac{5}{x-2}\right)$.

6. 把下列各式分解因式.

(1)$36a^2bc-48ab^2c+24abc^2$；　(2)$a^2+ac-ab-bc$；

(3)x^2-6x+8；　(4)$2x^2-3x-5$.

7. 用不等号填空.

(1)若 $\pi a<-b$，则 $-\pi a$ ________ b；　(2)若 $a>b$，$ac<bc$，则 c ________ 0；

(3)若 $a>b$，则 $a-c$ ________ $b-c$；　(4)若 $2a<-b$，则 $-2a$ ________ b；

(5)若 $ab>0$，则 $a<0$，则 b ________ 0；　(6)若 $a-b>a$，则 b ________ 0；

(7)若 $a<0$，$b>a$，则 ab ________ a^2；　(8)若 $a<b$，则 a^3 ________ a^2b.

8. “x 的一半与 2 的差不小于 -1”所对应的不等式是________.

9. 用不等号填空.

若 $a>b>0$，则 $-\frac{a}{5}$ ______ $-\frac{b}{5}$，$\frac{1}{a}$ ______ $\frac{1}{b}$，$2a-1$ ______ $2b-1$.

10. 下列式子：

①$2>0$，②$4x+y\leqslant 1$，③$x+3=0$，④$y-7$，⑤$m-2.5>3$，其中不等式有(　　).

A. 1 个　B. 2 个　C. 3 个　D. 4 个

11. 已知 $a>b$，下列关系式中一定正确的是(　　).

A. $a^2<b^2$　B. $2a<2b$　C. $a+2<b+2$　D. $-a<-b$

12. 已知 $a<b<0$，下列式子：

①$a+1<b+2$，②$\frac{a}{b}>1$，③$a+b<ab$，④$\frac{1}{a}<\frac{1}{b}$，其中正确的有(　　).

A. 1 个　B. 2 个　C. 3 个　D. 4 个

13. 下列说法不一定成立的是(　　).

A. 若 $a>b$，则 $a+c>b+c$　B. 若 $a+c>b+c$，则 $a>b$

C. 若 $a>b$，则 $ac^2>bc^2$　D. 若 $ac^2>bc^2$，则 $a>b$

14. 若 $0<x<1$，则下列不等式成立的是(　　).

A. $x<x^2<\frac{1}{x}$　　B. $x^2<x<\frac{1}{x}$

C. $\frac{1}{x}<x<x^2$　　D. $\frac{1}{x}<x^2<x$

1.2 不等式的解法

1.2.1 一元一次不等式组

一元一次不等式组：含有相同未知数的几个一元一次不等式所组成的不等式组.

不等式组的解集：不等式组中各个不等式的解集的公共部分.

一元一次不等式组的解法的基本步骤：

(1)求出不等式组的各个不等式的解集；

(2)分别做出各个不等式的解集的数轴表示，找出公共部分，得到不等式组的解集(若公共部分不存在，则不等式组无解).

两个一元一次不等式所组成的一元一次不等式组的解集情况，可以归结为以下四种基本类型，如表 1-1 所示.

表 1-1

类型($a<b$)	数轴表示	解集
$\begin{cases}x>a,\\x>b\end{cases}$	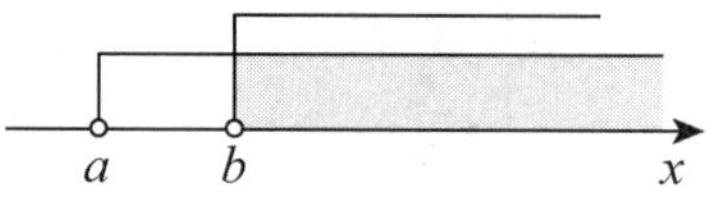	$\{x\mid x>b\}$
$\begin{cases}x<a,\\x<b\end{cases}$	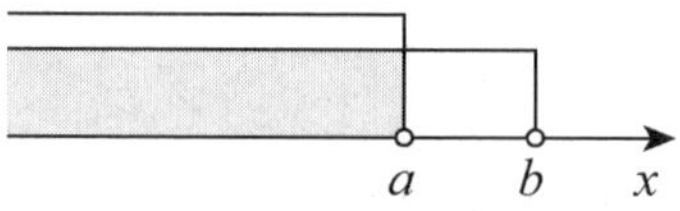	$\{x\mid x<a\}$
$\begin{cases}x>a,\\x<b\end{cases}$	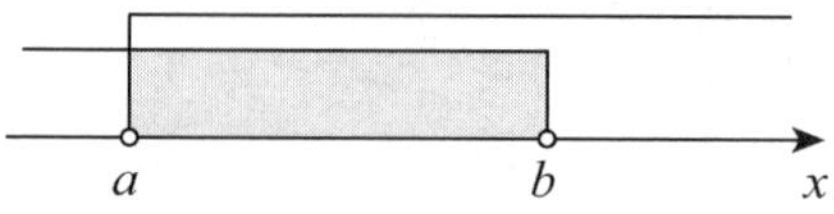	$\{x\mid a<x<b\}$

续表

类型($a<b$)	数轴表示	解集
$\begin{cases}x<a,\\x>b\end{cases}$	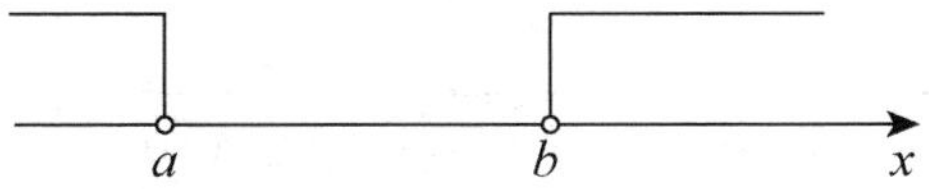	无解

1.2.2 一元二次不等式

一元二次不等式：不等式中只含有一个未知数，且未知数的最高次幂为二次的整式不等式. 它的一般形式是(以 $a>0$ 为例)：

$$ax^2+bx+c>0 \text{ 或 } ax^2+bx+c<0.$$

下面通过举例得到求一元二次不等式的解集的一般解法.

我们先研究简单的一元二次不等式：

$$x^2-x-2>0 \text{ 和 } x^2-x-2<0$$

与二次函数 $y=x^2-x-2$ 以及一元二次方程 $x^2-x-2=0$ 的关系.

我们知道，二次函数 $y=x^2-x-2$ 的图像是一条开口向上的抛物线，它与 x 轴两个交点的横坐标分别是方程 $x^2-x-2=0$ 的两个实数根，即

$$x_1=-1,\ x_2=2.$$

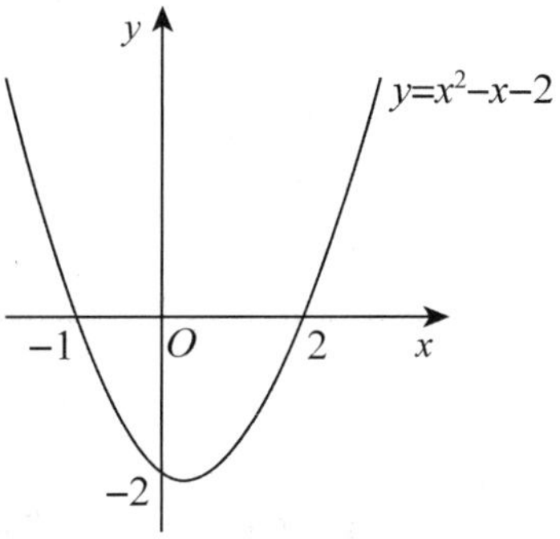

图 1-2

由图 1-2 可知，当 $x<-1$ 或 $x>2$ 时，上述函数的图像在 x 轴的上方，即

$$x^2-x-2>0;$$

当 $-1<x<2$ 时，上述函数的图像在 x 轴的下方，即

$$x^2-x-2<0.$$

也就是说，不等式 $x^2-x-2>0$ 的解集是 $\{x|x<-1 \text{ 或 } x>2\}$；不等式 $x^2-x-2<0$ 的解集是 $\{x|-1<x<2\}$.

上述方法可以推广到解任意的一元二次不等式 $ax^2+bx+c>0(a>0)$ 或 $ax^2+bx+c<0(a>0)$.

我们知道，对于一元二次方程 $ax^2+bx+c=0(a>0)$，设 $\Delta=b^2-4ac$，它的根按照 $\Delta>0$，$\Delta=0$，$\Delta<0$ 可分为三种情况. 相应地，二次函数 $y=ax^2+bx+c$

的图像与 x 轴的位置关系也可分为三种情况．因此，我们可分三种情况来讨论对应的一元二次不等式的解集，如表 1-2 所示．

表 1-2

$\Delta=b^2-4ac$	$\Delta>0$	$\Delta=0$	$\Delta<0$
一元二次方程 $ax^2+bx+c=0$ $(a>0)$的根	有两个相异实根 $x_{1,2}=\dfrac{-b\pm\sqrt{b^2-4ac}}{2a}$ (取 $x_1<x_2$)	有两个相等实根 $x_1=x_2=-\dfrac{b}{2a}$	没有实根
二次函数 $y=ax^2+bx+c$ $(a>0)$的图像	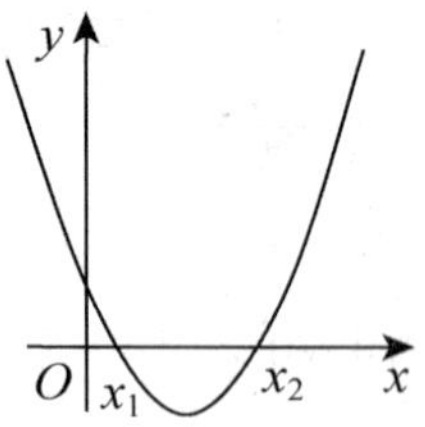	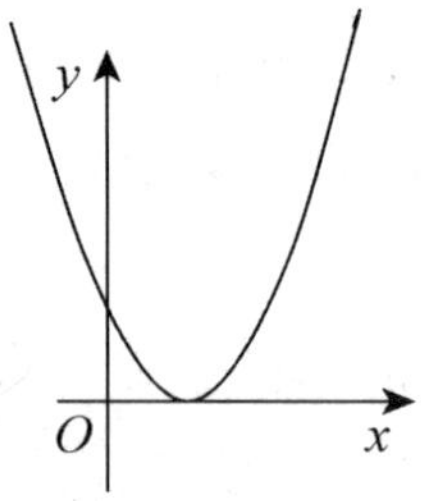	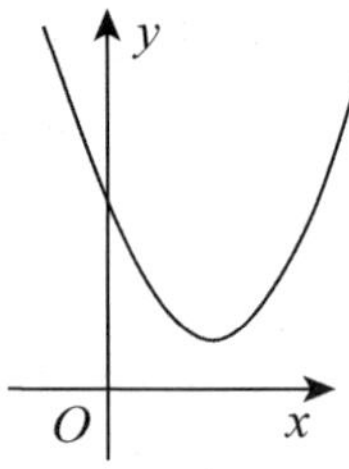
不等式 $ax^2+bx+c>0$ $(a>0)$的解	$x<x_1$ 或 $x>x_2$	$x\neq-\dfrac{b}{2a}$	全体实数
不等式 $ax^2+bx+c<0$ $(a>0)$的解	$x_1<x<x_2$	无解	无解

1.2.3 含绝对值的不等式

本节在掌握含绝对值的方程的几何意义的基础上，学习含绝对值的不等式的几何意义及其求解方法．

我们已经学过，一个数 a 的绝对值就是数轴上表示 a 的点与原点的距离，记作 $|a|$．

含绝对值的方程，如 $|x|=2$，我们知道它的解是 $x_1=2$，$x_2=-2$．数轴上表示与原点距离等于 2 的点．

那么，形如 $|x|>2$ 或 $|x|\leqslant 2$ 这样的不等式称为含绝对值的不等式．

比如，$|x|\geqslant 3$，$|x-3|<5$，$|2x+5|>1$ 等都是含绝对值的不等式．

如何求解这种不等式呢？

以 $|x|\leqslant 2$ 为例，在数轴上它是表示 x 的点与原点的距离小于或等于 2 的点的集合，如图 1-3 所示.

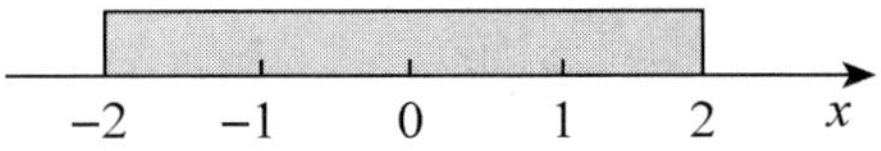

图 1-3

所以，不等式 $|x|\leqslant 2$ 的解集是 $\{x|-2\leqslant x\leqslant 2\}$.

同样，不等式 $|x|>2$，即数轴上表示 x 的点到原点的距离大于 2 的点的集合，如图 1-4 所示.

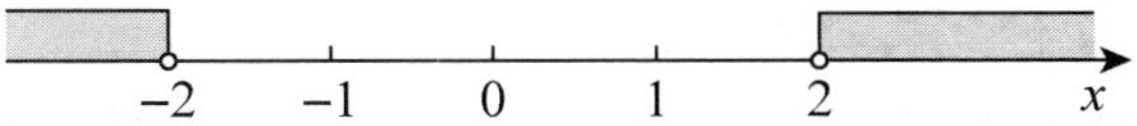

图 1-4

所以，不等式 $|x|>2$ 的解集是 $\{x|x>2$ 或 $x<-2\}$.

根据以上分析可以得出下面的结论，如表 1-3 所示.

表 1-3

含绝对值的不等式($a>0$)	解集	数轴表示
$\|x\|\leqslant a$	$-a\leqslant x\leqslant a$	
$\|x\|>a$	$x>a$ 或 $x<-a$	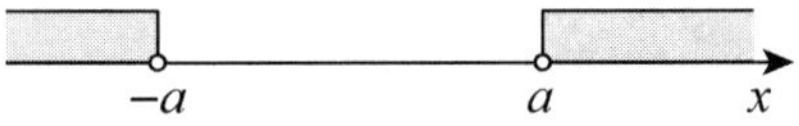

在 $|x|\leqslant a$ 或 $|x|>a$ 中的 a 为什么要大于 0?

例 1　解不等式 $|2x+1|\leqslant 5$.

解　将 $2x+1$ 看成一个整体，则 $-5\leqslant 2x+1\leqslant 5$,

即 $-6\leqslant 2x\leqslant 4$.

即 $-3 \leqslant x \leqslant 2$.

因此，原不等式的解集是 $\{x \mid -3 \leqslant x \leqslant 2\}$.

例 2 解不等式 $|3x-2|>4$.

解 将 $3x-2$ 看成一个整体，则

$$3x-2>4 \text{ 或 } 3x-2<-4,$$

即
$$x>2 \text{ 或 } x<-\frac{2}{3},$$

因此，原不等式的解集是 $\left\{x \middle| x>2 \text{ 或 } x<-\frac{2}{3}\right\}$.

思考题 1－2

1. 不等式组与方程组的解题步骤的区别与联系？

2. 求解一元二次不等式的步骤？

3. 求解含绝对值的不等式可以用两边平方的方法吗？如果可以，需要注意什么？

4. 解含绝对值不等式的步骤？

课堂练习 1－2

1. 解下列不等式.

(1) $2x-5>-3x+15$;　　(2) $\frac{3x}{5}-2<-5$.

2. 解不等式方程组.

(1) $\begin{cases} 5x+6>2x, \\ 15-8x<10-3x; \end{cases}$　　(2) $\begin{cases} x-3(x-2) \leqslant 4, \\ \frac{1+2x}{3}>x-1. \end{cases}$

3. 解下列不等式.

(1) $x^2-x-6>0$;　　(2) $25-x^2>0$.

4. 解下列不等式.

(1) $|x| \leqslant 4$;　　(2) $|x|>3$;

(3) $|3x|<6$;　　(4) $|2x| \geqslant 1$.

5. 解下列不等式.

(1) $|x-3| \geqslant 5$;　　(2) $|3-x|<5$.

6. 解下列不等式.

(1) $|2x+5| \geqslant 1$;　　(2) $|3x-2|<4$;　　(3) $|3-2x|<7$.

1.3 基本不等式的应用

图 1-5(a)是在北京召开的第 24 届国际数学家大会的会标．会标是根据中国古代数学家赵爽的弦图设计的，颜色的明暗使它看上去像一个风车，代表中国人民的热情好客．你能在这个图案中找出一些相等关系或不等关系吗？

将图中的“风车”抽象成图 1-5(b)．

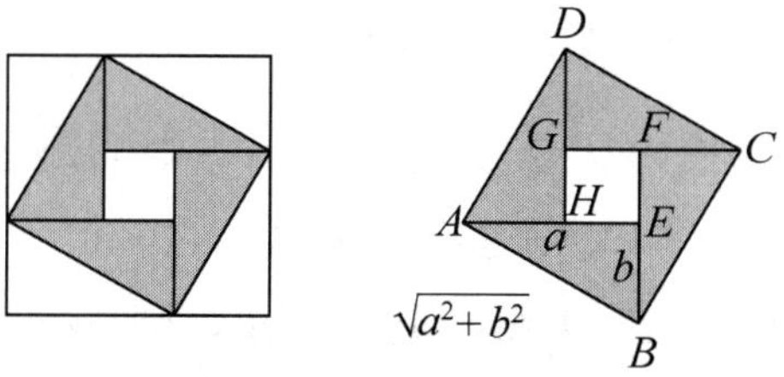

(a)　　(b)

图 1-5

在正方形 $ABCD$ 中有 4 个全等的直角三角形，设直角三角形的两条直角边长分别为 a，b，那么正方形的边长为__________．这样，4 个直角三角形的面积的和是__________，正方形的面积为__________．由于 4 个直角三角形的面积__________正方形的面积，我们就得到了一个不等式：$a^2+b^2 \geqslant 2ab$．

一般地，如果 a，$b \in \mathbf{R}$，有 $a^2+b^2 \geqslant 2ab$，当且仅当 $a=b$ 时，等号成立．

特别地，如果 $a>0$，$b>0$，用 $\sqrt{a}$，$\sqrt{b}$ 分别代替 a，b，可得 $a+b \geqslant 2\sqrt{ab}$，通常把上式写作：

$$\frac{a+b}{2} \geqslant \sqrt{ab}\ (a>0,\ b>0),$$

当且仅当 $a=b$ 时，等号成立．

我们称之为基本不等式．

语言叙述：两个正实数的算术平均值不小于它们的几何平均值．

例　如图 1-6 所示，动物园要围成四间面积相同的长方形虎笼，一面可利用原有的墙，其他各面用钢筋网围成．

(1)现有 36 m 长的钢筋网材料，每间虎笼的长、宽各设计为多少时，可使每间虎笼的面积最大？

(2)若使每间虎笼的面积为 24 m^2，则每间虎笼的长、宽各设计为多少时，可使围成四间虎笼的钢筋网总长最小？

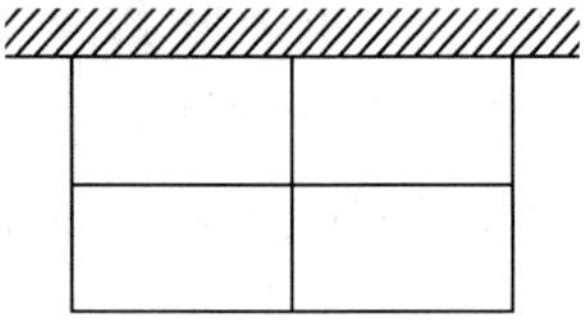

图 1-6

分析 设每间虎笼的长为 x m，宽为 y m，则问题(1)是在 $4x+6y=36$ 的前提下求 xy 的最大值；而问题(2)则是在 $xy=24$ 的前提下求 $4x+6y$ 的最小值.

解 (1)设每间虎笼的长为 x m，宽为 y m，则 $4x+6y=36$，即 $2x+3y=18$.

设每间虎笼的面积为 S，则 $S=xy$.

由于 $2x+3y\geqslant 2\sqrt{2x\times 3y}=2\sqrt{6xy}$，所以 $2\sqrt{6xy}\leqslant 18$，得 $xy\leqslant\frac{27}{2}$，即 $S\leqslant\frac{27}{2}$，当且仅当 $2x=3y$ 时等号成立.

由 $\begin{cases}2x+3y=18,\\2x=3y,\end{cases}$ 解得 $\begin{cases}x=4.5,\\y=3.\end{cases}$

故每间虎笼的长为 4.5 m、宽为 3 m 时，可使面积最大.

(2)由条件知 $S=xy=24$. 设钢筋网总长为 l，则 $l=4x+6y$.

因为 $2x+3y\geqslant 2\sqrt{2x\times 3y}=2\sqrt{6xy}=24$，

所以 $l=4x+6y=2(2x+3y)\geqslant 48$，当且仅当 $2x=3y$ 时，等号成立.

由 $\begin{cases}2x=3y,\\xy=24,\end{cases}$ 解得 $\begin{cases}x=6,\\y=4.\end{cases}$

故每间虎笼的长为 6 m、宽为 4 m 时，可使钢筋网总长最小.

点评 使用基本不等式求最值时要注意：①x，y 都是正数；②积 xy(或和 $x+y$)为定值；③x 与 y 必须能够相等. 特别情况下，还要根据条件构造满足上述三个要求的条件.

课堂练习 1-3

1. 用长为 20 m 的绳子围成一矩形，长、宽各等于多少时，围成的矩形面积最大？
2. 在面积为 625 m^2 的所有矩形中，最短周长是多少？

本章小结

知识框架

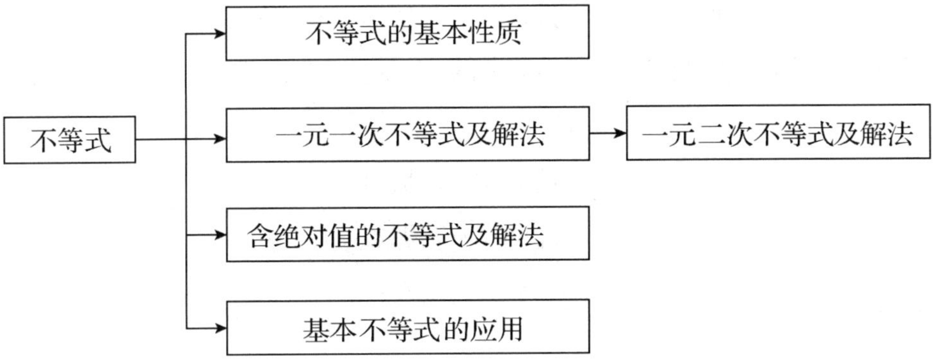

知识点梳理

1.1 不等式的基本性质

1. 有理数：整数和分数统称为有理数.

2. 无理数：无限不循环小数称为无理数.

3. 实数：有理数和无理数统称为实数.

4. 乘方：n 个相同的因数相乘，结果叫幂.

5. 正整数指数幂：$\overbrace{a\cdot a\cdot a\cdot a\cdot\cdots\cdot a}^{n\text{个}}=a^n$($n$ 是正整数).

6. 零指数幂：$a^0=1(a\neq0)$.

7. 负整数指数幂：$a^{-n}=\dfrac{1}{a^n}$($a\neq0$，且 n 是正整数).

8. 平方根：若 $x^2=a(a\geqslant0)$，则 x 称为 a 的平方根(二次方根).

9. 立方根：若 $x^3=a$，则 x 称为 a 的立方根(三次方根).

10. n 次方根：若 $x^n=a$(a 是一个实数，$n>1$，且 n 是正整数)，则 x 称为 a 的一个 n 次方根.

11. 不等式的性质：

性质 1　不等式的两边同时加(或减)同一个实数，不等号的方向不变，即

如果 $a>b$，那么 $a+m>b+m$；

如果 $a<b$，那么 $a+m<b+m$.

性质 2　不等式的两边同时乘(或除以)同一个正数，不等号的方向不变，即

如果 $a>b$，且 $m>0$，那么 $am>bm$；

如果 $a<b$，且 $m>0$，那么 $am<bm$.

性质 3　不等式的两边同时乘(或除以)同一个负数，不等号的方向要改变，即

如果 $a>b$，且 $m<0$，那么 $am<bm$；

如果 $a<b$，且 $m<0$，那么 $am>bm$.

1.2　不等式的解法

1. 一元一次不等式：只含有一个未知数，并且未知数的次数是一次的不等式.

2. 不等式的解集：使不等式成立的未知数的取值范围.

3. 解不等式：求不等式解集的过程.

4. 一元一次不等式的解法：利用不等式的性质，将不等式逐步化成 $x<a$(或 $x>a$)的形式. 基本步骤：去分母→去括号→移项→合并同类项→将系数化为 1.

5. 一元一次不等式组：含有相同未知数的几个一元一次不等式所组成的不等式组.

6. 不等式组的解集：不等式组中各个不等式的解集的公共部分.

7. 一元一次不等式组的解法的基本步骤：

(1)求出不等式组的各个不等式的解集；

(2)分别做出各个不等式的解集的数轴表示，找出公共部分，得到不等式组的解集(若公共部分不存在，则不等式组无解).

8. 两个一元一次不等式所组成的一元一次不等式组的解集情况，可以归结为以下四种基本类型.

类型($a<b$)	数轴表示	解集
$\begin{cases}x>a,\\x>b\end{cases}$	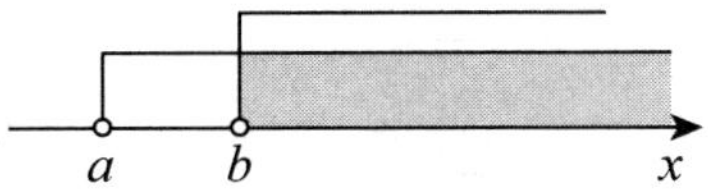	$\{x\mid x>b\}$
$\begin{cases}x<a,\\x<b\end{cases}$	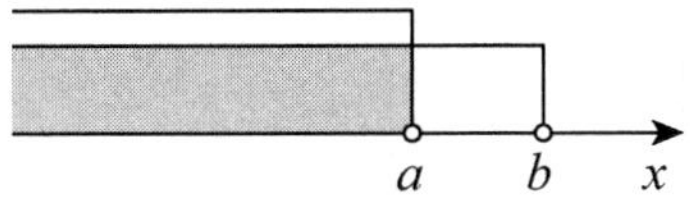	$\{x\mid x<a\}$
$\begin{cases}x>a,\\x<b\end{cases}$	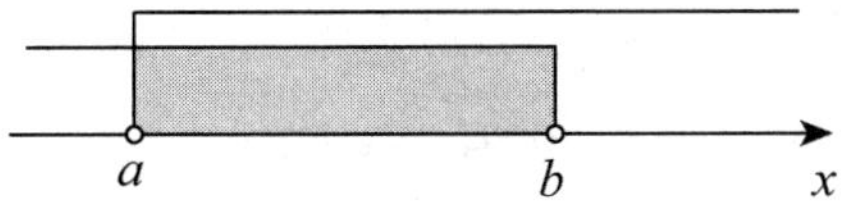	$\{x\mid a<x<b\}$
$\begin{cases}x<a,\\x>b\end{cases}$	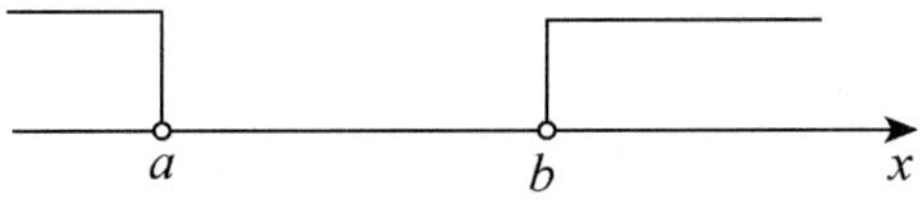	无解

9. 一元二次不等式的解集.

$\Delta=b^2-4ac$	$\Delta>0$	$\Delta=0$	$\Delta<0$
一元二次方程 $ax^2+bx+c=0$ ($a>0$)的根	有两个相异实根 $x_{1,2}=\dfrac{-b\pm\sqrt{b^2-4ac}}{2a}$ (取 $x_1<x_2$)	有两个相等实根 $x_1=x_2=-\dfrac{b}{2a}$	没有实根
二次函数 $y=ax^2+bx+c$ ($a>0$)的图像	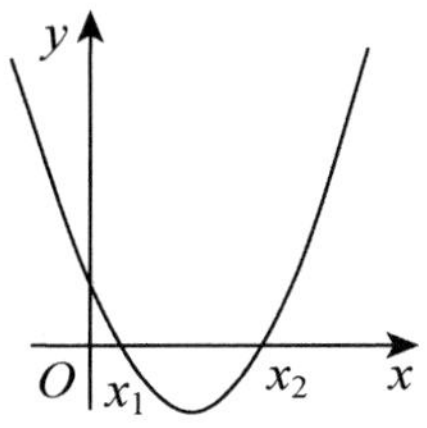	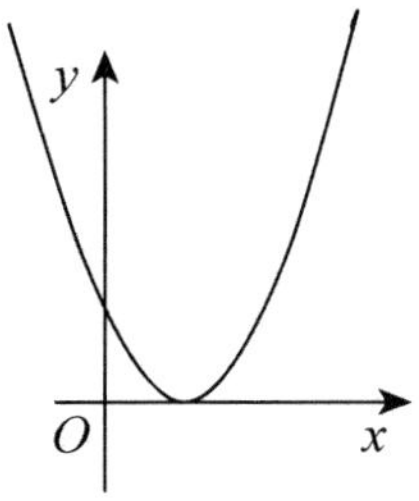	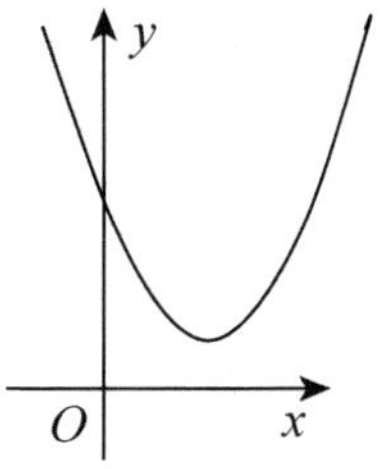
不等式 $ax^2+bx+c>0$ ($a>0$)的解	$x<x_1$ 或 $x>x_2$	$x\neq-\dfrac{b}{2a}$	全体实数
不等式 $ax^2+bx+c<0$ ($a>0$)的解	$x_1<x<x_2$	无解	无解

10. 含绝对值的不等式的解集.

含绝对值的不等式($a>0$)	解集	数轴表示
$\|x\|\leqslant a$	$-a\leqslant x\leqslant a$	
$\|x\|>a$	$x>a$ 或 $x<-a$	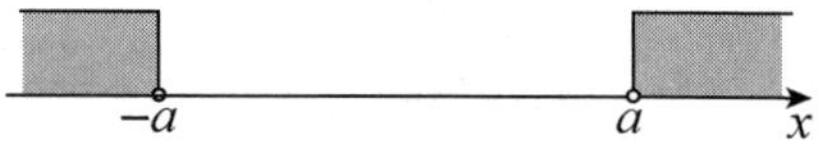

1.3　基本不等式的应用

1. 不等式 $a^2+b^2\geqslant 2ab$，当且仅当 $a=b$ 时，等号成立.

2. 基本不等式 $\sqrt{ab}\leqslant\frac{a+b}{2}(a>0,\ b>0)$，当且仅当 $a=b$ 时，等号成立.

复习题一(A)

一、选择题(在每小题列出的4个备选项中只有一个是符合题目要求的，请将其代码填写在后面的括号里)

1. 若 $a<b<0$，则下列各式中正确的是(　　).

A. $\frac{1}{a}<\frac{1}{b}$　　B. $ab<1$　　C. $\frac{a}{b}<1$　　D. $\frac{a}{b}>1$

2. 下列运算正确的是(　　).

A. $a^2\cdot a^3=a^6$　　B. $(-a)^4=a^4$　　C. $a^2+a^3=a^5$　　D. $(a^2)^3=a^5$

3. 当 $a<3$ 时，$|a-3|-(3-a)$的值为(　　).

A. $6-2a$　　B. 0　　C. $2a-6$　　D. $-2a$

4. 据《中国经济周刊》报道，上海世博会第四轮环保活动投资总金额高达820亿元，其中820亿用科学计数法表示为(　　).

A. 0.82×10^{11}　　B. 8.2×10^{10}　　C. 8.2×10^{9}　　D. 82×10^{8}

5. 下列各式中是一元一次方程的是(　　).

A. $\frac{1}{2}x-1=\frac{4}{5}-y$　　B. $-5-3=-8$

C. $x+3$　　D. $\frac{x+4-3x}{465}=x+1$

6. $|-9|$的平方根是(　　).

A. 81　　B. ±3　　C. 3　　D. -3

7. 方程 $-\frac{1}{3}+x=2x$ 的解是(　　).

A. $-\frac{1}{3}$　　B. $\frac{1}{3}$　　C. 1　　D. -1

8. 任何一个二元一次方程都有(　　).

A. 一个解　　B. 两个解　　C. 三个解　　D. 无数多个解

9. 方程 $x^2=0$ 的解的个数为(　　).

A. 0　　B. 1　　C. 2　　D. 1或2

10. 不等式 $|3x-4|<2$ 的整数解的个数是(　　).

A. 0　　B. 1　　C. 2　　D. 大于2

二、填空题(请在每小题的空格中填上正确答案)

1. 一元二次方程$(1+3x)(x-3)=2x^2+1$化为一般形式为__________，二次项系数为__________，一次项系数为__________，常数项为__________.

2. 若方程$x^2+px+q=0$的两个根是-2和3，则p，q的值分别为__________.

3. 不等式$x(x-1)\geqslant 0$的解集是__________.

4. 已知a为实数，那么$\sqrt{-a^2}=$__________.

5. 若$a-b=1$，$ab=-2$，则$(a+1)(b-1)=$__________.

6. 分解因式：$2m^3-8m=$__________.

7. 已知$|x-y+4|+(y-3)^2=0$，则$2x+y=$__________.

8. 关于x的方程$2(x-1)-a=0$的解是3，则a的值为__________.

9. 方程组$\begin{cases}2x+3y=5,\\2x-7y=-15\end{cases}$中$x$的系数特点是__________，方程组$\begin{cases}3x-5y=7,\\6x+5y=11\end{cases}$中$y$的系数特点是__________，这两个方程组用__________法解较简便.

10. 关于x的一元二次方程$x^2+k=0$有实数根，则k的取值范围为__________.

三、解方程

1. $\frac{1}{2}\left(\frac{1}{2}x-1\right)-1=1$.

2. $5-3x=8x+1$.

3. $\begin{cases}5x+4y=20,\\2x+3y=1.\end{cases}$

4. $\begin{cases}\frac{x}{2}+\frac{y}{3}=\frac{1}{6},\\2(x-1)+3(x-y)=6.\end{cases}$

5. $(x+4)^2=5(x+4)$.

6. $2x^2-10x=3$.

四、化简

1. $-(m-2n)+5(m+4n)-2(-4m-2n)$.

2. $3(2x+1)(2x-1)-4(3x-2)(3x+2)$.

五、解答题

1. 一个一元二次方程，其两根之和是5，两根之积是-14，求这两个根.

2. 已知等腰三角形的底边长为8，腰长是方程$x^2-9x+20=0$的一个根，求这个三角形的面积.

复习题一(B)

一、选择题(在每小题列出的4个备选项中只有一个是符合题目要求的，请将其代码填写在后面的括号里)

1. 下列各式中是一元一次不等式的是(　　).

A. $5+4>8$　　B. $2x-1$　　C. $2x\leqslant 5$　　D. $\frac{1}{x}-3x\geqslant 0$

2. 不等式 $6x+8>3x+8$ 的解集为(　　).

A. $x>\frac{1}{2}$　　B. $x<0$　　C. $x>0$　　D. $x<\frac{1}{2}$

3. 不等式 $x+2<6$ 的正整数解有(　　).

A. 1个　　B. 2个　　C. 3个　　D. 4个

4. 下列表达式：①$3x+4y<0$，②$y\neq 3$，③$2a+3<y$，④$x^2+2xy+y^2$，其中属于不等式的有(　　).

A. 1个　　B. 2个　　C. 3个　　D. 4个

5."a 的3倍与$\frac{1}{2}$的和不大于4"，以下各式表示正确的是(　　).

A. $3a+\frac{1}{2}\leqslant 4$　　B. $3a+\frac{1}{2}<4$

C. $3a+\frac{1}{2}\geqslant 4$　　D. $3a+\frac{1}{2}>4$

二、填空题(请在每小题的空格中填上正确答案)

1."x 的一半与2的差不大于-1"所对应的不等式是____________.

2. 用不等号填空.

若 $a<b<0$，则 $-\frac{a}{5}$________$-\frac{b}{5}$，$\frac{1}{a}$________$\frac{1}{b}$，$2a-1$________$2b-1$.

三、解答题

1. x 取何值时，$\frac{2(4x-3)}{3}$的值不大于$\frac{5(5x+12)}{6}$的值.

2. 已知 $3(5x+2)+5<4x-6(x+1)$，化简：$|3x+1|-|1-3x|$.

3. 已知 $|3x+18|+(4x-y-2k)^2=0$，当 k 为何值时，y 的值为非负数.

4. 求不等式 $kx>5x+2$ 的解集.

5. 某次知识竞赛共有 20 道题，每道题答对得 5 分，答错或不答都扣 3 分.

(1)小明考了 68 分，那么小明答对了多少道题?

(2)小亮获得二等奖(70～90 分)，请你算算小亮答对了几道题?

6. 某水果经营户以 2 元/kg 的价格购进一批小型水果，以 3 元/kg 的价格出售，每天可售出 200 kg. 为了促销，该经营户决定降价销售，经调查发现这种小型水果每降价 0.1 元/kg，每天可多售出 40 kg. 另外，每天的房租等固定成本共 24 元，该经营户要想每天盈利 200 元，应将每千克小型水果的售价降低多少元?

7. 某物流公司，要将 300 t 物资运往某地，现有 A，B 两种型号的车可供调用，已知 A 型车每辆可装 20 t，B 型车每辆可装 15 t，在每辆车不超载的条件下，把 300 t 物资装运完，在已确定调用 5 辆 A 型车的前提下至少还需调用 B 型车多少辆?

专题阅读

为什么总不少于 9 斤[①]

小李是某菜场蔬菜组的营业员. 前不久, 他注意到有不少顾客在买菜的过程中为了等营业员称重、算钱和找零钱要浪费不少时间, 于是就想了一个办法: 他把较受欢迎的而且单价之和为整数的几种蔬菜搭配起来出售, 并事先称好、包装好. 小李的这一招不仅大大方便了顾客, 而且营业额也明显提高, 真可谓皆大欢喜.

有一次, 小李把青菜、萝卜、茄子三种蔬菜作为一组, 它们的单价分别为 a 元、b 元和 c 元, 且 $a+b+c=1$(显然, a, b, c 均为小于 1 的正数). 要买这组蔬菜的顾客, 付 1 元钱可以买 3 斤(青菜、萝卜、茄子各 1 斤), 2 元钱 6 斤, 3 元钱 9 斤等. 但是有一些顾客并不需要这一方便, 他们虽然每次掏出的是 3 元钱, 买的是这三种菜, 但要的不是已经搭配、包装好的菜, 而是要求买 1 元钱青菜、1 元钱萝卜、1 元钱茄子. 这样, 小李就得给他们称 $\frac{1}{a}$ 斤青菜、$\frac{1}{b}$ 斤萝卜和 $\frac{1}{c}$ 斤茄子. 好在蔬菜组有电子秤, 这种要求倒也难不倒小李. 不过这种顾客多遇上几个之后, 小李发现了一个问题, 即他们用 3 元钱买走的三种蔬菜的总质量总是不少于 9 斤! 这是什么道理呢? 小李一时想不通. 你能对这一现象进行解释吗?

由于青菜、萝卜和茄子的单价之和为 1 元, 即 $a+b+c=1$, 且 a, b, c 均为小于 1 的正数. 我们的问题就是在这种条件下解释为什么

$$\frac{1}{a}+\frac{1}{b}+\frac{1}{c}\geqslant 9.$$

应用分式、不等式和配方等有关知识, 我们不难证明上述不等式. 证明过程如下:

$$\frac{1}{a}+\frac{1}{b}+\frac{1}{c}-9=\frac{a+b+c}{a}+\frac{a+b+c}{b}+\frac{a+b+c}{c}-9 \quad (a+b+c=1)$$

---

① 注: 旧制 1 斤等于 16 两, 市制 1 斤后改 10 两, 合 500 克.

$$=\frac{b+c}{a}+\frac{a+c}{b}+\frac{a+b}{c}+\left(\frac{a}{a}+\frac{b}{b}+\frac{c}{c}\right)-9$$

$$=\frac{b+c}{a}+\frac{a+c}{b}+\frac{a+b}{c}-6$$

$$=\frac{bc(b+c)+ca(c+a)+ab(a+b)-6abc}{abc}$$

$$=\frac{ab^2+c^2a-2abc+bc^2+a^2b-2abc+ca^2+b^2c-2abc}{abc}$$

$$=\frac{a(b-c)^2+b(c-a)^2+c(a-b)^2}{abc}$$（a，b，c 都是正数）

$$\geqslant 0.$$

移项即得$\frac{1}{a}+\frac{1}{b}+\frac{1}{c}\geqslant 9$.

这就是为什么那些顾客买走三种蔬菜的总质量总不少于 9 斤的数学道理.

怎样理解“合并同类项”

俗话说“物以类聚”. 意思是说，同一种类型的东西可以聚集在一起. 当然，不同类型的东西，就不能随意聚集. 比如，收拾房间，书放在书架上，衣服放进衣橱，碗盘放在碗橱……不能把碗盘朝衣橱里放，衣服堆到书架上……到动物园参观，老虎与老虎关在一个笼子里，熊猫与熊猫关在另一个笼子里. 不能把熊猫与老虎关在一起，否则熊猫就要被老虎吃了. 这就是“物以类聚”.

在数学里，也常用到这种同类相聚的思想.

以名数为例，3 元和 2 元的单位都是元，可以相加，相加等于 5 元. 3 元 8 角和 2 元 3 角也可以相加，但要注意元只能跟元相加，角只能跟角相加，而元不能跟角相加，答案应该是 6 元 1 角. 不同名数，如果可以化为相同名数，必须化成相同各数以后再相加；如果不能化成相同名数，就不能相加. 例如，3 kg 和 6 元表示不同的量，这两个单位无论如何也不能化为相同，所以不能相加.

整数加减法法则，为什么要强调“数位对齐”？因为数位对齐以后，同数位上的数字的单位相同，可以相加减. 同样，小数加减法强调“小数点对齐”，因为一旦小数点对齐了，整数部分和分数部分的数位也就对齐了，于是便可以相加减.

再看看分数的加减法. 同分母的分数单位相同，可以直接相加减；异分母的分数单位不同，不能直接相加减，必须先通分. 通分的实质就是把不同单位的分数化成相同单位的分数. 分数单位相同，才能相加减.

现在，我们看看合并同类项的问题，这是代数式加减法的基础. $3x^2$ 与 $5x^2$ 能相加，单位可以看成 x^2，$3x^2$ 可以理解为 3 个 x^2，$5x^2$ 可以理解为 5 个 x^2，合并起来应该是 8 个 x^2，即

$$3x^2+5x^2=8x^2.$$

同理，$6ab$ 减 $4ab$，可以把单位看成 ab，6 个 ab 减 4 个 ab，得 2 个 ab，即

$$6ab-4ab=2ab.$$

所以，对多项式的加减法而言，同类项才能合并，不是同类项不能合并. 总而言之，在进行代数加减法时，要注意"同类"这个特点.

第2章 集合与逻辑

本章概述

在现实生活中，为了提高工作效率，我们经常会对一些事物按照某种属性进行分类. 例如，球类可以分为足球、篮球、排球等；树木也可以分为灌木、乔木等. 事实上，在数学中，也有相应的知识可以准确地对客观世界中的对象进行描述，并对其进行分类. 学习运用这些知识，不仅可以提高运用数学语言刻画现实世界的能力，而且可以锻炼我们的逻辑推理能力. 本章在学习集合的概念以及集合的简单运算的基础上，进一步学习简单的逻辑推理，为今后的学习奠定基础.

本章学习要求

△ 1. 了解集合的概念，理解区间的含义及表示方法，会进行数集与区间的互化，理解集合之间的关系，掌握集合的运算.

△ 2. 了解命题的概念，理解逻辑联结词及其表示方法.

△ 3. 掌握四种命题，理解充分条件、必要条件和充要条件，学会利用它们判断两个命题之间的关系.

2.1 集合及其运算

在生活中我们常会听到这样的描述：某学校数控班学生的全体；一群羊儿在吃草；学唱歌的那些人；所有的自然数等．事实上，这些描述都具有一个共同的特点，即用到了数学上一个非常重要的概念——集合．本节我们将要学习集合的概念以及运算．

2.1.1 集合的概念

一般地，把一些能够确定的对象看成一个整体，这个整体就称为集合(简称为集)．构成集合的每个对象叫作集合的元素．集合通常用大写英文字母 A，B，C，…表示，它的元素通常用小写英文字母 a，b，c，…表示．

你能举出生活中与集合有关的一些例子吗？

任何一个集合，都具有以下三个性质．

元素的确定性： 对于任意给定的集合，集合中的元素都是确定的．例如，“比较高的人”这种描述没有给出高的标准，不能判定身高到底是多少的人属于“比较高的人”，因此，它就不能组成一个集合．但“身高大于 170 cm 的人”可以组成一个集合．

元素的互异性： 对于任意给定的集合，任意两个元素都是不同的对象，不能重复．例如，$\{1, 2, 3, 3\}$就不是集合．

元素的无序性： 对于任意给定的集合，集合中的元素是平等的，没有先后顺序．例如，$\{1, 2, 3\}$和$\{3, 2, 1\}$是同一个集合．

一般地，如果 a 是集合 A 的元素，就说 a 属于 A，记作 $a\in A$，读作“a 属于 A”；如果 a 不是集合 A 的元素，就说 a 不属于 A，记作 $a\notin A$，读作“a 不属于 A”.

例如，对于集合 $A=\{1, 2, 3\}$，我们说，$1\in A$，$4\notin A$.

例 1 判断下列语句能否构成一个集合，并说明理由.

(1)小于 10 的自然数的全体；

(2)某校高一(2)班所有性格开朗的男生；

(3)26 个英文大写字母；

(4)非常接近 1 的实数.

解 (1)(3)题的对象都可以组成集合，因为这些对象都是可以确定的.

(2)(4)题的对象不能构成集合，因为这些对象都是“模糊的”，无法确定.

一般地，一个集合既可以包含有限个元素，也可以包含无限个元素.

一般我们把含有有限个元素的集合叫作**有限集**；含有无限个元素的集合叫作**无限集**.

例如，全体偶数的集合是无限集；小于 10 的正整数构成的集合是有限集.

在生活中，你能找到有关无限集的例子吗？

为了今后研究的方便，规定空集是不含任何元素的集合，记作$\varnothing$. 方程 $x^2+1=0$ 的实数解组成的集合是空集.

另外，以数为元素的集合，简称数集. 一般地，常用的数集都有特定的记法，为今后使用方便，下面我们以表格的形式给出常用数集的符号表示，如表 2-1 所示 .

表 2-1 常用数集的符号

集合表述	集合名称	集合符号
自然数(非负整数)的全体	自然数集(非负整数集)	**N**
正整数的全体	正整数集	$\mathbf{N}_+$ 或 $\mathbf{N}^*$
整数的全体	整数集	**Z**
有理数的全体	有理数集	**Q**

续表

集合表述	集合名称	集合符号
实数的全体	实数集	$\mathbf{R}$
正实数的全体	正实数集	$\mathbf{R}^+$
负实数的全体	负实数集	$\mathbf{R}^-$

例 2 用符号“$\in$”或“$\notin$”填空.

(1)1 ____ $\mathbf{N}$，0 ____ $\mathbf{N}$，-4 ____ $\mathbf{N}$，0.3 ____ $\mathbf{N}$；

(2)1 ____ $\mathbf{Z}$，0 ____ $\mathbf{Z}$，-4 ____ $\mathbf{Z}$，0.3 ____ $\mathbf{Z}$；

(3)1 ____ $\mathbf{Q}$，0 ____ $\mathbf{Q}$，-4 ____ $\mathbf{Q}$，0.3 ____ $\mathbf{Q}$；

(4)1 ____ $\mathbf{R}$，0 ____ $\mathbf{R}$，-4 ____ $\mathbf{R}$，0.3 ____ $\mathbf{R}$.

解 (1)$\in$，$\in$，$\notin$，$\notin$；(2)$\in$，$\in$，$\in$，$\notin$；(3)$\in$，$\in$，$\in$，$\in$；(4)$\in$，$\in$，$\in$，$\in$.

2.1.2 集合的表示方法

常用的集合表示方法有列举法和描述法.

把集合的元素列举出来，写在大括号“{}”内表示这个集合，这种表示集合的方法叫列举法. 例如，由 1，2，3，4，5，6 这 6 个数组成的集合，可表示为{1，2，3，4，5，6}.

特别注意的是，当集合元素较多时，在不发生误解的情况下，可列几个元素为代表，其他元素用省略号表示. 例如，小于 100 的自然数的全体构成的集合，可表示为{0，1，2，3，…，99}.

例 3 用列举法表示下列集合.

(1)所有大于 3 且小于 10 的奇数构成的集合；

(2)方程 $x^2-5x+6=0$ 的解集.

解 (1)所有大于 3 且小于 10 的奇数构成的集合用列举法表示为{5，7，9}；

(2)方程 $x^2-5x+6=0$ 的解集用列举法表示为{2，3}.

如果集合中含有无穷多个元素时，列举法就失效了. 这时，我们可以把集合的元素满足的性质描述出来，写在大括号内表示集合，这种方法称为描述法. 它的一般形式可以写为$\{x|x$ 满足的性质$\}$.

小贴士：若元素范围为 R，则“$x\in \mathbf{R}$”可以省略不写.

例 4 用描述法表示下列集合.

(1)大于 3 的实数的全体构成的集合;

(2)平行四边形的全体构成的集合.

解 (1)大于 3 的实数的全体构成的集合用描述法表示为 $\{x|x>3\}$;

(2)平行四边形的全体构成的集合用描述法表示为

$$\{x|x\text{ 是两组对边分别平行的四边形}\}.$$

2.1.3 集合之间的关系

我们知道,任意两个实数都有大小关系. 例如,$5=5$,$3<4$,$4>2$ 等. 集合之间是不是也有类似的大小关系呢?接下来,我们来研究这个问题.

一般地,如果集合 A 的任何一个元素都是集合 B 的元素,那么集合 A 叫作**集合 B 的子集**,记作 $A\subseteq B$ 或 $B\supseteq A$,读作“A 包含于 B”,或“B 包含 A”.

我们规定,空集是任何集合的子集,即对于任意的集合 A,都有 $\varnothing\subseteq A$. 另外,对于任意一个集合 A,它的所有元素都属于集合 A 本身. 也就是说,任意一个集合都是它本身的子集,即 $A\subseteq A$.

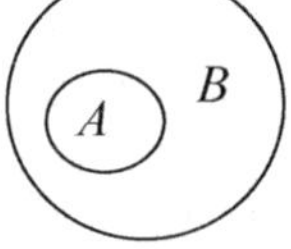

图 2-1

为了直观地表示一个集合,我们可以在平面上画一条封闭的曲线,用它的内部来表示一个非空的集合,这种图称为 Venn 图. 例如,图 2-1 可以表示集合 A 是集合 B 的子集.

如果集合 A 是集合 B 的子集,并且集合 B 中至少有一个元素不属于集合 A,那么集合 A 是集合 B 的真子集,记作 $A\subsetneqq B$(或 $B\supsetneqq A$),读作“A 真包含于 B”,或“B 真包含 A”.

事实上,图 2-1 也表示了集合 A 是集合 B 的真子集.

我们规定,空集是任何非空集合的真子集,即对于任意的非空集合 A,都有 $\varnothing\subsetneqq A$.

对于任意三个集合，我们还有如下的性质.

(1)对于集合 A，B，C，如果 $A \subseteq B$，$B \subseteq C$，则 $A \subseteq C$；

(2)对于集合 A，B，C，如果 $A \subsetneqq B$，$B \subsetneqq C$，则 $A \subsetneqq C$.

常用的数集 N，Z，Q，R 之间有什么关系？

例 5 (1)写出集合 $A=\{1, 2\}$的所有子集及真子集；

(2)写出集合 $B=\{1, 2, 3\}$的所有子集及真子集.

解 (1)集合 A 的所有子集是

$$\varnothing, \{1\}, \{2\}, \{1, 2\}.$$

在上述子集中，除去集合 A 本身，即$\{1, 2\}$，剩下的都是 A 的真子集.

(2)集合 B 的所有子集是

$$\varnothing, \{1\}, \{2\}, \{3\}, \{1, 2\}, \{1, 3\}, \{2, 3\}, \{1, 2, 3\}.$$

在上述子集中，除去集合 B 本身，即$\{1, 2, 3\}$，剩下的都是 B 的真子集.

在实数中，我们经常会说两个数相等，那么，两个集合相等又是怎样定义的呢？

一般地，对于集合 A 和集合 B，如果集合 $A \subseteq B$，且 $B \subseteq A$，那么就说两个集合相等，记作 $A=B$，读作“集合 A 等于集合 B”.

例如，{一年中的四个季节}={春天，夏天，秋天，冬天}等.

如果 $A \subseteq B$，且 $B \subseteq A$，那么 $A=B$，反之成立吗？

例 6 指出下面各组中集合之间的关系.

(1)$A=\{x \mid x^2-9=0\}$，$B=\{-3, 3\}$；

(2)$M=\{x \mid |x|=1\}$，$N=\{-1, 1\}$.

解 (1)因为集合 A 的任何一个元素都是集合 B 的元素，集合 B 的任何一个元素也都是集合 A 的元素，所以集合 A 和集合 B 相等，即 $A=B$.

(2)同理 $M=N$.

例 7 判断下面各组中集合之间的关系.

(1)$A=\{2, 4, 5, 7\}$，$B=\{2, 5\}$；

(2)$P=\{x \mid x^2=1\}$，$Q=\{-1, 1\}$.

解 (1)因为集合 B 的任何一个元素都是集合 A 的元素，而集合 A 中存在元素 4，7 不是集合 B 中的元素，所以这两个集合的关系是 $B \subsetneqq A$.

(2)因为集合 P 的任何一个元素都是集合 Q 的元素，集合 Q 的任何一个元素也都是集合 P 的元素，所以集合 P 和集合 Q 相等，即 $P=Q$.

例 8 用 Venn 图表示下列各集合之间的关系.

$A=\{x|x$ 是平行四边形$\}$，$B=\{x|x$ 是菱形$\}$，$C=\{x|x$ 是矩形$\}$，$D=\{x|x$ 是正方形$\}$.

解 根据平行四边形、菱形、矩形和正方形的关系，可以得到这四个集合 A，B，C，D 之间的关系，用 Venn 图表示，如图 2-2 所示.

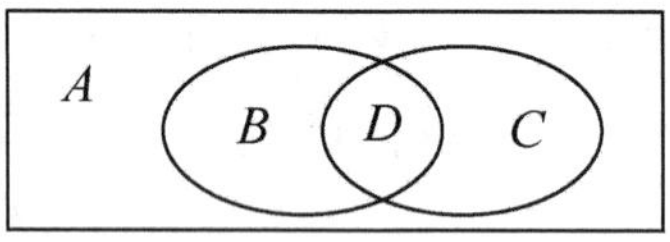

图 2-2

思考题 2-1-3

1. 如何判断两个集合是否相等？

2. 写出集合 $A=\{a, b, c\}$ 的所有子集和真子集，想一想含有 n 个元素的集合，其子集和真子集的个数分别是多少？

课堂练习 2-1-3

1. 判断下列语句是否正确？

(1)由 2，2，3，3 构成一个集合，此集合共有 4 个元素；

(2)所有三角形构成的集合是无限集；

(3)周长为 20 cm 的三角形构成的集合是有限集.

2. 用符号"∈"或"∉"填空.

(1)-3 ____ $\mathbf{N}$；　　(2)3.14 ____ $\mathbf{Q}$；

(3)$\frac{1}{3}$ ____ $\mathbf{Z}$；　　(4)$-\frac{1}{2}$ ____ $\mathbf{R}$；

(5)$\sqrt{2}$ ____ $\mathbf{R}$；　　(6)0 ____ $\mathbf{Z}$.

3. 用列举法表示下列集合.

(1)大于 3 且小于 9 的自然数全体；

(2)绝对值等于 1 的实数全体；

(3)一年中不满 31 天的月份全体；

(4)大于 3.5 且小于 12.8 的整数全体.

4. 用描述法表示下列集合.

(1)目前你所在班级的所有同学构成的集合；

(2)正奇数的全体构成的集合；

(3)绝对值等于 3 的实数的全体构成的集合；

(4)所有的正方形构成的集合.

5. 用适当的符号($\in$，$\notin$，$=$，$\subsetneqq$，$\supsetneqq$)填空.

(1)a ____ $\{a, b, c\}$；　　(2)$\{4, 5, 6\}$ ____ $\{6, 5, 4\}$；

(3)$\{a\}$ ____ $\{a, b, c\}$；　　(4)$\{a, b, c\}$ ____ $\{b, c\}$；

(5)$\varnothing$ ____ $\{1, 2, 3\}$；　　(6)$\{2, 4, 6, 8\}$ ____ $\{2, 8\}$.

6. 如图 2-3 所示，集合 U，S，T，F，下列关系中哪些是对的？哪些是错的？

(1)$S\subsetneqq U$；　　(2)$F\subsetneqq T$；

(3)$S\subsetneqq T$；　　(4)$S\supsetneqq F$；

(5)$S\subsetneqq F$；　　(6)$F\supsetneqq U$.

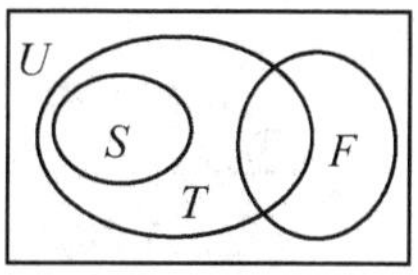

图 2-3

2.1.4　集合的运算

我们知道，在实数集中，两个数不仅可以比较大小，还可以作加减乘除等运算. 那么集合是不是也能作运算呢？在本节我们将要介绍集合的运算——交集、并集、补集.

1. 集合的交集

下面是我校食堂两天买菜的品种构成的集合，请大家思考一下，集合 A 和集合 B 有什么关系，可以用上节学习的集合的关系表示吗？

第一天买菜的品种构成的集合记为 $A=\{$黄瓜，冬瓜，鲫鱼，虾，茄子$\}$；

第二天买菜的品种构成的集合记为 $B=\{$黄瓜，猪肉，毛豆，芹菜，虾，土豆$\}$.

在上面的例子中，集合 A 中的元素不全属于集合 B，而集合 B 中的元素也不全属于集合 A，但集合 A 和集合 B 又有共同的元素，那么这些共同的元素和集合 A、集合 B 又有什么关系呢？

一般地，给定两个集合 A，B，由既属于集合 A 又属于集合 B 的所有元素构成的集合，叫作 **A，B 的交集**，记作 $A\cap B$，读作"**A 交 B**"，即 $A\cap B=\{x \mid x\in A, 且 x\in B\}$.

例如，实例中 $A\cap B=\{$黄瓜，虾$\}$.

对于两个集合 A，B 的交集，我们也可以用 Venn 图表示，图 2-4 中阴影部分表示 $A\cap B$.

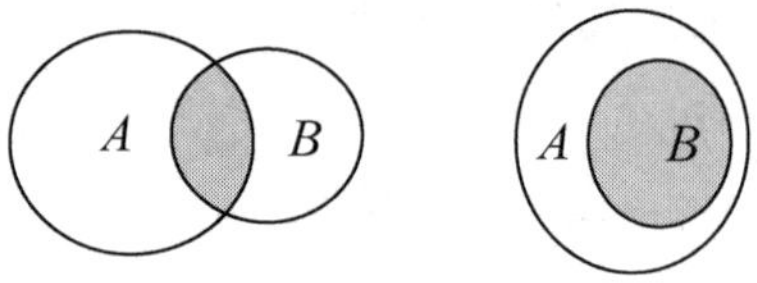

图 2-4

根据交集的定义，对于任意两个集合 A，B，有

$$A\cap B=B\cap A,\ A\cap A=A,\ A\cap\varnothing=\varnothing.$$

对于集合 A，B，C，集合 $(A\cap B)\cap C$ 是怎样的，你能用 Venn 图表示吗？

例 9 已知集合 $A=\{1,\ 2,\ 3\}$，$B=\{3,\ 4,\ 5\}$，$C=\{5,\ 3\}$，求 $A\cap B$，$B\cap C$.

解 $A\cap B=\{1,\ 2,\ 3\}\cap\{3,\ 4,\ 5\}=\{3\}$；

$B\cap C=\{3,\ 4,\ 5\}\cap\{5,\ 3\}=\{3,\ 5\}$.

例 10 已知 $A=\{x|x$ 是奇数$\}$，$B=\{x|x$ 是偶数$\}$，$\mathbf{Z}=\{x|x$ 是整数$\}$，求 $A\cap\mathbf{Z}$，$B\cap\mathbf{Z}$，$A\cap B$.

解 $A\cap\mathbf{Z}=\{x|x$ 是奇数$\}\cap\{x|x$ 是整数$\}=\{x|x$ 是奇数$\}=A$；

$B\cap\mathbf{Z}=\{x|x$ 是偶数$\}\cap\{x|x$ 是整数$\}=\{x|x$ 是偶数$\}=B$；

$A\cap B=\{x|x$ 是奇数$\}\cap\{x|x$ 是偶数$\}=\varnothing$.

2. 集合的并集

一般地，给定两个集合 A，B，把它们所有的元素合并在一起构成的集合，叫作 **A，B 的并集**，记作 $A\cup B$，读作“**A 并 B**”，即 $A\cup B=\{x|x\in A$，或 $x\in B\}$.

例如，实例中 $A\cup B=\{$黄瓜，冬瓜，猪肉，毛豆，芹菜，虾，鲫鱼，茄子，土豆$\}$.

对于两个集合 A，B 的并集，我们也可以用 Venn 图表示，图 2-5 中阴影部分表示 $A\cup B$.

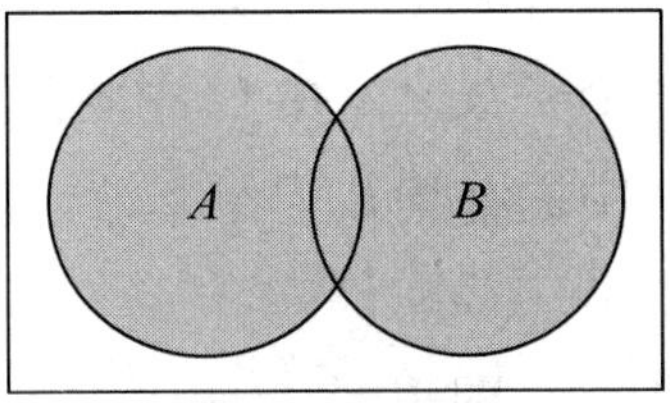

图 2-5

根据并集的定义，对于任意两个集合 A，B，有

$$A\cup B=B\cup A,\ A\cup A=A,\ A\cup\varnothing=A.$$

对于任意三个集合 A，B，C，$(A\cup B)\cup C$ 和 $A\cup(B\cup C)$ 相等吗？

例 11 已知集合 $A=\{1,3,4\}$，$B=\{3,4,5\}$，$C=\{5,6\}$，求 $A\cup B$，$B\cup C$.

解 $A\cup B=\{1,3,4\}\cup\{3,4,5\}=\{1,3,4,5\}$；

$B\cup C=\{3,4,5\}\cup\{5,6\}=\{3,4,5,6\}$.

例 12 已知 $A=\{x|x$ 是奇数$\}$，$B=\{x|x$ 是偶数$\}$，$\mathbf{Z}=\{x|x$ 是整数$\}$，求 $A\cup\mathbf{Z}$，$B\cup\mathbf{Z}$，$A\cup B$.

解 $A\cup\mathbf{Z}=\{x|x$ 是奇数$\}\cup\{x|x$ 是整数$\}=\{x|x$ 是整数$\}=\mathbf{Z}$；

$B\cup\mathbf{Z}=\{x|x$ 是偶数$\}\cup\{x|x$ 是整数$\}=\{x|x$ 是整数$\}=\mathbf{Z}$；

$A\cup B=\{x|x$ 是奇数$\}\cup\{x|x$ 是偶数$\}=\{x|x$ 是整数$\}=\mathbf{Z}$.

例 13 已知 $C=\{x|x\geqslant1\}$，$D=\{x|x<5\}$，求 $C\cap D$，$C\cup D$.

解 $C\cap D=\{x|x\geqslant1\}\cap\{x|x<5\}=\{x|1\leqslant x<5\}$，

$C\cup D=\{x|x\geqslant1\}\cup\{x|x<5\}=\mathbf{R}$.

3. 集合的全集和补集

集合的交集和集合的并集都是两个集合间的运算．事实上，在生活中，我们还经常用到集合的其他运算．接下来，我们来研究集合的其他运算．

一般地，我们在研究集合与集合之间的关系时，如果一些集合都是某一给定集合的子集，那么称这个给定的集合为这些集合的全集，通常用字母 U 表示．

小贴士：全集是一个相对的概念，是一个给定的集合，在研究不同问题时，全集也不一定相同．

对于全集 U 的一个子集 A，由 U 中的所有不属于 A 的元素构成的集合，叫作 A 在 U 中的补集，记作 $\complement_U A$，读作“A 在 U 中的补集”.

对于补集，我们可以用 Venn 图表示，如图 2-6 所示.

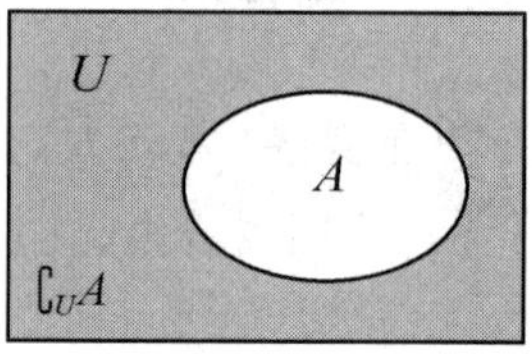

图 2-6

根据补集的定义，我们可以得到

$$A\cap \complement_U A=\varnothing,\ A\cup \complement_U A=U,\ \complement_U(\complement_U A)=A.$$

例 14 已知全集 $U=\{1, 2, 3, 4, 5, 6\}$，$A=\{1, 3, 5\}$，求 $\complement_U A$，$A\cap \complement_U A$，$A\cup \complement_U A$.

解 $\complement_U A=\{2, 4, 6\}$，$A\cap \complement_U A=\varnothing$，$A\cup \complement_U A=U=\{1, 2, 3, 4, 5, 6\}$.

例 15 已知全集 $U=\mathbf{R}$，$A=\{x|x>5\}$，求 $\complement_U A$.

解 $\complement_U A=\{x|x\leqslant 5\}$.

小贴士：对于由不等式所确定的元素组成的集合，在进行集合间的运算时，可以用画数轴的方法解决.

思考题 2-1-4

1. 集合的并集、交集、补集之间的关系，请用 Venn 图表示.
2. 请举例说明全集的相对性.

课堂练习 2-1-4

1. 已知 $A=\{x|x$ 是锐角三角形$\}$，$B=\{x|x$ 是钝角三角形$\}$，求 $A\cap B$，$A\cup B$.
2. 已知 $A=\{x|x$ 是平行四边形$\}$，$B=\{x|x$ 是菱形$\}$，求 $A\cap B$，$A\cup B$.
3. 已知全集 $U=\mathbf{R}$，$A=\{x|x<1\}$，求 $\complement_U A$.
4. 已知全集 $U=\mathbf{R}$，$A=\{x|x\leqslant 1\}$，求 $\complement_U A$.
5. 已知全集 $U=\{1, 2, 3, 4, 5, 6\}$，$A=\{1, 2, 5\}$，$B=\{2, 3, 4, 5\}$，求 $\complement_U A$，$\complement_U B$，$\complement_U A\cap \complement_U B$，$\complement_U A\cup \complement_U B$.

2.1.5 区　间

已知集合表示方法，本小节我们将学习区间的有关知识.

区　间：由数轴上两点间的一切实数所组成的集合叫作**区间**. 其中，这两个点叫作**区间端点**.

1. 有限区间

(1)不含端点的区间叫作**开区间**. 例如，集合$\{x \mid 2<x<4\}$表示的区间是开区间，用记号$(2, 4)$表示. 其中2叫作区间的左端点，4叫作区间的右端点.

(2) 含有两个端点的区间叫作**闭区间**. 例如，集合$\{x \mid 2\leqslant x\leqslant 4\}$表示的区间是闭区间，用记号$[2, 4]$表示.

(3) 只含左端点的区间叫作**左闭右开区间**. 例如，集合$\{x \mid 2\leqslant x<4\}$表示的区间是左闭右开区间，用记号$[2, 4)$表示.

(4) 只含右端点的区间叫作**左开右闭区间**. 例如，集合$\{x \mid 2<x\leqslant 4\}$表示的区间是左开右闭区间，用记号$(2, 4]$表示.

2. 无限区间

(1)集合$\{x \mid x>2\}$表示的区间的左端点为2，不存在右端点，为开区间，用记号$(2, +\infty)$表示. 其中符号“$+\infty$”(读作“**正无穷大**”)，表示右端点可以任意大，但是写不出具体的数.

(2)集合$\{x \mid x<2\}$表示的区间为开区间，用符号$(-\infty, 2)$表示(“$-\infty$”读作“**负无穷大**”).

(3)集合$\{x \mid x\geqslant 2\}$表示的区间为右半开区间，用记号$[2, +\infty)$表示.

(4)集合$\{x \mid x\leqslant 2\}$表示的区间为左半开区间，用记号$(-\infty, 2]$表示.

(5)实数集**R**可以表示为开区间，用记号$(-\infty, +\infty)$表示.

下面将各种区间表示的集合列表2-2如下(表中a，b为任意实数，且$a<b$).

表 2-2

区间	(a, b)	$[a, b]$	$(a, b]$
集合	$\{x \mid a<x<b\}$	$\{x \mid a\leqslant x\leqslant b\}$	$\{x \mid a<x\leqslant b\}$
区间	$[a, b)$	$(-\infty, b)$	$(-\infty, b]$
集合	$\{x \mid a\leqslant x<b\}$	$\{x \mid x<b\}$	$\{x \mid x\leqslant b\}$
区间	$(a, +\infty)$	$[a, +\infty)$	$(-\infty, +\infty)$
集合	$\{x \mid x>a\}$	$\{x \mid x\geqslant a\}$	**R**

例 16 已知集合 $A=(-1, 4)$，$B=[0, 5]$，求 $A\cup B$，$A\cap B$.

解 观察如图 2-7 所示的集合 A，B 的数轴表示，得

$A\cup B=(-1, 5]$；$A\cap B=[0, 4)$.

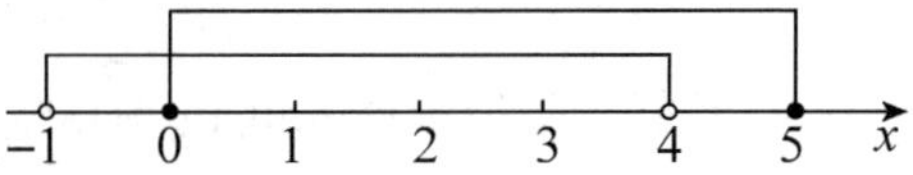

图 2-7

例 17 已知集合 $A=(-\infty, 2)$，$B=(-\infty, 4]$，求 $A\cup B$，$A\cap B$.

解 观察如图 2-8 所示的集合 A，B 的数轴表示，得

$A\cup B=(-\infty, 4]=B$；$A\cap B=(-\infty, 2)=A$.

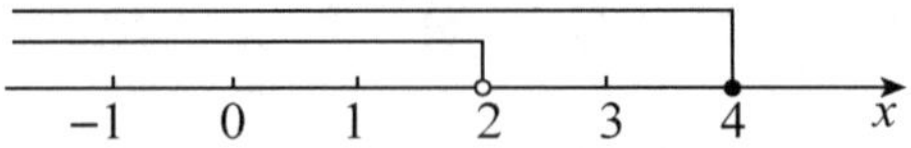

图 2-8

例 18 设全集为 **R**，集合 $A=(0, 3]$，$B=(2, +\infty)$，求

(1) $\complement_U A$，$\complement_U B$；　　(2) $A\cap(\complement_U B)$.

解 观察如图 2-9 所示的集合 A，B 的数轴表示，得

(1) $\complement_U A=(-\infty, 0]\cup(3, +\infty)$，$\complement_U B=(-\infty, 2]$；

(2) $A\cap(\complement_U B)=(0, 2]$.

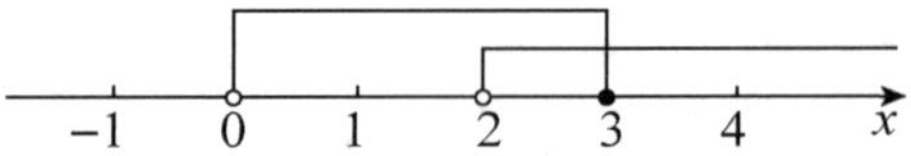

图 2-9

课堂练习 2-1-5

1. 已知集合 $A=(2, 6)$，$B=(-1, 7)$，求 $A\cup B$，$A\cap B$.
2. 已知集合 $A=[-3, 4]$，$B=[1, 6]$，求 $A\cup B$，$A\cap B$.
3. 已知集合 $A=[-1, 4)$，$B=(0, 5]$，求 $A\cup B$，$A\cap B$.
4. 设全集 **R**，集合 $A=(-\infty, -1)$，$B=(0, 3)$，求 $\complement_U A$，$\complement_U B$.

2.2 命题及逻辑联结词

本节我们来介绍一下命题的概念、构成、表达方式和分类.

2.2.1 命题的概念

请同学们分析下列语句在表述形式上，哪些是对事情做了判断?

(1)如果两条直线都与第三条直线平行，那么这两条直线也互相平行.

(2)等式两边加同一个数，结果仍是等式.

(3)5 是 15 的约数.

(4)你是学生吗?

(5)祝你快乐!

(1)(2)(3)是对事情做了判断，我们把能判断一件事情的语句，叫作命题.

命题必须用陈述句表示，命令句、感叹句、疑问句、祈使句都不能称为命题，即命题为表示判断的陈述句.

2.2.2 命题的构成

命题由"题设"和"结论"组成. "题设"是已知项，"结论"是由已知项推出的事项.

例如，两直线平行，同位角相等.

题设(两直线平行)⇒结论(同位角相等).

例 1 指出下列命题的题设和结论.

(1)如果 $AB\perp CD$，垂足为 O，那么$\angle AOC=90°$;

(2)邻补角互补.

解 (1)题设是"$AB\perp CD$，垂足为 O"，结论是"$\angle AOC=90°$".

(2)题设是"两个角是邻补角"，结论是"这两个角互补".

小贴士：命题的题设与结论不包括"如果"和"那么"这些字眼.

2.2.3 命题的表达方式

命题常可以写成“如果……那么……”的形式，这时“如果”后接的部分是题设，“那么”后接的部分是结论.

例如，“两条平行线被第三条直线所截，同旁内角互补”可以写成“如果两条平行线被第三条直线所截，那么同旁内角互补”.

例 2 把下列命题改写成“如果……那么……”的形式.

(1)垂直于同一条直线的两直线平行；

(2)对顶角相等.

解 (1)如果两条直线垂直于同一条直线，那么这两条直线平行.

(2)如果两个角是对顶角，那么这两个角相等.

在命题中添加“如果……那么……”后，命题的意义不能改变. 改写的句子要完整，语句要通顺，使命题的题设和结论更明朗，易于分辨. 改写过程中，可适当增加词语，切不可生搬硬套.

2.2.4 命题的分类

命题分为**真命题和假命题**.

如果题设成立，那么结论一定成立，这样的命题叫**真命题**，即正确的命题.

如果题设成立，不能保证结论一定成立，这样的命题叫**假命题**，即错误的命题.

例 3 指出下列命题的题设和结论，并说明是真命题还是假命题.

(1)若 $xy=0$，则 $x=0$；

(2)如果$\angle 1=\angle 2$，$\angle 2=\angle 3$，那么$\angle 1=\angle 3$.

解 (1)题设是“$xy=0$”，结论是“$x=0$”，该命题是假命题.

(2)题设是“$\angle 1=\angle 2$，$\angle 2=\angle 3$”，结论是“$\angle 1=\angle 3$”，该命题是真命题.

思考题 2－2－4

你能发现命题在结构上的共同特征吗？

课堂练习 2－2－4

1. 判断下列语句是不是命题，若是，判断其是真命题还是假命题.

(1)互为相反数的两个数之和为 0.

(2)如果两个数的乘积是 1，那么这两个数互为倒数.

(3)给我一本书！

(4)0 不是自然数.

(5)4 是有理数且是偶数.

(6)四边形的内角和是$360°$.

(7)同旁内角相等吗？

(8)$\sqrt{2}$是无理数.

2. 把下列命题改写成“如果……那么……”的形式.

(1)等角的补角相等.

(2)正方形是菱形且是矩形.

(3)三角形的内角和是 $180°$.

(4)正数的算术平方根是正数.

2.2.5 逻辑联结词

两个命题：

p：王红理论学习成绩好.

q：王红实际操作技术好.

(1)请分别用“且”和“或”联结命题 p 和命题 q，从而得到新的命题.

(2)请用“不(非)”改写命题 p.

(3)请用“如果……那么……”联结命题 p 和命题 q，从而得到新的命题.

新命题与命题 p 和命题 q 的关系？

命题 p 和命题 q 比较简单，简单的命题可以组成新的比较复杂的命题.例如，王红理论学习成绩不好.

王红理论学习成绩好且实践操作技术好.

王红理论学习成绩好或实践操作技术好.

如果王红理论学习成绩好，那么她的实践操作技术也好.

上述命题中，“且”“或”“非”“如果……那么……”等词叫作**逻辑联结词**. 不含逻辑联结词的命题，是简单命题；由简单命题与逻辑联结词构成的命题，是复合命题.

1. 且

设命题 p 和命题 q 分别为

p：12 是 3 的倍数，

q：12 是 4 的倍数.

把命题 p 和命题 q 用“且”联结起来，得到一个新的命题是“12 是 3 的倍数且 12 是 4 的倍数”. 因为 p 和 q 都是真命题，所以新命题也是真命题.

一般地，设 p，q 是两个命题，用“且”字联结 p，q 得到一个与 p 和 q 相关的新命题，记作 $p\wedge q$，读作“p 且 q”.

当 p，q 都为真时，$p\wedge q$ 为真；当 p，q 中至少有一个为假时，$p\wedge q$ 为假. $p\wedge q$ 与 p，q 的真假关系如表 2-3 所示.

表 2-3

p	q	$p\wedge q$
真	真	真
真	假	假
假	真	假
假	假	假

小贴士：由表 2-3 可知，只有当 p，q 全为真时，$p\wedge q$ 才为真. 其余情况下，$p\wedge q$ 均为假.

例 4 将下列命题写成“$p \wedge q$”形式的复合命题.

(1)p：菱形的对角线互相垂直，q：菱形的对角线互相平分；

(2)p：今天本市下雪，q：今天本市刮风.

解 (1)菱形的对角线互相垂直且平分.

(2)今天本市下雪且刮风.

例 5 确定下列命题的真假.

(1)$2+5=7$ 且 $2\neq 0$；

(2)8 是偶数且 $3\notin \mathbf{N}$；

(3)10 是奇数且 $3>5$.

解 (1)因为“$2+5=7$”为真，“$2\neq 0$”为真，所以“$2+5=7$ 且 $2\neq 0$”为真.

(2)因为“8 是偶数”为真，“$3\notin \mathbf{N}$”为假，所以“8 是偶数且 $3\notin \mathbf{N}$”为假.

(3)因为“10 是奇数”为假，“$3>5$”为假，所以“10 是奇数且 $3>5$”为假.

2. 或

设命题 p 和命题 q 分别为

$$p：5+3=8.$$
$$q：5+3>8.$$

把命题 p 和命题 q 用“或”字联结起来，得到一个新的命题“$5+3=8$ 或 $5+3>8$”. 因为 p 是真命题，所以新命题也是真命题.

一般地，设 p，q 是两个命题，用“或”字联结 p，q 得到一个与 p 和 q 相关的新命题，记作 $p\vee q$，读作“p 或 q”.

当 p，q 至少有一个为真时，$p\vee q$ 为真；当 p，q 都为假时，$p\vee q$ 为假. $p\vee q$与 p，q 的真假关系如表 2-4 所示.

表 2-4

p	q	$p\vee q$
真	真	真
真	假	真
假	真	真
假	假	假

小贴士：由表 2-4 可知，只有当 p，q 全为假时，$p \vee q$ 才为假．其余情况下，$p \vee q$ 均为真．

例 6　确定下列命题的真假．

(1)0.3 是整数或 0.3 是实数；

(2)三角形两边的和大于第三边或三角形两边的差小于第三边；

(3)2 是 5 的约数或 2 是 9 的约数．

解　(1)因为"0.3 是整数"为假，"0.3 是实数"为真，所以"0.3 是整数或 0.3 是实数"为真．

(2)因为"三角形两边的和大于第三边"为真，"三角形两边的差小于第三边"为真，所以"三角形两边的和大于第三边或三角形两边的差小于第三边"为真．

(3)因为"2 是 5 的约数"为假，"2 是 9 的约数"为假，所以"2 是 5 的约数或 2 是 9 的约数"为假．

小贴士：注意不要把日常生活中所说的"或"与逻辑联结词中的"或"等同起来，生活中"或"的含义可能是其一．例如，生活中说"参加这次活动者是甲或乙"，可以理解成参加者是甲、乙其中之一，而作为命题真假判定，即使甲、乙一起参加了这次活动，这个命题仍然是真命题．

3. 非

设命题

$$p\text{：2 是整数．}$$

否定命题得到一个新的命题：2 不是整数．这里命题 p 是真命题，新命题为假．

一般地，设 p 是一个命题，对它进行否定得到一个新命题，记作 $\neg p$，读作**"非 p"(或"p 的否定命题")**．

当 p 为真时，$\neg p$ 为假；当 p 为假时，$\neg p$ 为真．$\neg p$ 与 p 的真假关系如表 2-5 所示．

表 2-5

p	$\neg p$
真	假
假	真

例 7 写出下列命题的 $\neg p$ 形式的命题，并确定其真假．

(1)p：数学家华罗庚是中国人；

(2)q：平行线不相交；

(3)r：2 不是质数．

解 (1)$\neg p$：数学家华罗庚不是中国人．因为 p 为真，所以 $\neg p$ 为假．

(2)$\neg q$：平行线相交．因为 q 为真，所以 $\neg q$ 为假．

(3)$\neg r$：2 是质数．因为 r 为假，所以 $\neg r$ 为真．

4. 如果……那么……

数学中出现的命题，常常是以“如果……那么……”形式出现的复合命题．其中前半部分是命题的条件，后半部分则是结论．例如，

(1)如果 $|x|=5$，那么 $x=5$；

(2)如果 $x>-6$，那么 $x+6>0$．

一般地，设 p，q 是两个命题，我们把“如果 p，那么 q”形式的复合命题称为**条件命题**，读作“如果 p，那么 q”或者“若 p，则 q”．其中 p 称为**命题的条件**，q 称为**命题的结论**．

上面两个命题中，它们的条件 p 和结论 q 分别为

(1)p：$|x|=5$，q：$x=5$；

(2)p：$x>-6$，q：$x+6>0$．

当 p 为真，q 为假时，命题“若 p，则 q”为假．其余情况下，命题“若 p，则 q”都为真．命题“若 p，则 q”与命题 p，q 的真假关系如表 2-6 所示．

表 2-6

p	q	若 p，则 q
真	真	真
真	假	假
假	真	真
假	假	真

小贴士：命题“如果 p，那么 q”也可以写成“若 p，则 q”“只要 p，就有 q”等形式.

例 8 (1)p：如果 $a=0$，那么 $ab=0$；

(2)q：如果 a 是奇数，那么 $2a$ 也是奇数；

(3)r：如果经过两点可以画两条不同的直线，那么直线就是圆.

解 (1)因为“$a=0$”为真，“$ab=0$”为真，所以 p 为真.

(2)因为“a 是奇数”为真，“$2a$ 也是奇数”为假，所以 q 为假.

(3)因为“经过两点可以画两条不同的直线”为假，“直线就是圆”为假，所以 r 为真.

思考题 2-2-5

我们日常生活中所说的“或”与逻辑联结词中的“或”一样吗？请举例说明.

课堂练习 2-2-5

1. 分别写出下列各组命题构成的“$\neg p$”“$p\wedge q$”“$p\vee q$”形式，并判别它们的真假.

(1)p：2 是 10 的约数，q：2 是 18 的约数；

(2)p：矩形的两条对角线相等，q：矩形的两条对角线互相平分.

2. 把下列命题改写成“如果 p，那么 q”的形式.

(1)等边三角形的三条边相等；

(2)负数的平方是正数；

(3)相切的两个圆的连心线经过切点.

2.3 四种命题及充要条件

2.3.1 四种命题

同学们，请注意观察以下命题：

(1)同位角相等，两直线平行；

(2)两直线平行，同位角相等；

(3)同位角不相等，两直线不平行；

(4)两直线不平行，同位角不相等.

我们可以看出：命题(1)与命题(2)，命题(3)与命题(4)的特点是条件与结论交换了位置，这样的命题称为互逆命题.

命题(3)的条件与结论，恰好是命题(1)的条件与结论的否定，反过来也一样，我们把命题(1)与命题(3)称为互否命题. 命题(2)与命题(4)的关系也是如此.

命题(4)的条件与结论，恰好是命题(1)的结论与条件的否定，反过来也一样，我们称命题(1)与命题(4)互为逆否命题. 命题(2)与命题(3)的关系也是如此.

一般地，用 p 和 q 分别表示原命题的条件和结论，用 $\neg p$ 和 $\neg q$ 分别表示 p 和 q 的否定，于是四种命题的形式如下.

原命题：若 p，则 q；　　逆命题：若 q，则 p；

否命题：若 $\neg p$，则 $\neg q$；　　逆否命题：若 $\neg q$，则 $\neg p$.

分析上述四个命题的真假，容易得出：互为逆否命题的两个命题同真同假.

例 1 把下列命题改写成“如果……那么……”的形式，并写出它的逆命题、否命题及逆否命题，并判断其真假性.

(1)若 $a=0$，则 $ab=0$；

(2)矩形的两条对角线互相平分.

解 (1)原命题可以写成：如果 $a=0$，那么 $ab=0$. 它是真命题.

逆命题：如果 $ab=0$，那么 $a=0$. 它是假命题.

否命题：如果 $a\neq0$，那么 $ab\neq0$. 它是假命题.

逆否命题：如果 $ab\neq0$，那么 $a\neq0$. 它是真命题.

(2)原命题可以写成：如果一个四边形是矩形，那么它的两条对角线互相平分. 它是真命题.

逆命题：如果一个四边形的两条对角线互相平分，那么它是矩形. 它是假命题.

否命题：如果一个四边形不是矩形，那么它的两条对角线不互相平分. 它是假命题.

逆否命题：如果一个四边形的两条对角线不互相平分，那么它不是矩形. 它是真命题.

2.3.2 充要条件

本节主要介绍充分条件、必要条件、充要条件定义及其如何判定，即讨论命题的条件与结论之间的逻辑关系，是本章的重点.

在数学中，我们经常遇到“如果 p，那么 q”形式的命题，这种命题的真假要通过推理来判断. “如果 $x=y$，那么 $x^2=y^2$”，该命题显然是真命题，这表明我们有充分的理由从 $x=y$ 推出 $x^2=y^2$.

一般地，如果 p 成立，那么 q 成立，也可以表述为：由 p 推出 q 或 $p\Rightarrow q$，则称 p 是 q 的充分条件，q 是 p 的必要条件.

例如，$x=y$ 是 $x^2=y^2$ 的充分条件，$x^2=y^2$ 是 $x=y$ 的必要条件.

如果 p 是 q 的充分条件，即 $p\Rightarrow q$，p 又是 q 的必要条件，即 $q\Rightarrow p$，则称 p 是 q 的充分且必要条件，简称**充要条件**.

记作 $p\Leftrightarrow q$.

显然，如果 p 是 q 的充要条件，那么 q 也是 p 的充要条件．我们也说成 q 当且仅当 p 或 p 与 q 等价．

例如，“平面上四条边都相等的四边形”是“菱形”的充要条件．

例 2 在下列各题中，p 是 q 的什么条件？

(1)p：x 是整数，q：x 是有理数；

(2)p：$x=3$，q：$x^2=9$；

(3)p：同位角相等，q：两直线平行；

(4)p：$(x-2)(x-3)=0$，q：$x-2=0$．

解 (1)p 是 q 的充分不必要条件．

(2)p 是 q 的充分不必要条件．

(3)p 是 q 的充要条件．

(4)p 是 q 的必要不充分条件．

例 3 已知 p 是 q 的充分条件，s 是 r 的必要条件，p 是 s 的充要条件．求 q 与 r 的关系．

解 根据已知可得

因为 $r\Rightarrow s$，$p\Leftrightarrow s$，所以 $r\Rightarrow p$，

又因为 $p\Rightarrow q$，

所以 $r\Rightarrow q$．

即 r 是 q 的充分条件，q 是 r 的必要条件．

思考题 2－3

1．命题“若 $x^2+y^2=0$，则 x，y 都为 0”的逆否命题是真命题吗？

2．充分条件与充分不必要条件是什么关系？

3．必要条件与必要不充分条件又是什么关系？

课堂练习 2－3

1．下列说法中正确的个数有(　　)个．

(1)四种命题中真命题的个数一定是偶数；

(2)若一个命题的逆命题是真命题，则它的否命题不一定是真命题；

(3)逆命题与否命题之间是互为逆否关系；

(4)若一个命题的逆否命题是假命题，则它的逆命题与否命题都是假命题．

A．1　　B．2　　C．3　　D．4

2. 把下列命题改写成“如果……那么……”的形式，并写出它的逆命题、否命题及逆否命题.

(1)小于-5的数的平方大于25；

(2)当$x=2$时，$x^2-3x+2=0$.

3. 在下列各题中，p是q的什么条件？

(1)p：$a\leqslant b$，q：$a=b$；

(2)p：两个三角形同底等高，q：两个三角形面积相等；

(3)p：$x<-2$，q：$x<-3$；

(4)p：$a=0$且$b=0$，q：$a^2+b^2=0$.

4. 用充分不必要条件、必要不充分条件、充要条件、既不充分也不必要条件填空.

(1)“$a=b$”是“$ac=bc$”的________；

(2)“两个三角形全等”是“两个三角形相似”的________；

(3)“四边形的对角线相等”是“四边形是矩形”的________；

(4)“$a+5$是无理数”是“a是无理数”的________；

(5)“$x-1=0$”是“$x^2-1=0$”的________.

本章小结

知识框架

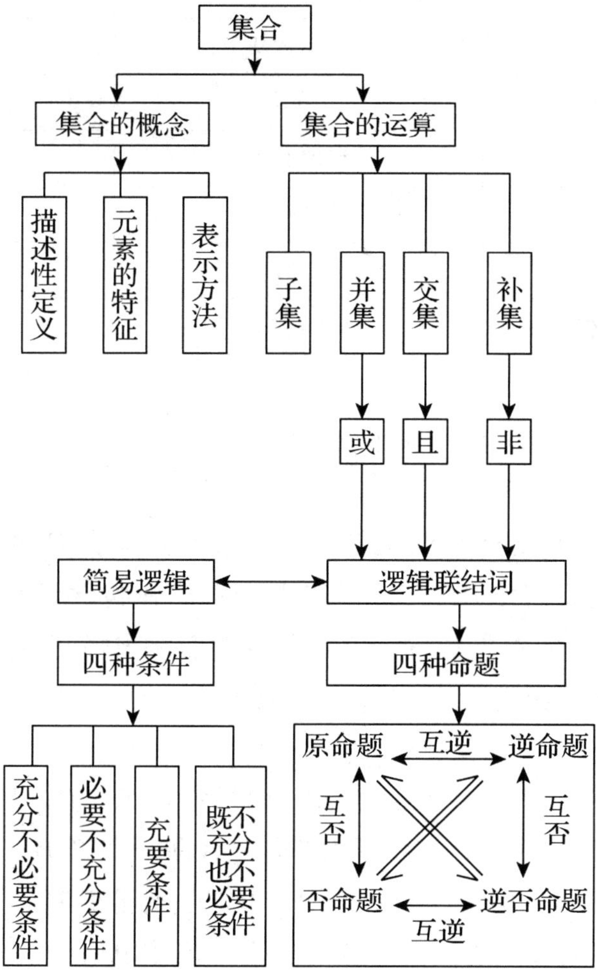

知识梳理

2.1 集合及其运算

1. 集合.

一般地，把一些能够确定的对象看成一个整体，这个整体就称为集合(简称集)．构成集合的每个对象叫作集合的元素．集合通常用大写英文字母 A，B，C，…表示，它的元素通常用小写英文字母 a，b，c，…表示．

2．集合的三个性质．

元素的确定性；元素的互异性；元素的无序性．

3．数集的符号表示．

集合表述	集合名称	集合符号
自然数(非负整数)的全体	自然数集(非负整数集)	$\mathbf{N}$
正整数的全体	正整数集	$\mathbf{N}_+$ 或 $\mathbf{N}^*$
整数的全体	整数集	$\mathbf{Z}$
有理数的全体	有理数集	$\mathbf{Q}$
实数的全体	实数集	$\mathbf{R}$
正实数的全体	正实数集	$\mathbf{R}^+$
负实数的全体	负实数集	$\mathbf{R}^-$

4．集合的表示方法．

常用的集合表示方法有列举法和描述法．

5．集合之间的关系．

(1)一般地，如果集合 A 的任何一个元素都是集合 B 的元素，那么集合 A 叫作集合 B 的子集，记作 $A\subseteq B$ 或 $B\supseteq A$，读作"A 包含于 B"，或"B 包含 A"．

(2)如果集合 A 是集合 B 的子集，并且集合 B 中至少有一个元素不属于集合 A，那么集合 A 是集合 B 的真子集，记作 $A\subsetneqq B$(或 $B\supsetneqq A$)，读作"A 真包含于 B"，或"B 真包含 A"．

(3)一般地，对于集合 A 和集合 B，如果集合 $A\subseteq B$，且 $B\subseteq A$，那么我们就说两个集合相等，记作 $A=B$，读作"集合 A 等于集合 B"．

6．交集：一般地，给定两个集合 A，B，由既属于集合 A 又属于集合 B 的所有元素所构成的集合，叫作 A，B 的交集，记作 $A\cap B$，读作"A 交 B"，即

$$A\cap B=\{x|x\in A，且\ x\in B\}．$$

7．根据交集的定义，对于任意两个集合 A，B，有

$$A\cap B=B\cap A，A\cap A=A，A\cap\varnothing=\varnothing．$$

8．一般地，给定两个集合 A，B，把它们所有的元素合并在一起构成的集合，叫作 A，B 的并集，记作 $A\cup B$，读作"A 并 B"，即

$$A\cup B=\{x|x\in A，或\ x\in B\}．$$

9. 根据并集的定义，对于任意两个集合 A，B，我们有

$$A\cup B=B\cup A，A\cup A=A，A\cup\varnothing=A.$$

10. 一般地，我们在研究集合与集合之间的关系时，如果一些集合都是某一给定集合的子集，那么称这个给定的集合为这些集合的全集，通常用字母 U 表示.

11. 对于全集 U 的一个子集 A，由 U 中的所有不属于 A 的元素构成的集合，叫作 A 在 U 中的补集，记作 $\complement_U A$，读作"A 在 U 中的补集".

12. 根据补集的定义，我们可以得到

$$A\cap\complement_U A=\varnothing，A\cup\complement_U A=U，\complement_U(\complement_U A)=A.$$

13. 各种区间表示的集合列表如下(表中 a，b 为任意实数，且 $a<b$).

区间	(a, b)	$[a, b]$	$(a, b]$
集合	$\{x \mid a<x<b\}$	$\{x \mid a\leqslant x\leqslant b\}$	$\{x \mid a<x\leqslant b\}$
区间	$[a, b)$	$(-\infty, b)$	$(-\infty, b]$
集合	$\{x \mid a\leqslant x<b\}$	$\{x \mid x<b\}$	$\{x \mid x\leqslant b\}$
区间	$(a, +\infty)$	$[a, +\infty)$	$(-\infty, +\infty)$
集合	$\{x \mid x>a\}$	$\{x \mid x\geqslant a\}$	$\mathbf{R}$

2.2 命题及逻辑联结词

1. 命题的定义：可以判断真假的语句叫作命题.

2. 命题分为真命题和假命题.

如果题设成立，那么结论一定成立，这样的命题叫作真命题，即正确的命题.

如果题设成立，不能保证结论一定成立，这样的命题叫假命题，即错误的命题.

3. 逻辑联结词："且""或""非""如果……那么……"等这些词叫作逻辑联结词.

4. 不含逻辑联结词的命题，是简单命题；由简单命题与逻辑联结词构成的命题，是复合命题.

5. 构成复合命题的形式：p 且 q(记作 $p\wedge q$)；p 或 q(记作 $p\vee q$)；非 p(记作 $\neg p$)；如果……那么……

6. “且”“或”“非”“如果……那么……”的真假判断.

p	q	$p \wedge q$
真	真	真
真	假	假
假	真	假
假	假	假

p	q	$p \vee q$
真	真	真
真	假	真
假	真	真
假	假	假

p	$\neg p$
真	假
假	真

p	q	若 p，则 q
真	真	真
真	假	假
假	真	真
假	假	真

7. 四种命题的形式.

原命题：若 p，则 q；　　逆命题：若 q，则 p；

否命题：若 $\neg p$，则 $\neg q$；　　逆否命题：若 $\neg q$，则 $\neg p$.

2.3 四种命题及充要条件

1. 四种命题之间的相互关系.

原命题为真，它的逆命题不一定为真；

原命题为真，它的否命题不一定为真；

原命题为真，它的逆否命题一定为真.

2. 一般地，如果 p 成立，那么 q 成立，也可以表述为：由 p 推出 q 或 $p \Rightarrow q$，则称 p 是 q 的充分条件，q 是 p 的必要条件.

3. 如果 p 是 q 的充分条件，即 $p \Rightarrow q$，p 又是 q 的必要条件，即 $q \Rightarrow p$，则称 p 是 q 的充分且必要条件，简称充要条件，记作 $p \Leftrightarrow q$.

4. 如果 p 是 q 的充要条件，那么 q 也是 p 的充要条件. 我们也说成 q 当且仅当 p 或 p 与 q 等价.

复习题二(A)

一、选择题(在每小题列出的4个备选项中只有一个是符合题目要求的，请将其代码填写在后面的括号里)

1. 下列四组对象，能构成集合的是(　　).

A. 某班所有高个子的学生　　B. 著名的艺术家

C. 一切很大的书　　D. 倒数等于它自身的实数

2. 集合$\{a, b, c\}$的真子集共有(　　)个.

A. 7　　B. 8　　C. 9　　D. 10

3. 若$U=\{1, 2, 3, 4\}$，$M=\{1, 2\}$，$N=\{2, 3\}$，则$\complement_U(M\cup N)=$(　　).

A. $\{1, 2, 3\}$　　B. $\{2\}$　　C. $\{1, 3, 4\}$　　D. $\{4\}$

4. 对以下四个命题的判断正确的是(　　).

(1)原命题：若一个自然数的末位数字为0，则这个自然数能被5整除.

(2)逆命题：若一个自然数能被5整除，则这个自然数的末位数字为0.

(3)否命题：若一个自然数的末位数字不为0，则这个自然数不能被5整除.

(4)逆否命题：若一个自然数不能被5整除，则这个自然数的末位数字不为0.

A. (1)(3)为真，(2)(4)为假　　B. (1)(2)为真，(3)(4)为假

C. (1)(4)为真，(2)(3)为假　　D. (2)(3)为真，(1)(4)为假

5. 命题“1997年7月1日是中国共产党的生日，又是香港回归祖国的日子”中，使用逻辑联结词的情况是(　　).

A. 没有使用逻辑联结词　　B. 用了逻辑联结词“且”

C. 用了逻辑联结词“或”　　D. 用了逻辑联结词“非”

6. 下列结论中不正确的是(　　).

A. $0\in\mathbf{N}$　　B. $\sqrt{2}\in\mathbf{Q}$　　C. $0\in\mathbf{Q}$　　D. $-1\in\mathbf{Z}$

7. 下列结论中不正确的是(　　).

A. 若$a\in\mathbf{N}$，则$-a\notin\mathbf{N}$　　B. 若$a\in\mathbf{Z}$，则$a^2\in\mathbf{Z}$

C. 若$a\in\mathbf{Q}$，则$|a|\in\mathbf{Q}$　　D. 若$a\in\mathbf{R}$，则$\sqrt{a}\in\mathbf{R}$

8. 下列命题为真命题的是(　　).

A. 平行线相交　　B. $3x-1=5$

C. 23 不是质数　　D. 如果 $x^2+y^2=0$，那么 $x=y=0$

9. $x=\frac{1}{4}$是 $x=\frac{1}{3}$的(　　).

A. 充分条件　　B. 必要条件

C. 充要条件　　D. 既不充分也不必要条件

10. 若$\{1, 2\}\subseteq A\subseteq\{1, 2, 3, 4, 5\}$，则满足条件的集合 A 的个数是(　　).

A. 6　　B. 7　　C. 8　　D. 9

二、填空题(请在每小题的空格中填上正确答案)

1. 设集合 $A=\{1, 2\}$，$B=\{1, 2, 3\}$，$C=\{2, 3, 4\}$，则$(A\cap B)\cup C=$____________.

2. 设集合 $A=\{x|x^2+x-6=0\}$，$B=\{x|ax+1=0\}$，若 $B\subseteq A$，则 $a=$____________.

3. 若集合 $A=\{x|3\leqslant x<7\}$，$B=\{x|2<x<10\}$，则 $A\cup B=$____________.

4. 若集合 $A=\{1, 4, x\}$，$B=\{1, x^2\}$，且 $A\cap B=B$，则 $x=$____________.

5. 已知 p：x_1，x_2 是方程 $x^2+5x-6=0$ 的两根，若 q：$x_1+x_2=-5$，则 p 是 q 的____________条件.

6. 若 p 的逆命题是 q，r 是 q 的否命题，则 p 是 r 的____________命题.

7. 已知 p：$\{2\}\in\{1, 2, 3\}$，q：$\{2\}\subseteq\{1, 2, 3\}$，则对复合命题的下述判断：①$p$ 或 q 为真；②p 或 q 为假；③p 且 q 为真；④p 且 q 为假. 其中判断正确的序号是____________(填上你认为正确的所有序号).

8. p：a 与 b 都是奇数，q：$a+b$ 是偶数，则 p 是 q 的____________条件.

9. 若集合 $A=\{x|x<-3$ 或 $x>3\}$，$B=\{x|x<1$ 或 $x>4\}$，则 $A\cap B=$____________.

10. 若 A 是 B 成立的充分条件，D 是 C 成立的必要条件，C 是 B 成立的充要条件，则 D 是 A 成立的____________.

三、判断题(判断下列语句. 正确的请在每小题后面的括号里填写“√”，错误的填写“×”)

1. 若 $a\in A$，且 $A\subseteq B$，则 $a\in B$.　　(　　)

2. 大于 2 且小于 3 的实数不能组成集合.　　(　　)

3. $a^2+b^2=0$ 是 $a=0$ 且 $b=0$ 的充要条件.　　(　　)

4. 一年级的学生都是六周岁. 这个命题的非命题为“一年级的学生都不是六周岁”. （　　）

5. 集合 $A=\{偶数\}$，$B=\{奇数\}$，则 $A\cup B=\{整数\}$. （　　）

四、解答题

1. 已知全集 $U=\mathbf{R}$，集合 $A=\{x|x<-4$，或 $x>1\}$，$B=\{x|-3\leqslant x-1\leqslant 2\}$，求 $A\cap B$，$(\complement_U A)\cup(\complement_U B)$.

2. 已知集合 $A=\{a^2，a+1，-3\}$，$B=\{a-3，2a-1，a^2+1\}$，若 $A\cap B=\{-3\}$，求实数 a 的值.

3. 判断下列命题的真假.

(1)12 是 4 的倍数，且 12 是 25 的约数；

(2)$3>2$ 或 $4>5$；

(3)太阳绕着地球转；

(4)$3-4-1=2$.

复习题二(B)

一、选择题(在每小题列出的4个备选项中只有一个是符合题目要求的，请将其代码填写在后面的括号里)

1. 已知集合 $A=\{x|x$ 是平行四边形$\}$，$B=\{x|x$ 是矩形$\}$，$C=\{x|x$ 是正方形$\}$，$D=\{x|x$ 是菱形$\}$，则(　　).

A. $A\subseteq B$　　B. $C\subseteq B$　　C. $D\subseteq C$　　D. $A\subseteq D$

2. 已知全集 $U=\{0, 1, 2, 3, 4, 5, 6, 7, 8, 9\}$，集合 $A=\{0, 1, 3, 5, 8\}$，$B=\{2, 4, 5, 6, 8\}$，则 $(\complement_U A)\cap(\complement_U B)=$(　　).

A. $\{5, 8\}$　　B. $\{7, 9\}$　　C. $\{0, 1, 3\}$　　D. $\{2, 4, 6\}$

3. 已知全集 $U=\mathbf{R}$，集合 $A=\{x|3\leqslant x<7\}$，$B=\{x|x^2-7x+10<0\}$，则 $\complement_U(A\cap B)=$(　　).

A. $(-\infty, 3)\cup(5, +\infty)$　　B. $(-\infty, 3]\cup[5, +\infty)$

C. $(-\infty, 3)\cup[5, +\infty)$　　D. $(-\infty, 3]\cup(5, +\infty)$

4. 已知集合 $A=\{1, 2, 3, 4, 5\}$，$B=\{(x, y)|x\in A, x-y\in A\}$，则 B 中所含元素的个数为(　　).

A. 3　　B. 6　　C. 8　　D. 10

5. 已知集合 $A=\{1, 3\sqrt{m}\}$，$B=\{1, m\}$，$A\cup B=A$，则 $m=$(　　).

A. 0 或$\sqrt{3}$　　B. 0 或 3　　C. 1 或$\sqrt{3}$　　D. 1 或 3

6. 设 P，Q 为两个非空实数集合，定义集合 $P+Q=\{a+b|a\in P, b\in Q\}$，若 $P=\{0, 2, 5\}$，$Q=\{1, 2, 6\}$，则 $P+Q$ 中元素的个数为(　　).

A. 9　　B. 8　　C. 7　　D. 6

7. 已知集合 $S=\{a, b, c, d, e\}$，S 的子集中包含$\{a, b\}$的共有(　　).

A. 2 个　　B. 3 个　　C. 5 个　　D. 8 个

8. 已知集合$\{x|x^2-x-2<0\}$，$B=\{x|-1<x<1\}$，则(　　).

A. $A\subset B$　　B. $B\subset A$　　C. $A=B$　　D. $A\cap B=\varnothing$

9. 已知集合 $A=\{-2, -1, 0, 1, 2\}$，$B=\{x\in\mathbf{Z}||x|\leqslant a\}$，则满足 $A\subset B$ 的实数 a 的一个值为(　　).

A. 0　　B. 1　　C. 2　　D. 3

10. 已知集合 $A=\{2, 3\}$，$B=\{x \mid mx-6=0\}$，若 $B\subset A$，则实数 m 的值为(　　).

A. 3　　B. 2

C. 2 或 3　　D. 0 或 2 或 3

11. 已知集合 $M=\{0, 1\}$，则满足 $M\cup N=\{0, 1, 2\}$ 的集合 N 的个数是(　　).

A. 2　　B. 3　　C. 4　　D. 8

12. 已知集合 $A=\left\{y \mid y=\sqrt{-x^2+2x}\right\}$，$B=\{x \mid |x-m<2\,013\}$，若 $A\cap B=A$，则 m 的取值范围是(　　).

A. $[-2\,012, 2\,013]$　　B. $(-2\,012, 2\,013)$

C. $[-2\,013, 2\,011]$　　D. $(-2\,013, 2\,011)$

13. 设 $S=\{x \mid x<-1$ 或 $x>5\}$，$T=\{a<x<a+8\}$，$S\cup T=\mathbf{R}$，则 a 的取值范围是(　　).

A. $(-3, -1)$　　B. $[-3, -1]$

C. $(-\infty, -3]\cup(-1, +\infty)$　　D. $(-\infty, -3)\cup(-1, +\infty)$

14. 设集合 $A=\{x \mid 0\leqslant x<3, x\in\mathbf{N}\}$ 的真子集的个数是(　　).

A. 16　　B. 8　　C. 7　　D. 4

15. 若全集 $U=\{1, 2, 3, 4, 5, 6\}$，$M=\{2, 3\}$，$N=\{1, 4\}$，则集合 $\{5, 6\}=$(　　).

A. $M\cup N$　　B. $M\cap N$

C. $(\complement_U M)\cup(\complement_U N)$　　D. $(\complement_U M)\cap(\complement_U N)$

16. 设集合 $A=\{x \mid x^2+2x-8<0\}$，$B=\{x \mid x<1\}$，则图 2-10 中阴影部分表示的集合为(　　).

A. $\{x \mid x\geqslant 1\}$

B. $\{x \mid -4<x<2\}$

C. $\{x \mid -8<x<1\}$

D. $\{x \mid 1\leqslant x<2\}$

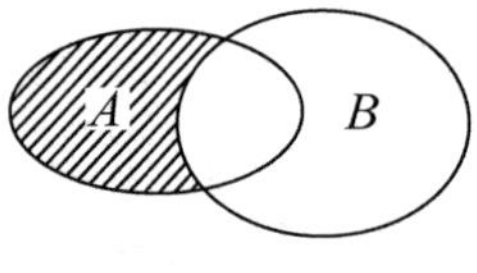

图 2-10

二、填空题(请在每小题的空格中填上正确答案)

1. 若全集 $U=\mathbf{R}$，集合 $A=\{x \mid x+2>0\}$，$B=\{x \mid x\geqslant 1\}$，则 $A\cap(\complement_U B)=$____________.

2. 已知 A，B 均为集合 $U=\{1, 2, 3, 4, 5, 6\}$ 的子集，且 $A\cap B=\{3\}$，$(\complement_U B)\cap A=\{1\}$，$(\complement_U A)\cap(\complement_U B)=\{2, 4\}$，则 $B\cap(\complement_U A)=$____________.

3. 已知 $\mathbf{R}$ 是实数集，$M=\left\{x\left|\frac{2}{x}<1\right.\right\}$，$N=\{y|y=\sqrt{x-1}\}$，则 $N\cap(\complement_{\mathbf{R}}M)=$ ________.

4. 已知 $U=\mathbf{R}$，集合 $A=\{x|x^2-x-2=0\}$，$B=\{x|mx+1=0\}$，$B\cap(\complement_U A)=\varnothing$，则 $m=$ ________.

5. 已知全集 $U=\{-2,-1,0,1,2\}$，$A=\left\{x\left|x=\frac{2}{n-1},x,n\in\mathbf{Z}\right.\right\}$，则 $\complement_U A=$ ________.

6. 已知集合 $A=\{a-2,2a^2+5a,12\}$，且 $-3\in A$，则 $a=$ ________.

7. 某班共 30 人，其中 15 人喜爱篮球运动，10 人喜爱乒乓球运动，8 人对这两项运动都不喜爱，则喜爱篮球运动但不喜爱乒乓球运动的人数为________.

8. 某班有 36 名同学参加数学、物理、化学课外探究小组，每个同学至多参加两个小组，已知参加数学、物理、化学小组的人数分别为 26，15，13，同时参加数学、物理小组的有 6 人，参加物理、化学小组的有 4 人，则同时参加数学、化学小组的有________人.

三、解答题

1. 若集合 $A=\{-2,2,3,4\}$，$B=\{x|x=t^2,t\in A\}$，用列举法表示 B.

2. 已知全集 $U=\{2,3,a^2+2a-3\}$，$A=\{2,b\}$，$\complement_U A=\{5\}$，则 a，b 的值各为多少？

3. 已知命题“若△ABC 是等腰三角形，则它的任何两个内角不相等”，请写出它的逆否命题.

4. 写出下列命题的逆命题、否命题、逆否命题，并指出它们的真假.

(1)若 $xy=0$，则 x，y 中至少有一个是 0；

(2)若 $x>0$，$y>0$，则 $xy>0$.

专题阅读

白马王子

玛丽心目中的白马王子是高个子、黑皮肤、相貌英俊的人.她认识亚历克、比尔、卡尔、戴夫四位男士，其中只有一位符合她要求的全部条件.

(1)四位男士中，只有三位是高个子，只有两位是黑皮肤，只有一位相貌英俊.

(2)每位男士都至少符合一个条件.

(3)亚历克和比尔肤色相同.

(4)比尔和卡尔身高相同.

(5)卡尔和戴夫并非都是高个子.

谁符合玛丽要求的全部条件?

(提示：有几位男士既是高个子又是黑皮肤?)

答案：

根据{(1)四位男士中，只有三位是高个子，只有两位是黑皮肤，只有一位相貌英俊}，则有三位男士是高个子，另一位不是高个子.接着，根据{(4)比尔和卡尔身高相同}，可知比尔和卡尔都是高个子.再根据{(5)卡尔和戴夫并非都是高个子}，可以知道戴夫不是高个子.

根据{(2)每位男士都至少符合一个条件}，可知戴夫至少符合一个条件.既然他不是高个子，那他一定是黑皮肤.(只有玛丽心目中那位唯一的白马王子才是相貌英俊，但他又必须是高个子)根据{(1)四位男士中，只有三位是高个子，只有两位是黑皮肤，只有一位相貌英俊}可以推断只有两位男士是黑皮肤.于是根据{(3)亚历克和比尔肤色相同}，亚历克和比尔要么都是黑皮肤，要么都不是黑皮肤.由于戴夫是黑皮肤，所以亚历克和比尔都不是黑皮肤，否则就有三位男士都是黑皮肤了.根据{(1)四位男士中，只有三位是高个子，只有两位是黑皮肤，只有一位相貌英俊}以及戴夫是黑皮肤的事实，则卡尔一定是黑皮肤.由于戴夫不是高个子，亚历克和比尔都不是黑皮肤，而卡尔既是高个子又是黑皮肤，所以卡尔是唯一符合玛丽要求的全部条件的人.

总而言之：亚历克是高个子.

比尔是高个子.

卡尔是高个子、黑皮肤、相貌英俊.

戴夫是黑皮肤.

数理逻辑——用数学方法研究逻辑或形式逻辑的学科

数理逻辑又称符号逻辑、理论逻辑. 它既是数学的一个分支，也是逻辑学的一个分支. 它是用数学方法研究逻辑或形式逻辑的学科. 其研究对象是对证明和计算这两个直观概念进行符号化以后的形式系统. 数理逻辑是数学基础的一个不可缺少的组成部分. 虽然名称中有逻辑两字，但并不属于单纯逻辑学范畴.

用数学的方法研究逻辑的系统思想一般可追溯到莱布尼茨，他认为经典的传统逻辑必须改造和发展，使之更为精确和便于演算. 后人基本是沿着莱布尼茨的思想进行工作的.

简言之，数理逻辑就是精确化、数学化的形式逻辑. 它是现代计算机技术的基础. 新的时代将是数学大发展的时代，而数理逻辑在其中将会起到很关键的作用.

逻辑是探索、阐述和确立有效推理原则的学科，最早由古希腊学者亚里士多德创建. 用数学的方法研究关于推理、证明等问题的学科就叫作数理逻辑，也叫作符号逻辑.

利用计算的方法来代替人们思维中的逻辑推理过程，这种想法早在17世纪就有人提出过. 莱布尼茨就曾经设想过能不能创造一种“通用的科学语言”，可以把推理过程像数学一样利用公式来进行计算，从而得出正确的结论. 由于当时的社会条件，他的想法并没有实现，但是他的思想却是现代数理逻辑部分内容的萌芽，从这个意义上讲，莱布尼茨可以说是数理逻辑的先驱.

1847年，英国数学家布尔发表了《逻辑的数学分析：论演绎推理的演算法》，建立了“布尔代数”，并创造了一套符号系统，利用符号来表示逻辑中的各种概念. 布尔建立了一系列的运算法则，利用代数的方法研究逻辑问题，初步奠定了数理逻辑的基础.

19世纪末20世纪初，数理逻辑有了比较大的发展. 1884年，德国数学家弗雷格(图2-11)出版了《算术基础》一书，在书中引入量词的符号，使得数理逻辑的符号系统更加完备. 为建立这门学科做出贡献的，还有美国人查理·皮尔斯，他也在著作中引入了逻辑符号，从而使现代数理逻辑最基本的理论基础逐步形成，成为一门独立的学科.

图2-11 弗雷格

第3章 函 数

本章概述

我们知道，行星在宇宙中的位置随时间的变化而变化，一天中的气温随时间的变化而变化，汽车的行驶路程随时间的变化而变化……像这种一个量发生变化，另一个量也随之变化的例子可以举出很多. 函数就是研究客观世界变化规律的一个基本的数学工具，几乎所有科学研究领域都使用函数语言. 由此可见，学习函数的有关知识是多么重要.

本章在初中所学函数基础上进一步学习函数的概念、表示方法、基本性质以及介绍几种常见的函数：一次函数及二次函数.

本章学习要求

1. 理解函数的概念及函数的定义域、值域的概念，掌握函数的定义域及简单函数的值域的求法. 理解函数的表示法，了解简单应用问题中的函数关系式的建立方法.

2. 理解分段函数、复合函数及反函数的概念，掌握简单函数的复合函数及反函数的求法.

3. 理解并掌握函数的单调性、奇偶性、周期性的概念及求法. 了解具有这些特性的函数图像的特征. 了解函数的有界性(最大值和最小值).

4. 理解反比例函数、一次函数、二次函数的概念，掌握它们的解析式、图像和性质，并用图像及性质解相应的不等式或比较函数值的大小.

3.1 函　数

函数的概念贯穿于整个数学学习的始终．只有对概念做到深刻理解，才能正确灵活地加以应用．在本节中，我们通过复习初中所学的函数知识来进一步体会、理解函数的概念，学习函数的表示方法以及理解分段函数的概念等相关知识，为后面学习指数函数、对数函数、幂函数打下基础．

3.1.1　函数的概念

我们来回顾一下初中所学函数的定义是什么？

设在一个变化过程中有两个变量 x 和 y，如果对于 x 的每一个值，y 都有唯一确定的值与它对应，那么就说 y 是 x 的函数，其中 x 叫作自变量，y 叫作因变量．

什么是变量，什么是常量？同学们能举出一些实例吗？

在函数 $y=2x^2$ 中，对 $x\in\mathbf{R}$ 的每一个确定的值，按照对应法则："平方的 2 倍"，都有唯一确定的 y 与之对应．例如，当 $x=1$ 时，$y=2$；当 $x=2$ 时，$y=8$．

上例中指出了自变量的变化范围以及由自变量确定因变量的对应法则，并由此确定了因变量的取值范围．也就是说，函数实际上就是从自变量 x 的集合到因变量 y 的集合的一种对应关系．

设 x 和 y 是两个变量，集合 A，B 是两个非空数集，若当变量 x 在集合 A 中任取一数值时，按照确定的对应法则 f，在集合 B 中总有一个确定的 y 与之对应，那么我们就称 y 是 x 的**函数**，记作 $y=f(x)$，$x\in A$．其中 x 叫作**自变量**，y 叫作**因变量**，非空数集 A 称为函数的**定义域**，与 x 对应的 y 的值叫作**函数值**，函数值的集合 $B=\{y\mid y=f(x),\ x\in A\}$ 叫作这个函数的**值域**．

若函数在某个区间上的每一点处都有定义，那么这个函数就在这个区间上有定义.

小贴士：函数中对应关系的记号“f”也可以改用其他字母，如“F”“φ”等，这时函数就相应记为 $y=F(x)$，$y=\varphi(x)$等.

比如，一次函数 $y=kx+b$(k，b 为常数，且 $k\neq0$)的定义域是 $\mathbf{R}$，值域也是 $\mathbf{R}$，对应法则是“乘 k 再加 b”，即在 $\mathbf{R}$ 中每取一个 x，按照对应法则都有一个唯一确定的 y 与之对应.

再比如，反比例函数 $y=\dfrac{k}{x}=kx^{-1}$(k 为常数，且 $k\neq0$)的定义域是 $A=\{x\mid x\neq0,\ x\in\mathbf{R}\}$，值域 $B=\{y\mid y\neq0,\ y\in\mathbf{R}\}$，对应法则是“倒数再乘 k”或者也可以叫作“负一次方再乘 k”，即在 A 中每取一个实数 x，按照对应法则在 B 中都有一个唯一确定的 y 与之对应.

$y=0$ 是函数吗？如果是函数，请写出它的定义域和值域.

从函数的概念我们可以看出，函数的定义域和对应法则如果确定了，函数的值域也就随之确定了. 因此，确定一个函数只需要两个要素：**定义域**和**对应法则**，而函数的值域一般称为派生要素.

例 1 求下列函数的定义域.

(1) $f(x)=\dfrac{1}{x+2}$；　　(2) $f(x)=\sqrt{3-x}$；　　(3) $y=\dfrac{\sqrt{x+2}}{x-1}$.

解 (1)要想使 $f(x)=\dfrac{1}{x+2}$有意义，须满足 $x+2\neq0$，即 $x\neq-2$.

所以该函数的定义域是$\{x\mid x\neq-2\}$，也可以用区间表示，即$(-\infty,\ -2)\cup(-2,\ +\infty)$.

(2)要想使 $f(x)=\sqrt{3-x}$有意义，须满足 $3-x\geqslant0$，即 $x\leqslant3$.

所以该函数的定义域是$\{x\mid x\leqslant3\}$，也可以用区间表示，即$(-\infty,\ 3]$.

(3)要想使 $y=\dfrac{\sqrt{x+2}}{x-1}$有意义，须满足如下不等式组

$$\begin{cases} x-1\neq 0, \\ x+2\geqslant 0. \end{cases}$$

解该不等式组，得

$$x\geqslant -2，且\ x\neq 1.$$

所以该函数的定义域是$\{x|x\geqslant -2，且\ x\neq 1\}$，也可以用区间表示，即$[-2,1)\cup(1,+\infty)$.

小贴士：实数集 R 也可以用区间$(-\infty,+\infty)$表示，“$-\infty$”“$+\infty$”只是两个记号，符号“$-\infty$”读作“负无穷大”，符号“$+\infty$”读作“正无穷大”.

例 2 下列各组中的两个函数是否是同一个函数，为什么？

(1)$y=\sqrt{x}$与$u=\sqrt{v}$； (2)$y=x+1$与$y=\dfrac{x^2-1}{x-1}$.

解 (1)$y=\sqrt{x}$与$u=\sqrt{v}$是相同的函数，因为它们有相同的定义域和对应法则.

(2)$y=x+1$与$y=\dfrac{x^2-1}{x-1}$不是相同的函数，因为它们的定义域不相同. $y=x+1$的定义域是$\mathbf{R}$，$y=\dfrac{x^2-1}{x-1}$的定义域是$\{x|x\neq 1\}$.

对于函数$y=f(x)$，当自变量x在定义域内取一个确定的值a的时候，则由对应法则f确定的y值称为函数在a处的函数值，记作$f(a)$或$y|_{x=a}$.

例如，$f(x)=x^2-2x+3$，则$f(1)=1^2-2\times1+3=2$，$f(-1)=(-1)^2-2\times(-1)+3=6$.

3.1.2 函数的表示方法

函数常用的表示方法有列表法、解析法和图像法.

1. 列表法

列出表格来表示两个变量之间的函数关系的方法，叫作函数的列表法.

列表法在日常生活中应用较多. 例如，某地 2018 年 8 月 1 日至 8 月 10 日最高气温的统计表，如表 3-1 所示 .

表 3-1

日期 x/日	1	2	3	4	5	6	7	8	9	10
最高气温 y/℃	29	29	28	30	27	28	29	28	29	30

利用函数的列表法，可以直接从表中读出与自变量的值相对应的函数值，即清晰地表示变量间的数量关系．但当自变量取无限多个值时，此法不宜使用．

2. 解析法

用等式来表示两个变量之间的函数关系的方法，叫作函数的解析法（公式法）．

例如，我们初中学过的一次函数、反比例函数、二次函数的解析式分别为：

$$y=kx+b（k，b 为常数，且 k\neq 0）；$$

$$y=\frac{k}{x}（k 为常数，且 k\neq 0）；$$

$$y=ax^2+bx+c（a，b，c 为常数，且 a\neq 0）.$$

用解析法表示函数关系时，可以利用解析式计算出与自变量的值所对应的函数值，同时便于研究函数的性质．但是，有些实际问题不容易确定函数的解析式．

以上三个等式叫作函数的**解析表达式**，简称**解析式**．

例 3 一辆汽车行驶在公路上，已知该汽车的油箱中现在有 60 L 汽油，油箱中的油量 y L 随着行驶路程 x km 的增加而减少，平均耗油量为 0.1 L/km.

(1)写出 y 关于 x 的函数解析式；

(2)写出 x 的取值范围．

解 (1)由题意可以看出，行驶路程 x km 是自变量，油箱中的油量 y L 是 x km 的函数，所以 y 关于 x 的函数解析式为 $y=60-0.1x$.

(2)若只从 $y=60-0.1x$ 中看，x 可以取任意实数，但是本题中 x 表示实际意义的行驶路程，需满足：$0\leqslant 0.1x\leqslant 60$.

因此，自变量 x 的取值范围是

$$0\leqslant x\leqslant 600.$$

在解决实际问题时，确定函数的自变量的取值范围时，不仅要考虑到函数解析式有意义，还要注意问题本身的实际意义．

3. 图像法

用图像来表示两个变量之间的函数关系的方法，叫作函数的图像法.

例如，某气象站用温度自动记录仪记录下来的 2018 年某市 11 月 29 日 0 时至 14 时的气温 T(℃)随时间 t(h)变化的曲线，如图 3-1 所示.

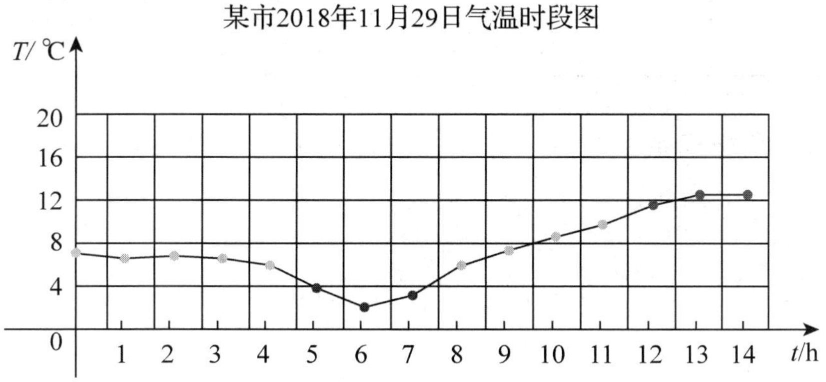

图 3-1

函数的图像法表示直观形象，能清晰地反映函数关系及变化趋势，能够直观地表示出函数的局部变化规律，进而预测它的整体变化趋势.

画函数图像一般采用描点法，步骤如下.

第一步，确定定义域；

第二步，列表；

第三步，描点；

第四步，连线.

请同学们分别从全面性、准确性、直观性及形象性四个方面来总结归纳函数三种表示方法的优缺点，认真填写表 3-2.

表 3-2

函数表示方法	全面性	准确性	直观性	形象性
列表法	×	√	√	×
解析法	√	√	×	×
图像法	×	×	√	√

表示函数时，要根据具体情况选择适当的方法，有时为全面认识问题，需要同时使用几种方法.

例 4 用描点法做出函数 $y=x^2$ 的图像.

解 函数的定义域为$(-\infty, +\infty)$，如表 3-3 所示.

表 3-3

x	…	-2	-1	-0.5	0	0.5	1	2	…
y	…	4	1	0.25	0	0.25	1	4	…

在平面直角坐标系中描点，并用光滑曲线顺次连接各点，得到函数 $y=x^2$ 的图像，如图 3-2 所示.

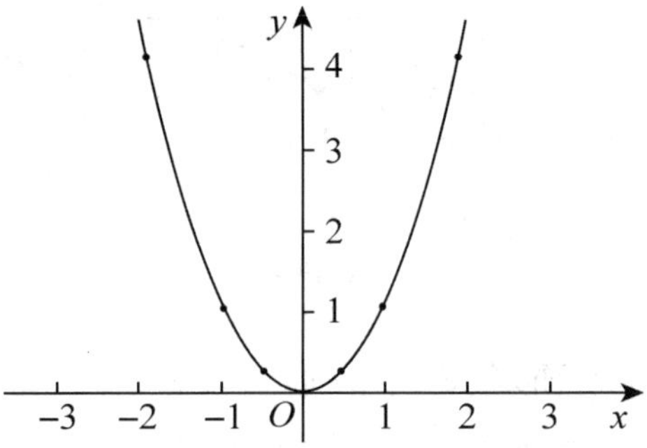

图 3-2

3.1.3 分段函数

先看下面例题.

例 5 在某地投寄平信，每封信的质量 x g$(0<x\leqslant 60)$和对应的邮资 y 元，如表 3-4 所示 .

表 3-4

信函质量 x/g	$0<x\leqslant 20$	$20<x\leqslant 40$	$40<x\leqslant 60$
邮资 y/元	0.8	1.6	2.4

写出函数解析式并画出该函数的图像.

解 根据表 3-4 可知，y 是 x 的函数，这个函数的解析式为

$$y=\begin{cases}0.8, & x\in(0, 20], \\ 1.6, & x\in(20, 40], \\ 2.4, & x\in(40, 60].\end{cases}$$

它的图像如图 3-3 所示.

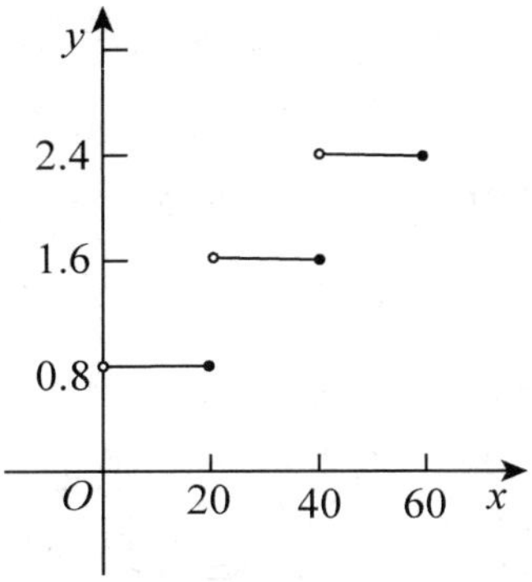

图 3-3

在函数定义域内，对于自变量 x 的不同取值区间，有着不同的对应法则，这样的函数通常称为**分段函数**.

例 6 已知函数 $f(x)=\begin{cases}x-1, & x<1,\\ x+1, & x>1.\end{cases}$ 求 $f(-2)$，$f(3)$的值.

解 因为$-2<1$，将 $x=-2$ 代入函数解析式 $f(x)=x-1$ 中，所以

$$f(-2)=-2-1=-3.$$

因为 $3>1$，将 $x=3$ 代入函数解析式 $f(x)=x+1$ 中，所以

$$f(3)=3+1=4.$$

小贴士：(1)分段函数表示一个函数，而不是几个函数；

(2)作图时要注意每段端点的虚实；

(3)在求分段函数值的时候，需注意的是，对于给定的自变量，首先要确定它所在的范围，再根据该范围的对应法则(函数解析式)，计算函数值.

3.1.4 反函数及复合函数

本节我们学习反函数和复合函数.

1. 反函数

一般地，设函数 $y=f(x)(x\in A)$ 的值域是 C，根据函数中 x，y 的关系，用 y 把 x 表示出来，得到 $x=g(y)$. 若对于 y 在 C 中的任何一个值，通过 $x=g(y)$，x 在 A 中都有唯一的值和它对应，那么 $x=g(y)$ 就表示 y 是自变量、x 是因变量的函数，这样的函数 $x=g(y)(y\in C)$ 叫作函数 $y=f(x)(x\in A)$ 的反函数，习惯上用 x 表示自变量，y 表示因变量，因此，$x=g(y)$ 就变为 $y=g(x)$. 若函数 $y=f(x)(x\in A)$ 有反函数，则它的反函数记作 $y=f^{-1}(x)(x\in C)$.

因此，反函数 $y=f^{-1}(x)(x\in C)$ 的定义域 A 和值域 C 分别是原函数 $y=f(x)(x\in A)$ 的值域 C 和定义域 A，从定义域到值域上的一一对应确定的函数才有反函数. 互为反函数的两个函数具有相同的单调性，它们的图像关于 $y=x$ 对称.

若函数 $y=f(x)(x\in A)$ 有反函数，求它的反函数 $y=f^{-1}(x)(x\in C)$ 可以按下面四步完成.

第一步，确定函数 $y=f(x)(x\in A)$ 的定义域和值域；

第二步，由 $y=f(x)$ 求解得 $x=f^{-1}(y)$；

第三步，把方程 $x=f^{-1}(y)$ 中的 x，y 互换得到反函数的解析式 $y=f^{-1}(x)$；

第四步，写出反函数 $y=f^{-1}(x)$ 的定义域(原函数的值域).

例 7　求 $y=\dfrac{1}{x+2}(x\neq -2)$ 的反函数.

解　由 $y=\dfrac{1}{x+2}(x\neq -2)$ 得 $x=\dfrac{1-2y}{y}$，

所求反函数为 $y=\dfrac{1-2x}{x}(x\neq 0)$.

例 8　求 $y=x^2+1(x\geqslant 1)$ 的反函数.

解　由 $y=x^2+1$ 得 $x^2=y-1$，

又 $x\geqslant 1$ 得 $x=\sqrt{y-1}$，

又 $y=x^2+1$，$x\geqslant 1$ 的值域是 $y\geqslant 2$，

故所求反函数为 $y=\sqrt{x-1}(x\geqslant 2)$.

例 9　求函数 $y=\begin{cases}x^2, & x\leqslant 0,\\ -3x, & x>0\end{cases}$ 的反函数.

解　当 $x\leqslant 0$ 时，$y=x^2$，则反函数为 $y=-\sqrt{x}(x\geqslant 0)$；

当 $x>0$ 时，$y=-3x$，则反函数为 $y=-\frac{1}{3}x(x<0)$；

故所求反函数为 $y=\begin{cases}-\sqrt{x}, & x\geqslant 0,\\ -\frac{1}{3}x, & x<0.\end{cases}$

***2. 复合函数**

一般地，若 $y=f(u)$，又 $u=g(x)$，则函数 $y=f[g(x)]$叫 x 的复合函数，其中 $y=f(u)$叫外层函数，$u=g(x)$叫内层函数. 简言之，复合函数就是：把一个函数中的自变量替换成另一个函数所得的新函数. 函数 $f(g(x))$的定义域还是指 x 的取值范围，而不是 $g(x)$的取值范围.

例如，$f(x)=3x+5$，$g(x)=x^2+1$，复合函数 $f(g(x))$即把 $f(x)$里面的 x 换成 $g(x)$，得到 $f(g(x))=3g(x)+5=3(x^2+1)+5=3x^2+8$.

例 10 已知函数 $f(x)$的定义域为$(-3, 5]$，求函数 $f(3x-2)$的定义域.

解 由题意得 $f(x)$的定义域为$(-3, 5]$，

即 $$-3<3x-2\leqslant 5,$$

即 $$-1<3x\leqslant 7,$$

即得 $$-\frac{1}{3}<x\leqslant\frac{7}{3},$$

所以函数 $f(3x-2)$的定义域为$\left(-\frac{1}{3}, \frac{7}{3}\right]$.

例 11 若函数 $f(3-2x)$的定义域为$[-1, 2]$，求函数 $f(x)$的定义域.

解 由函数 $f(3-2x)$的定义域为$[-1, 2]$，即$-1\leqslant x\leqslant 2$，

即得$-1\leqslant 3-2x\leqslant 5$.

所以函数 $f(x)$的定义域为$[-1, 5]$.

例 12 已知函数 $f(x+1)$的定义域为$[-2, 3)$，求 $f(x-2)$的定义域.

解 由函数 $f(x+1)$的定义域为$[-2, 3)$，即$-2\leqslant x<3$，故$-1\leqslant x+1<4$，即得函数 $f(x)$的定义域为$[-1, 4)$，从而得到$-1\leqslant x-2<4$，所以 $1\leqslant x<6$，故得函数 $f(x-2)$的定义域为$[1, 6)$.

思考题 3－1

1. 如何判断两个函数是否是同一个函数？

2. 我们能举出一些分段函数的实际例子吗？

课堂练习 3－1

1. 下列各组中的两个函数是否是同一个函数？为什么？

(1) $f(x)=\sqrt{x^2}$ 与 $g(x)=|x|$；　　(2) $f(x)=x$ 与 $g(x)=\dfrac{x^2}{x}$.

2. 已知函数 $f(x)=x^2-3x+2$，求 $f(0)$，$f(1)$，$f(-1)$.

3. 求下列函数的定义域.

(1) $y=\dfrac{1}{2x+3}$；　　(2) $y=\sqrt{3x-1}$；　　(3) $y=\sqrt{x-1}+\sqrt{x-3}$.

4. 画出下列函数的图像.

(1) $y=-3x$；　　(2) $y=x-5$；　　(3) $y=2x$，$x\in\{-2, -1, 0, 1, 2\}$.

5. 用描点法画出函数 $y=\sqrt{x}$ 的图像.

6. 某文具店出售某种型号的铅笔，每支售价为 0.2 元，应付款额 y(元)是购买铅笔数 x(支)的函数，当购买的铅笔数量不超过 5 支时，请用函数的三种表示方法来表示这个函数.

7. 画出函数 $y=\begin{cases}1, & x>0,\\ -1, & x\leqslant 0\end{cases}$ 的图像.

8. 已知函数 $f(x)=\begin{cases}2x-1, & x\leqslant 0,\\ 2x+1, & x>0.\end{cases}$ 求 $f(-2)$，$f(0)$，$f(2)$的值.

9. 求下列函数的反函数.

(1) $y=4x+2(x\in\mathbf{R})$；　　(2) $y=\sqrt{x+1}(x\geqslant -1)$；

(3) $y=3x-1(x\in\mathbf{R})$；　　(4) $y=\sqrt{x}+2(x\geqslant 0)$；

(5) $y=x+1(x\geqslant 1)$；　　(6) $y=x^2-1(x\geqslant 0)$.

*10. 求下列函数的定义域.

(1)已知 $f(x^2-1)$的定义域为$[-\sqrt{3}, \sqrt{3}]$，求 $f(x)$的定义域；

(2)已知 $f(x)$的定义域为$(0, 3]$，求 $f(x^2+2x)$的定义域；

(3)已知 $f(x+2)$的定义域为$[1, 2]$，求 $f(2x+1)$的定义域.

3.2 函数的基本性质

本节我们将借助图像来观察、归纳并总结出函数最基本的两个性质——单调性和奇偶性.

3.2.1 函数的单调性

图 3-4 为某地一天内的气温变化图.

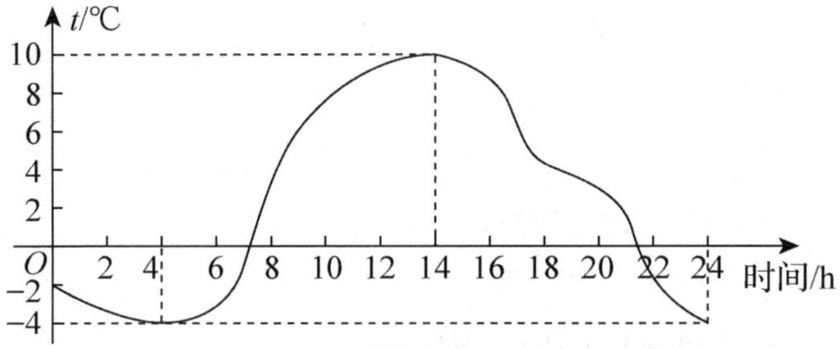

图 3-4

(1)观察这个气温变化图，说出气温在这一天内的变化情况.

(2)怎样用数学语言刻画在这一天内“随着时间的增大，气温逐渐升高或下降”这一特征？

在生活中，我们关心很多数据的变化规律，了解这些数据的变化规律，对我们的生活是很有帮助的.

同学们，想一想你能举出生活中的数据变化情况吗？

下面我们来观察如图 3-5、图 3-6 所示的函数 $y=x$，$y=-x$ 的图像，当 x 增加时，y 的变化怎么样？

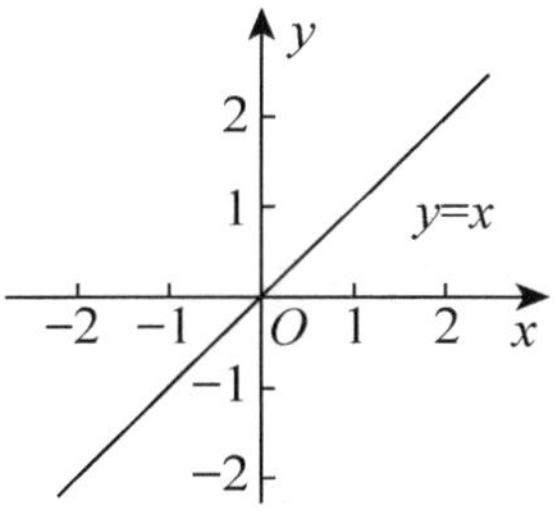

图 3-5

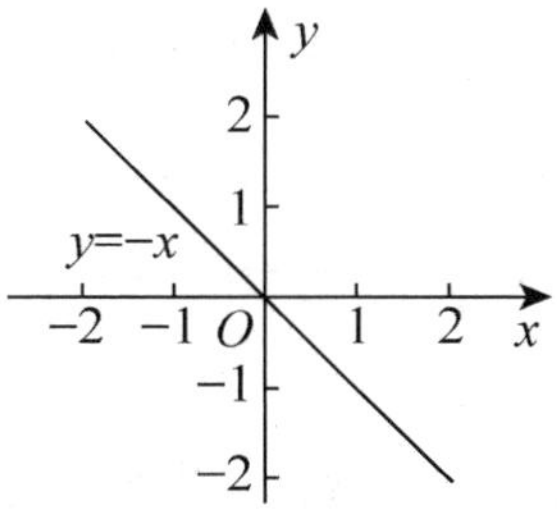

图 3-6

从图 3-5 中可以看出，函数 $y=x$ 的图像是从左向右逐渐上升的，即函数值随着 x 的增大而增大；从图 3-6 中可以看出，函数 $y=-x$ 的图像是从左向右逐渐下降的，即函数值随着 x 的增大而减小. 上述现象反映了函数的一个基本性质——**单调性**.

一般地，设 $y=f(x)$ 是定义在区间 I 上的函数.

(1)如果对于任意的 x_1，$x_2\in I$，当 $x_1<x_2$ 时，都有 $f(x_1)<f(x_2)$，则称函数 $y=f(x)$ 在区间 I 上是**增函数**，也可以称为**单调递增函数**，其图像是沿着 x 轴正方向上升的；

(2)如果对于任意的 x_1，$x_2\in I$，当 $x_1<x_2$ 时，都有 $f(x_1)>f(x_2)$，则称函数 $y=f(x)$ 在区间 I 上是**减函数**，也可以称为**单调递减函数**，其图像是沿着 x 轴正方向下降的.

例如，图 3-7 是单调递增函数，图 3-8 是单调递减函数.

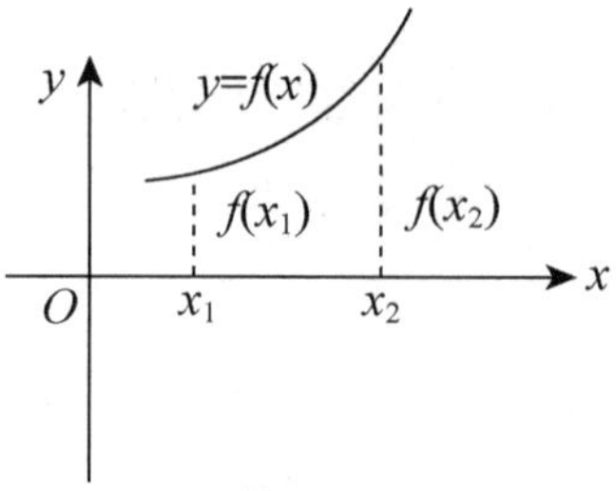

图 3-7

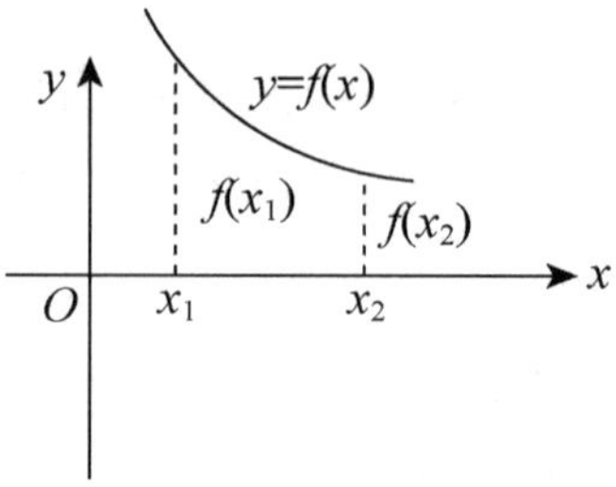

图 3-8

若函数 $y=f(x)$ 在区间 I 上是增函数或者减函数，则称函数 $y=f(x)$ 在区间 I 上具有单调性，该区间就称为函数 $y=f(x)$ 的单调区间.

例如，图 3-5 中可以看出 $y=x$ 在其定义域 $(-\infty,+\infty)$ 上是单调递增函数，区间 $(-\infty,+\infty)$ 为它的单调递增区间；图 3-6 中可以看出 $y=-x$ 在其定义域 $(-\infty,+\infty)$ 上是单调递减函数，区间 $(-\infty,+\infty)$ 为它的单调递减区间.

增函数和减函数统称为单调函数.

小贴士：函数的单调性也称为函数的增减性.

讨论一个函数的单调性，我们可以利用函数的图像直观地做出判断，也可以根据函数的单调性的定义做出判断. 如果需要严格证明某区间上函数的单调性，那么观察图像的方法就显得不太可靠了，需要用定义证明，具体可以总结为如下四个步骤.

(1)任意取值：在所给区间内任意取两个值 x_1，x_2，且 $x_1<x_2$；

(2)求值作差：求出 $f(x_1)$，$f(x_2)$，并写出 $f(x_1)-f(x_2)$；

(3)判断符号：确定 $f(x_1)-f(x_2)$ 的符号；

(4)得出结论：由定义写出结论.

例 1 图 3-9 是函数 $y=f(x)$，$x\in[-5, 5]$的图像，试根据图像指出这个函数的单调区间以及在每个单调区间上函数的单调性.

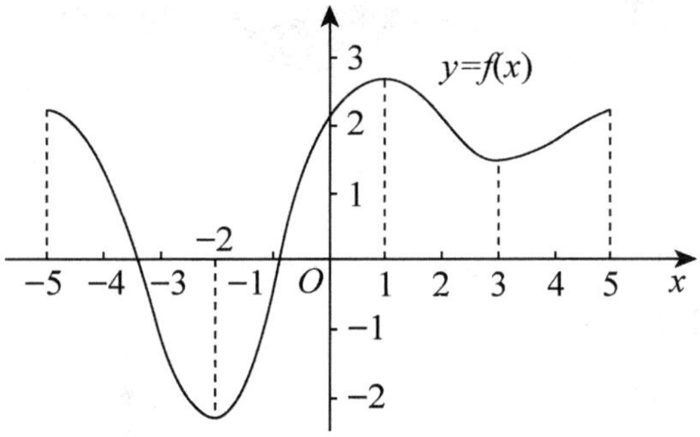

图 3-9

解 函数 $y=f(x)$的单调区间分别为$[-5, -2]$，$[-2, 1]$，$[1, 3]$，$[3, 5]$.

函数 $y=f(x)$在区间$[-5, -2]$，$[1, 3]$上是单调递减的；在区间$[-2, 1]$，$[3, 5]$上是单调递增的.

例 2 证明函数 $f(x)=2x-1$ 在区间$(-\infty, +\infty)$上是单调递增的.

证明 (1)任意取值.

任取 x_1，$x_2\in(-\infty, +\infty)$，且 $x_1<x_2$.

(2)求值作差.

$$f(x_1)=2x_1-1,\ f(x_2)=2x_2-1,$$

$$\begin{aligned} f(x_1)-f(x_2) &= (2x_1-1)-(2x_2-1) \\ &= 2x_1-1-2x_2+1 \\ &= 2(x_1-x_2). \end{aligned}$$

(3)判断符号.

因为 $x_1<x_2$，所以 $2(x_1-x_2)<0$，

于是 $$f(x_1)-f(x_2)<0,$$

即 $$f(x_1)<f(x_2).$$

(4)得出结论.

因此，函数 $f(x)=2x-1$ 在区间$(-\infty, +\infty)$上是单调递增的.

3.2.2 函数的奇偶性

同学们观察图 3-10 中的三个图案，它们有什么共同特征吗？你还能举出其

他类似的例子吗？

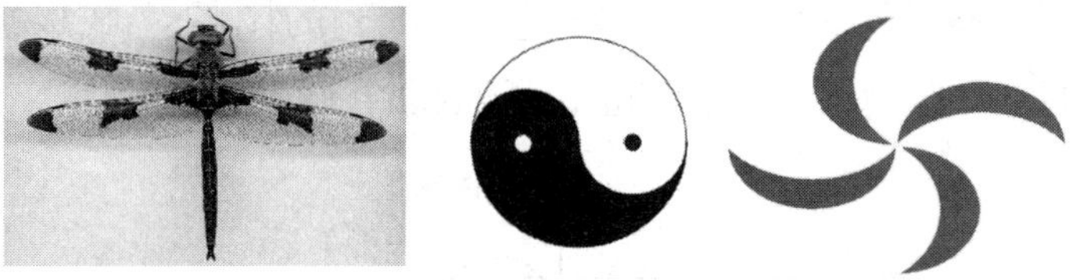

图 3-10

我们再来观察下列两个函数 $y=x^2$(图 3-11)，$y=|x|$(图 3-12)，它们的图像有什么共同特征？并将表 3-5 填写完整.

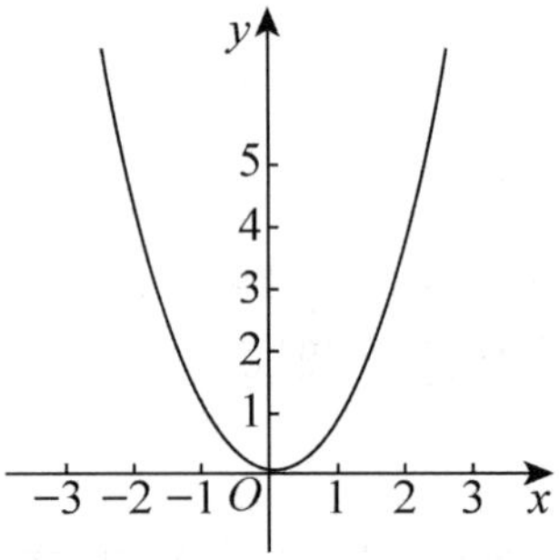

图 3-11

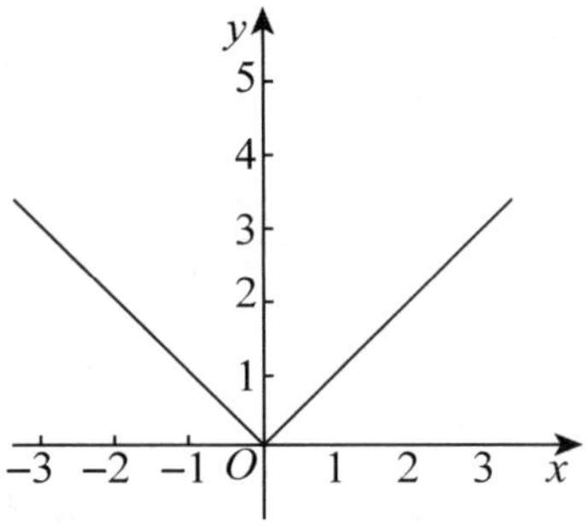

图 3-12

表 3-5

x	…	-3	-2	-1	0	1	2	3	…
$y=x^2$	…								…
$y=\|x\|$	…								…

通过填表你发现了什么？

如果对于函数 $f(x)$ 的定义域内任意一个 x，都有 $f(-x)=f(x)$，那么函数 $f(x)$ 就叫作**偶函数**.

若函数 $y=f(x)$ 是偶函数，则函数 $y=f(x)$ 的图像关于 y 轴对称. 若函数 $y=f(x)$ 的图像关于 y 轴对称，则这个函数一定是偶函数.

观察下列两个函数 $y=x$(图 3-13)，$y=x^3$(图 3-14)的图像，它们的图像有什么共同特征？并将表 3-6 填写完整.

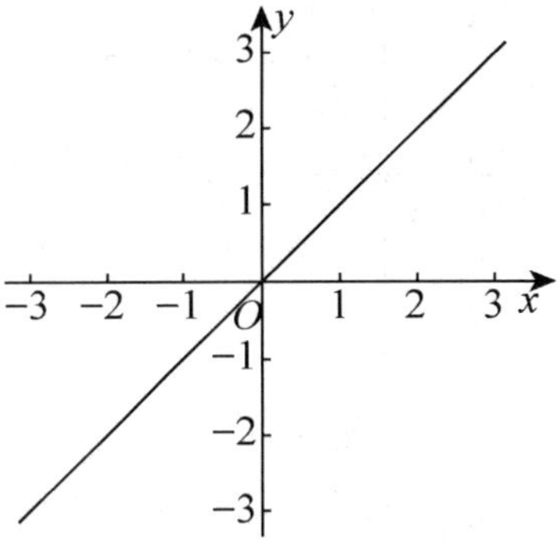

图 3-13

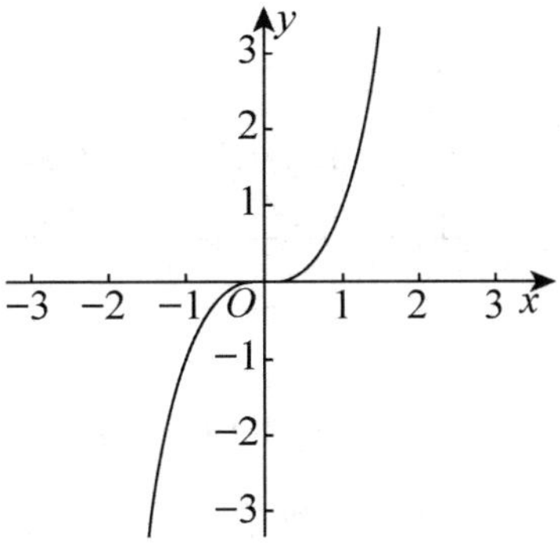

图 3-14

表 3-6

x	…	-3	-2	-1	0	1	2	3	…
$y=x$	…								…
$y=x^3$	…								…

通过填表你发现了什么？

如果对于函数 $f(x)$ 的定义域内任意一个 x，都有 $f(-x)=-f(x)$，那么函数 $f(x)$ 就叫作**奇函数**.

若函数 $y=f(x)$ 是奇函数，则函数 $y=f(x)$ 的图像关于原点对称．若函数 $y=f(x)$ 的图像关于原点对称，则这个函数一定是奇函数.

由奇函数和偶函数定义，我们可以得到：

函数 $y=f(x)$ 是奇函数⇔它的图像关于原点对称，属于中心对称图形；

函数 $y=f(x)$ 是偶函数⇔它的图像关于 y 轴对称，属于轴对称图形.

若一个函数是奇函数或者是偶函数，我们就说这个函数具有奇偶性.

观察图 3-15、图 3-16 的函数，它们具有奇偶性吗？为什么？

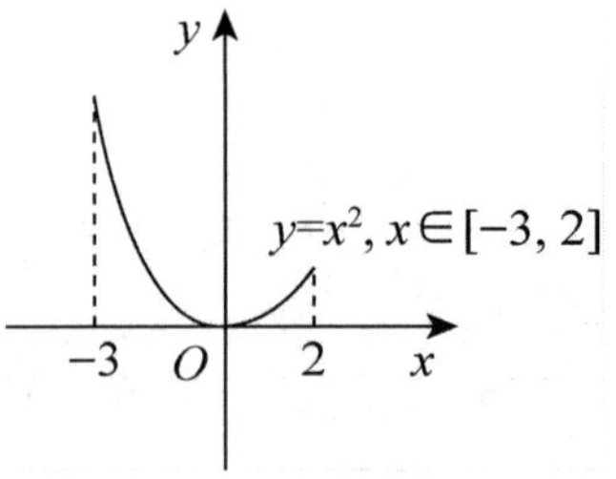

图 3-15

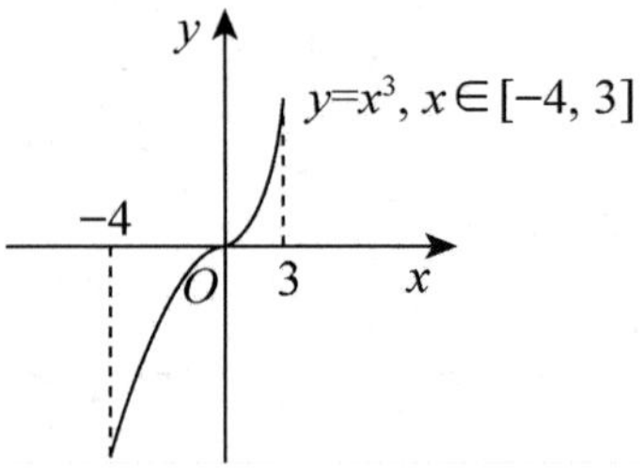

图 3-16

通过上面的例子，我们可以发现，一个函数具有奇偶性的前提条件是——定义域关于原点对称.

如何用定义判断函数的奇偶性呢？

第一，确定函数的定义域，并判断其定义域是否关于原点对称；

第二，确定 $f(x)$ 与 $f(-x)$ 的关系；

第三，得出相应的结论.

例 3 判断下列函数的奇偶性.

(1) $f(x)=x^2+1$； (2) $f(x)=\dfrac{1}{x^3}$； (3) $f(x)=x^2+x$.

解 (1)函数 $f(x)=x^2+1$ 的定义域是 $(-\infty, +\infty)$，且定义域关于原点对称.

因为 $f(-x)=(-x)^2+1=x^2+1=f(x)$，

所以 $f(x)=x^2+1$ 是偶函数.

(2)函数 $f(x)=\dfrac{1}{x^3}$ 的定义域是 $(-\infty, 0)\cup(0, +\infty)$，且定义域关于原点对称.

因为 $f(-x)=\dfrac{1}{(-x)^3}=-\dfrac{1}{x^3}=-f(x)$，

所以 $f(x)=\dfrac{1}{x^3}$ 是奇函数.

(3)函数 $f(x)=x^2+x$ 的定义域是 $(-\infty, +\infty)$，且定义域关于原点对称.

因为 $f(-x)=(-x)^2+(-x)=x^2-x$，$f(-x)\neq f(x)$，$f(-x)\neq -f(x)$，

所以 $f(x)=x^2+x$ 既不是奇函数也不是偶函数，也可以称为非奇非偶函数.

思考题 3-2

1. 请举出生活中常见的具有奇偶性的例子.
2. 判断 $y=0$ 的奇偶性.

课堂练习 3－2

1. 已知函数 $y=f(x)$ 的图像(图 3-17). 根据图像找出函数的单调区间及在每个单调区间上函数的单调性.

2. 证明函数 $y=2x^2$ 在区间$(-\infty, 0)$上是减函数，在区间$(0, +\infty)$上是增函数.

3. 判断下列函数的奇偶性.

(1) $f(x)=3x-x^3$；

(2) $f(x)=x^{-3}$；

(3) $f(x)=\sqrt{2-x^2}$.

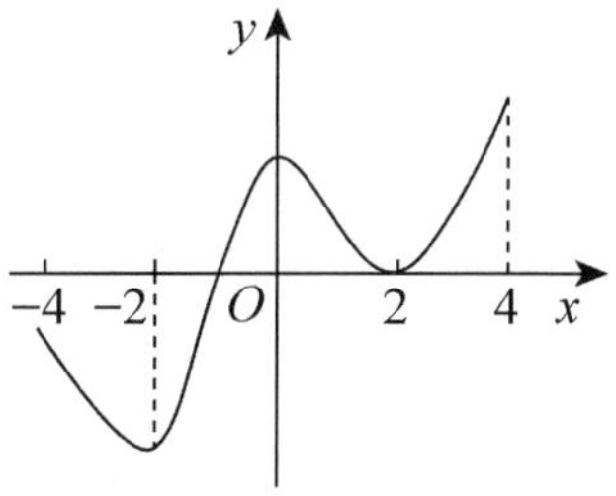

图 3-17

4. (1)已知函数 $y=f(x)$ 是偶函数，且 $f(4)=8$，求 $f(-4)$的值；

(2)已知函数 $y=g(x)$ 是奇函数，且 $g(-3)=6$，求 $g(3)$的值.

3.3 一次函数和二次函数

本节我们将借助图像来学习函数最基本的两个模型——一次函数和二次函数.

3.3.1 一次函数

函数 $y=kx+b(k\neq0)$ 叫作一次函数，它的定义域是 $\mathbf{R}$，值域是 $\mathbf{R}$.

(1)一次函数的图像是直线，所以一次函数又叫线性函数.

(2)在一次函数 $y=kx+b(k\neq0)$ 中，k 叫直线的斜率，b 叫直线在 y 轴上的截距. 当 $k>0$ 时，函数是增函数；当 $k<0$ 时，函数是减函数(图 3-18).

(3)当 $b=0$ 时，该函数是奇函数且为正比例函数，直线过原点；当 $b\neq0$ 时，它既不是奇函数，也不是偶函数.

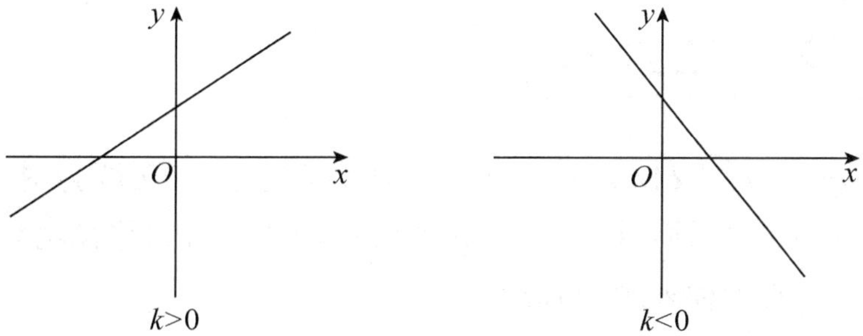

图 3-18

例 1 对于每一个 x，设 $f(x)$取 $y=4x+1$，$y=x+2$，$y=-2x+4$ 三个函数中的最小值，用分段函数写出 $f(x)$的解析式，并求 $f(x)$的最大值.

解 $f(x)$取 $y=4x+1$，$y=x+2$，$y=-2x+4$ 三个函数中的最小值. 于是 $f(x)$的解析式为

$$f(x)=\begin{cases}4x+1, & x\leqslant\frac{1}{3},\\ x+2, & \frac{1}{3}<x\leqslant\frac{2}{3},\\ -2x+4, & x>\frac{2}{3}.\end{cases}$$

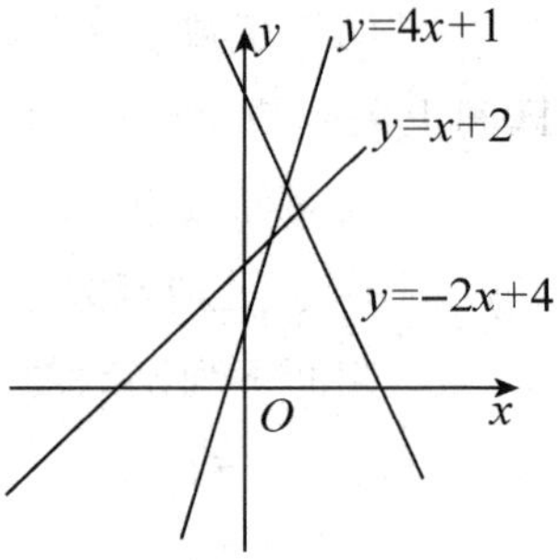

图 3-19

观察图 3-19，可得 $f(x)$的最大值为 $f\left(\frac{2}{3}\right)=\frac{8}{3}$.

例 2 已知弹簧的长度 y(cm)在一定的限度内是所挂重物质量 x(kg)的一次函数. 现已测得不挂重物时弹簧的长度是 6 cm，挂 4 kg 质量的重物时，弹簧的长度是 7.2 cm. 求这个一次函数的关系式.

解 设所求函数的关系式是 $y=kx+b(k\neq0)$，根据题意，得

$$\begin{cases}b=6,\\ 4k+b=7.2.\end{cases}$$

解这个方程组，得

$$\begin{cases}k=0.3,\\ b=6.\end{cases}$$

所以所求函数的关系式为

$$y=0.3x+6，其中 x 有一定的范围.$$

小贴士：这种先设待求函数关系式(其中含有未知常数系数)，再根据条件列出方程或方程组，求出未知系数，从而得到所求结果的方法，叫作待定系数法.

3.3.2 二次函数

函数 $y=ax^2+bx+c(a\neq0)$叫作二次函数，它的定义域为 **R**，图像是一条抛物线. 它有一条对称轴，抛物线与它的对称轴的交点叫作抛物线的顶点.

(1)二次函数的三种表示形式.

一般式：$y=ax^2+bx+c(a\neq0)$；

顶点式：$y=a(x-m)^2+h(a\neq 0)$，其中(m,h)为抛物线的顶点坐标；

两根式：$y=a(x-x_1)(x-x_2)(a\neq 0)$，其中 x_1，x_2 是抛物线与 x 轴交点的横坐标.

(2)若二次函数 $f(x)=ax^2+bx+c(a\neq 0)$对应方程 $f(x)=0$ 的两根为 x_1，x_2，那么函数 $f(x)=ax^2+bx+c(a\neq 0)$图像的对称轴方程为

$$x=\frac{x_1+x_2}{2}=-\frac{b}{2a}.$$

(3)二次函数 $f(x)=ax^2+bx+c(a\neq 0)$，当 $\Delta=b^2-4ac>0$ 时，图像与 x 轴有两个交点 $M_1(x_1,0)$，$M_2(x_2,0)$，$|x_1-x_2|=\frac{\sqrt{\Delta}}{|a|}$.

(4)二次函数的图像和性质(表 3-7).

表 3-7

		$a>0$	$a<0$
图像		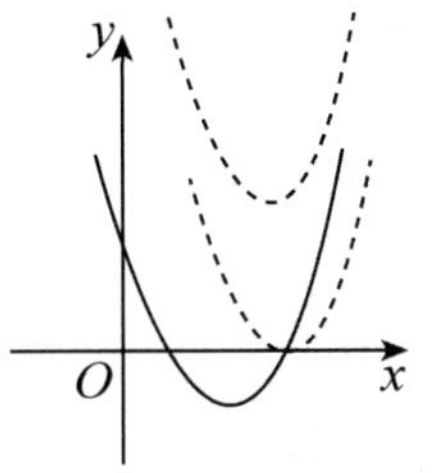	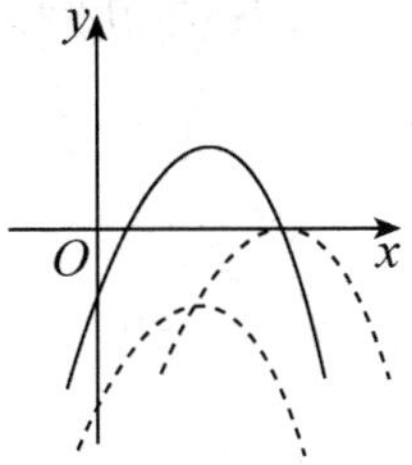
性质	定义域	$x\in\mathbf{R}$	
	值域	$y\in\left[\frac{4ac-b^2}{4a},+\infty\right)$	$y\in\left(-\infty,\frac{4ac-b^2}{4a}\right]$
	奇偶性	当 $b=0$ 时，为偶函数；当 $b\neq 0$ 时，既非奇函数也非偶函数	
	单调性	$x\in\left(-\infty,-\frac{b}{2a}\right]$时单调递减； $x\in\left[-\frac{b}{2a},+\infty\right)$时单调递增	$x\in\left(-\infty,-\frac{b}{2a}\right]$时单调递增； $x\in\left[-\frac{b}{2a},+\infty\right)$时单调递减
	图像特点	(1)对称轴：$x=-\frac{b}{2a}$； (2)顶点：$\left(-\frac{b}{2a},\frac{4ac-b^2}{4a}\right)$； (3)图像与 y 轴交点$(0,c)$	

例 3 已知函数 $f(x)=x^2+mx+n$ 的图像过点(1，3)，且 $f(-1+x)=f(-1-x)$ 对任意实数都成立，函数 $y=g(x)$ 与 $y=f(x)$ 的图像关于原点对称，求 $f(x)$ 与 $g(x)$ 的解析式.

解 由题意知：$\begin{cases}1+m+n=3,\\ -\dfrac{m}{2}=-1,\end{cases}$ 解得 $m=2$，$n=0$.

所以 $f(x)=x^2+2x$.

设函数 $y=f(x)$ 图像上的任意一点 $Q(x_0，y_0)$ 关于原点的对称点为 $P(x，y)$，则 $x_0=-x$，$y_0=-y$.

因为点 $Q(x_0，y_0)$ 在 $y=f(x)$ 的图像上，所以 $-y=x^2-2x$，

所以 $y=-x^2+2x$，

即 $g(x)=-x^2+2x$.

例 4 函数 $f(x-m)=x^2-2x+3$，若函数 $f(x)$ 在 $(-\infty，3]$ 上是减函数，则实数 m 的取值范围.

解法一 由 $f(x-m)=x^2-2x+3$ 得

函数 $f(x)=(x+m)^2-2(x+m)+3$

$\qquad\quad =x^2+2(m-1)x+m^2-2m+3.$

再由 $f(x)$ 在 $(-\infty，3]$ 上是减函数，得 $-\dfrac{2(m-1)}{2}\geqslant 3$，

即 $m\leqslant -2$.

解法二 由函数 $f(x)$ 在 $(-\infty，3]$ 上是减函数，

已知 $f(x-m)=x^2-2x+3$ 在 $(-\infty，3+m]$ 上是减函数，

于是，有 $-\dfrac{-2}{2}=1\geqslant 3+m$，即 $m\leqslant -2$.

例 5 已知二次函数 $f(x)$ 满足 $f(2)=-1$，$f(-1)=-1$，且 $f(x)$ 的最大值是 8，试求此二次函数的解析式.

解法一 利用一般式，设 $f(x)=ax^2+bx+c(a\neq 0)$，

由题意得 $\begin{cases}4a+2b+c=-1,\\ a-b+c=-1,\\ \dfrac{4ac-b^2}{4a}=8,\end{cases}$ 解之得 $\begin{cases}a=-4,\\ b=4,\\ c=7.\end{cases}$

所以所求二次函数为 $f(x)=-4x^2+4x+7$.

解法二 利用顶点式，设 $f(x)=a(x-m)^2+h$，

因为 $f(2)=f(-1)=-1$，所以抛物线的对称轴方程为 $x=\frac{1}{2}=m$，

所以 $m=\frac{1}{2}$.

又根据题意，函数有最大值为 $h=8$，

所以 $f(x)=a\left(x-\frac{1}{2}\right)^2+8$，

又因为 $f(-1)=-1$，所以 $a=-4$.

即 $f(x)=-4\left(x-\frac{1}{2}\right)^2+8=-4x^2+4x+7$.

解法三 利用两根式，由 $f(x)+1=0$ 的两根为 $x_1=2$，$x_2=-1$，故可设 $f(x)+1=a(x-2)(x+1)$，即 $f(x)=ax^2-ax-2a-1$.

又函数有最大值 $y_{\max}=8$，即 $\frac{-4a(2a+1)-a^2}{4a}=8$，

解之得 $a=-4$ 或 $a=0$(舍).

所以所求函数解析式为 $f(x)==-4x^2+4x+7$.

例 6 已知二次函数 $f(x)$满足 $f(0)=1$，$f(x+1)-f(x)=2x$.

(1)求 $f(x)$的解析式；

(2)求 $f(x)$在$[-1, 1]$上的最大值和最小值.

解 (1)用待定系数法.

因为 $f(0)=1$，设所求二次函数为 $f(x)=ax^2+bx+1(a\neq 0)$，

由题意有

$f(x+1)-f(x)=a(x+1)^2+b(x+1)+1-(ax^2+bx+1)=2x$，

即 $2ax+a+b=2x$ 对任何 x 都成立.

所以 $a=1$，$b=-1$，即 $f(x)=x^2-x+1$.

(2)由配方法，得 $f(x)=x^2-x+1=\left(x-\frac{1}{2}\right)^2+\frac{3}{4}$，

根据函数图像可知，$f(x)_{\min}=f\left(\frac{1}{2}\right)=\frac{3}{4}$，$f(x)_{\max}=f(-1)=3$.

在初等数学中常用的数学解题方法有换元法、配方法、待定系数法、参数法、消元法、特殊值法. 我们透过这些方法体会数学思想，包括转化思想、方程思想、数形结合思想、分类讨论思想等.

思考题 3-3

1. 对于任意一个二次函数 $f(x)=ax^2+bx+c(a\neq0)$，如何确定它的图像的开口方向、对称轴和顶点坐标，你能把结果写出来吗？

2. 对于任意一个函数 $f(x)=ax^2+bx+c$，请分类讨论确定它的奇偶性.

课堂练习 3-3

1. 在同一平面直角坐标系中画出下列函数的图像.

(1) $y=-\dfrac{x}{4}$；　(2) $y=2-3x$；　(3) $y=-\dfrac{3}{x}$；

(4) $y=3x$；　(5) $y=\dfrac{1}{2}x+2$.

2. 一次函数 $y=kx+b(k\neq0)$ 的图像经过点 $(3,3)$ 和 $(1,-1)$，求它的函数关系式，并画出图像.

3. 直线 $y=\dfrac{2}{3}x-2$ 分别交 x，y 轴于点 A，B，O 是原点.

(1)求 $\triangle AOB$ 的面积；

(2)过 $\triangle AOB$ 的顶点能不能画出直线把 $\triangle AOB$ 分成面积相等的两部分？若能，可以画出几条？写出这样的直线所对应的函数关系式.

4. 药品研究所开发一种抗菌新药. 经过多年动物实验，首次用于临床人体试验. 测得成人服药后血液中药物浓度 y(μg/mL)与服药后时间 x(h)之间的函数关系如图 3-20 所示.

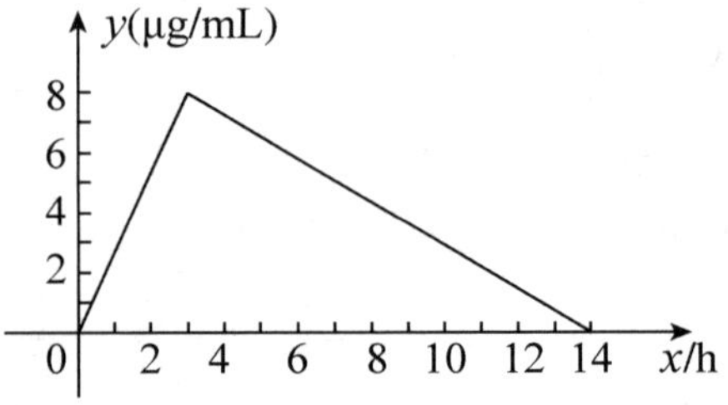

图 3-20

(1)根据图像说出服药后多少时间血液中药物浓度最高？

(2)根据图像分别求出血液中药物浓度上升阶段和下降阶段 y 与 x 的函数关系式.

5. 利用函数的图像解方程组 $\begin{cases} y=2x-5, \\ y=-x+1. \end{cases}$

6. 根据下列条件，分别求出对应的二次函数的关系式.

(1)已知抛物线的顶点在原点，且过点 $(2,8)$；

(2)已知抛物线的顶点是(−1，−2)，且过点(1，10)；

(3)已知抛物线过三点：(0，−2)，(1，0)，(2，3).

7. 已知抛物线 $y=ax^2+bx+c$ 过三点：(−1，−1)，(0，−2)，(1，1).

(1)求这条抛物线所对应的二次函数的关系式；

(2)写出它的开口方向、对称轴和顶点坐标；

(3)这个函数有最大值还是最小值？这个值是多少？

8. 有一个抛物线形的拱形桥洞，桥洞离水面的最大高度为 4 m，跨度为 10 m. 如图 3-21 所示，把它的图形放在平面直角坐标系中.

(1)求这条抛物线所对应的函数关系式；

(2)在对称轴右边 1 m 处，桥洞离水面的高是多少？

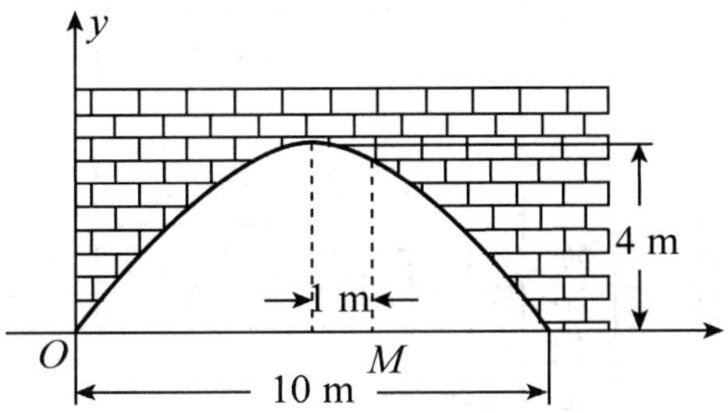

图 3-21

9. 有一根长为 40 cm 的铁丝，把它弯成一个矩形框. 当矩形框的长、宽各是多少时，矩形面积最大？最大面积是多少？

10. 已知两个正数的和是 60，它们的积最大是多少？(提示：设其中的一个正数为 x，将它们的积表示为 x 的函数)

本章小结

知识框架

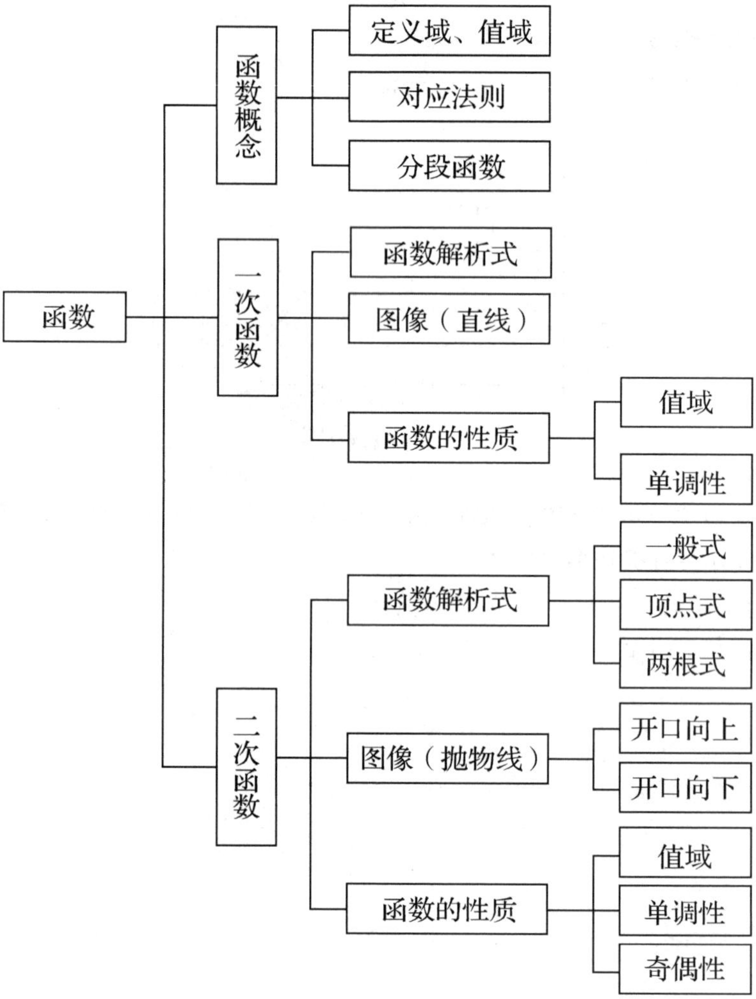
函数
函数概念
定义域、值域
对应法则
分段函数
一次函数
函数解析式
图像（直线）
函数的性质
值域
单调性
二次函数
函数解析式
一般式
顶点式
两根式
图像（抛物线）
开口向上
开口向下
函数的性质
值域
单调性
奇偶性

知识点梳理

3.1 函 数

1. 函数的概念.

设 x 和 y 是两个变量，集合 A，B 是两个非空数集，若当变量 x 在集合 A 中任取一数值时，按照确定的对应法则 f，在集合 B 中总有一个确定的 y 与之对应，那么我们就称 y 是 x 的函数，记作 $y=f(x)$，$x\in A$. 其中 x 叫作自变量，y 叫作因变量，非空数集 A 称为函数的定义域，与 x 对应的 y 的值叫作函数值，函数值的集合 $B=\{y|y=f(x), x\in A\}$叫作这个函数的值域.

2. 函数的三要素.

定义域、对应法则、值域.

3. 函数常用的表示法.

(1)列表法：列出表格来表示两个变量之间的函数关系的方法.

(2)解析法：用等式来表示两个变量之间的函数关系的方法，也叫公式法.

(3)图像法：用图像来表示两个变量之间的函数关系的方法.

4. 分段函数.

在函数定义域内，对于自变量 x 的不同取值区间，有着不同的对应法则，这样的函数通常称为分段函数.

5. 反函数.

一般地，设函数 $y=f(x)(x\in A)$的值域是 C，根据函数中 x，y 的关系，用 y 把 x 表示出来，得到 $x=g(y)$. 若对于 y 在 C 中的任何一个值，通过 $x=g(y)$，x 在 A 中都有唯一的值和它对应，那么 $x=g(y)$就表示 y 是自变量、x 是因变量的函数，这样的函数 $x=g(y)(y\in C)$叫作函数 $y=f(x)(x\in A)$的反函数，习惯上用 x 表示自变量、y 表示因变量，因此，$x=g(y)$就变为 $y=g(x)$. 若函数 $y=f(x)(x\in A)$有反函数，则它的反函数记作 $y=f^{-1}(x)(x\in C)$.

*6. 复合函数.

一般地，若 $y=f(u)$，又 $u=g(x)$，则函数 $y=f[g(x)]$叫 x 的复合函数，其中 $y=f(u)$叫外层函数，$u=g(x)$叫内层函数. 简言之，复合函数就是：把一个函数中的自变量替换成另一个函数所得的新函数. 函数 $f(g(x))$的定义域还是指 x 的取值范围，而不是 $g(x)$的取值范围.

3.2 函数的基本性质

1. 函数单调性.

一般地，设 $y=f(x)$是定义在区间 I 上的函数.

(1)如果对于任意的 x_1，$x_2\in I$，当 $x_1<x_2$ 时，都有 $f(x_1)<f(x_2)$，则称函数 $y=f(x)$在区间 I 上是增函数，也可以称为单调递增函数，其图像是沿着 x 轴正方向上升的.

(2)如果对于任意的 x_1，$x_2\in I$，当 $x_1<x_2$ 时，都有 $f(x_1)>f(x_2)$，则称函数 $y=f(x)$在区间 I 上是减函数，也可以称为单调递减函数，其图像是沿着 x 轴正方向下降的.

2. 函数的奇偶性.

如果对于函数 $f(x)$的定义域内任意一个 x，都有 $f(-x)=-f(x)$，那么函数 $f(x)$就叫作奇函数.

如果对于函数 $f(x)$的定义域内任意一个 x，都有 $f(-x)=f(x)$，那么函数 $f(x)$就叫作偶函数.

一个函数具有奇偶性的前提条件是——定义域关于原点对称.

3. 利用定义来判断函数奇偶性的步骤.

第一，确定函数的定义域，并判断其定义域是否关于原点对称；

第二，确定 $f(x)$与 $f(-x)$的关系；

第三，得出相应的结论.

3.3 一次函数和二次函数

1. 函数 $y=kx+b(k\neq0)$叫作一次函数，它的定义域是 **R**，值域是 **R**.

(1)一次函数的图像是直线，所以一次函数又叫线性函数.

(2)一次函数 $y=kx+b(k\neq0)$中，k 叫直线的斜率，b 叫直线在 y 轴上的截距. 当 $k>0$ 时，函数是增函数；当 $k<0$ 时，函数是减函数.

(3)当 $b=0$ 时，该函数是奇函数且为正比例函数，直线过原点；当 $b\neq0$ 时，它既不是奇函数，也不是偶函数.

2. 二次函数定义以及三种表示形式.

函数 $y=ax^2+bx+c(a\neq0)$叫作二次函数，它的定义域为 **R**，图像是一条抛物线. 它有一条对称轴，抛物线与它的对称轴的交点叫作抛物线的顶点.

(1)一般式：$y=ax^2+bx+c(a\neq0)$.

(2)顶点式：$y=a(x-m)^2+h(a\neq 0)$，其中(m, h)为抛物线的顶点坐标.

(3)两根式：$y=a(x-x_1)(x-x_2)(a\neq 0)$，其中 x_1，x_2 是抛物线与 x 轴交点的横坐标.

3. 若二次函数 $f(x)=ax^2+bx+c(a\neq 0)$对应方程 $f(x)=0$ 的两根为 x_1，x_2，那么函数 $f(x)=ax^2+bx+c(a\neq 0)$图像的对称轴方程为 $x=\frac{x_1+x_2}{2}=-\frac{b}{2a}$.

4. 二次函数 $f(x)=ax^2+bx+c(a\neq 0)$，当 $\Delta=b^2-4ac>0$ 时，图像与 x 轴有两个交点 $M_1(x_1, 0)$，$M_2(x_2, 0)$，$|x_1-x_2|=\frac{\sqrt{\Delta}}{|a|}$.

5. 二次函数的图像和性质.

<table>
<tr><td colspan="2"></td><td>$a>0$</td><td>$a<0$</td></tr>
<tr><td colspan="2">图像</td><td>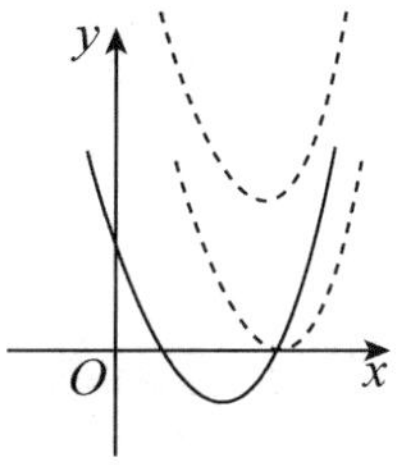
</td><td>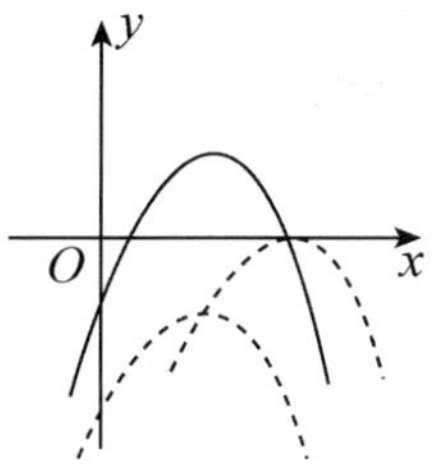
</td></tr>
<tr><td rowspan="5">性质</td><td>定义域</td><td colspan="2">$x\in\mathbf{R}$</td></tr>
<tr><td>值域</td><td>$y\in\left[\frac{4ac-b^2}{4a}, +\infty\right)$</td><td>$y\in\left(-\infty, \frac{4ac-b^2}{4a}\right]$</td></tr>
<tr><td>奇偶性</td><td colspan="2">当 $b=0$ 时，为偶函数；当 $b\neq 0$ 时，既非奇函数也非偶函数</td></tr>
<tr><td>单调性</td><td>$x\in\left(-\infty, -\frac{b}{2a}\right]$时单调递减；
$x\in\left[-\frac{b}{2a}, +\infty\right)$时单调递增</td><td>$x\in\left(-\infty, -\frac{b}{2a}\right]$时单调递增；
$x\in\left[-\frac{b}{2a}, +\infty\right)$时单调递减</td></tr>
<tr><td>图像特点</td><td colspan="2">(1)对称轴：$x=-\frac{b}{2a}$；
(2)顶点：$\left(-\frac{b}{2a}, \frac{4ac-b^2}{4a}\right)$；
(3)图像与 y 轴交点$(0, c)$</td></tr>
</table>

复习题三(A)

一、选择题(在每小题列出的4个备选项中只有一个是符合题目要求的，请将其代码填写在后面的括号里).

1. 函数 $f(x)=\sqrt{4-x}$ 的定义域是(　　).

A. $(4，+\infty)$　　B. $[4，+\infty)$

C. $(-\infty，4)$　　D. $(-\infty，4]$

2. 下列函数中单调递减的是(　　).

A. $y=4x$　　B. $y=2x-3$

C. $y=x^2$　　D. $y=-3x+5$

3. 下列函数中是偶函数的是(　　).

A. $y=\dfrac{1}{x^3}$　　B. $y=x$

C. $y=x^2-x^4$　　D. 以上答案都不正确

4. 下列各组函数为同一函数的是(　　).

A. $f(x)=3x，g(x)=3x-1$　　B. $f(x)=|x|，g(x)=\sqrt{x^2}$

C. $f(x)=\dfrac{x}{x}，g(x)=1$　　D. 以上答案都不正确

5. 抛物线 $y=ax^2+bx+c(a\neq0)$ 的对称轴是 $x=2$，且经过点 $P(3，0)$，则 $a+b+c$ 的值为(　　).

A. -1　　B. 0　　C. 1　　D. 2

6. 已知函数 $f(x)=2x^2+(4-m)x+4-m$，$g(x)=mx$，若对于任一实数 x，$f(x)$ 与 $g(x)$ 的值至少有一个为正数，则实数 m 的取值范围是(　　).

A. $[-4，4]$　　B. $(-4，4)$　　C. $(-\infty，4)$　　D. $(-\infty，-4)$

7. 设 $abc>0$，二次函数 $f(x)=ax^2+bx+c$ 的图像可能是(　　).

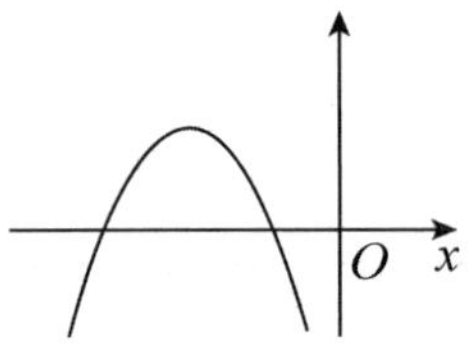

A.

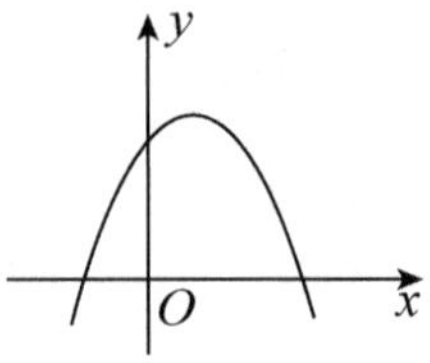

B.

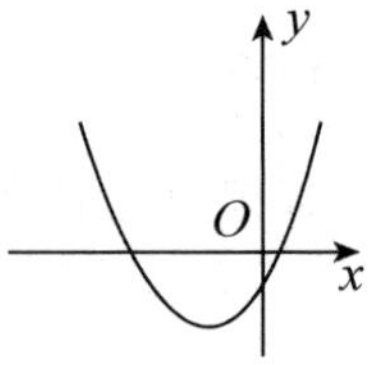

C.

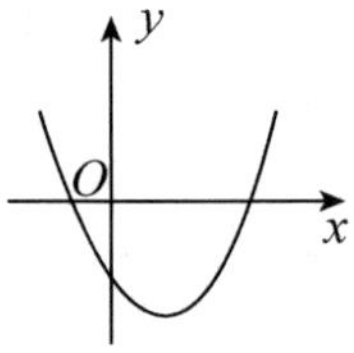

D.

二、填空题(请在每小题的空格中填上正确答案)

1. 函数$\begin{cases}2x+3, & x\leqslant 0,\\ x+3, & 0<x\leqslant 1,\\ -x+5, & x>1\end{cases}$的最大值是__________.

2. 已知 $y=mx+5$ 和 $y=x+n$ 的图像关于直线 $y=x$ 对称，则 $m+n=$____________.

3. 若函数 $f(x)=ax+2a+1$ 的值在区间$[-1, 1]$上有正也有负，则实数 a 的取值范围为__________.

4. 函数 $f(x)=2x^2-6x+1$ 在区间$[-1, 1]$上的最小值是__________，最大值是__________.

5. 若二次函数 $f(x)=x^2+2mx-m^2-2$ 图像的对称轴方程为 $x=1$，则$m=$__________，顶点坐标为__________，单调递增区间为__________.

6. 若函数 $y=x^2-3x-4$ 的定义域为$[0, m]$，值域为$\left[-\frac{25}{4}, -4\right]$，则实数 m 的取值范围为__________.

7. 方程 $x^2-2mx+m^2-1=0$ 的两根都在$(-2, +\infty)$内，则 m 的取值范围为__________.

8. 方程 $x^2-mx+1=0$ 的两根为 α，β，且 $\alpha>0$，$1<\beta<2$，则实数 m 的取值范围为__________.

9. 已知函数 $f(x)=x^2-(2a-1)x+a^2-2$ 与 x 轴非负半轴至少有一个交点，求 a 的取值范围为__________.

10. 若函数在 **R** 上是偶函数，且 $f(2)=3$，则 $f(-2)=$________.

三、解答题

1. 若函数 $y=x^2+(a+2)x+3$，$x\in[a, b]$的图像关于直线 $x=1$ 对称，求 b 的值.

2. 已知二次函数 $y=ax^2+bx+c$ 的图像与 x 轴的交点为$(-1, 0)$，$(3, 0)$，其形状与抛物线 $y=-2x^2$ 相同，求 $y=ax^2+bx+c$ 的解析式.

3. 已知 $f(x)=-4x^2+4ax-4a-a^2$ 在区间$[0, 1]$内有最大值-5，求 a 的值.

4. 已知函数 $f(x)=x^2-ax+5$ 满足 $f(2+x)=f(2-x)$，若 $x\in[0, m]$时，函数 $f(x)\in[1, 5]$，求实数 m 的取值范围.

5. 作出 $f(x)=\begin{cases}x+1, & x>0,\\ 0, & x=0,\\ x-1, & x<0\end{cases}$的图像，并求 $f(-1)$，$f(1.5)$，$f(3)$的值.

复习题三(B)

一、选择题(在每小题列出的4个备选项中只有一个是符合题目要求的，请将其代码填写在后面的括号里)

1. 下列函数中值域是$\mathbf{R}^+$的是(　　).

A. $y=\sqrt{x^2-3x+1}$　　B. $y=2x+1(x>0)$

C. $y=x^2+x+1$　　D. $y=\dfrac{1}{\sqrt{x^2-1}}$

2. 设全集为$\mathbf{R}$，若函数$f(x)=\sqrt{1-x}$的定义域为M，则$\complement_{\mathbf{R}}M=$(　　).

A. $(-\infty, 1)$　　B. $(1, +\infty)$　　C. $(-\infty, 1]$　　D. $[1, +\infty]$

3. 设函数$f(x)$在$(-\infty, +\infty)$上为减函数，则(　　).

A. $f(a)>f(2a)$　　B. $f(a^2)<f(a)$

C. $f(a^2+a)<f(a)$　　D. $f(a^2+1)<f(a)$

4. 已知$f(x)$，$g(x)$定义在同一区间上，$f(x)$是增函数，$g(x)$是减函数，且$g(x)\neq 0$，则(　　).

A. $f(x)+g(x)$为减函数　　B. $f(x)-g(x)$为增函数

C. $f(x)\cdot g(x)$为减函数　　D. $\dfrac{f(x)}{g(x)}$为增函数

5. 已知函数$f(x)$是奇函数，当$x\in(-\infty, 0)$时，$f(x)=-2x+3$，则$f(1)$与$f(2)$的大小关系为(　　).

A. $f(1)<f(2)$　　B. $f(1)=f(2)$

C. $f(1)>f(2)$　　D. 不能确定

6. 已知函数$f(x)$为奇函数，且当$x>0$时，$f(x)=x^2+\dfrac{1}{x}$，则$f(-1)=$(　　).

A. 2　　B. 1　　C. 0　　D. -2

7. 下列函数中，既是奇函数又是增函数的为(　　).

A. $y=x+1$　　B. $y=-x^2$　　C. $y=\dfrac{1}{x}$　　D. $y=x|x|$

8. 已知$f(x)$是奇函数，$g(x)$是偶函数，$f(-1)+g(1)=2$，$f(1)+g(-1)=$

4，则 $g(1)=($　　$)$.

A. 4　　B. 3　　C. 2　　D. 1

9. 若函数 $f(x)=(x+1)(x+a)$ 为偶函数，则 $a=($　　$)$.

A. 1　　B. -1　　C. 0　　D. 不存在

二、填空题(请在每小题的空格中填上正确答案)

1. 函数 $f(x)=\frac{1}{x-1}$ 的定义域为________，$f(x)=\sqrt{x-1}$ 的定义域为________，$f(x)=(x-1)^0$ 的定义域为________.

2. 函数 $f(x)=-x^2+2x+3$ 的值域为________，$f(x)=\frac{1}{x-1}$ 的值域为________.

3. 函数 $f(x)=2x^2-4x+3$ 在区间 $[-1, 2]$ 上的值域为________.

4. 已知 $f(x)=x^2-x+3$，则 $f\left(\frac{1}{x}\right)=$________，$f(x+1)=$________.

5. 已知 $f(x)=3x^2+1$，$g(x)=2x-1$，求 $f[g(x)]=$________.

6. 若 $f(x)=\begin{cases} x, & x\leqslant 0, \\ 1-2x, & x>0, \end{cases}$ 则 $f(3)=$________.

7. 若函数 $f(x)$ 的定义域为 $[1, 4]$，则函数 $f(x+2)$ 的定义域为________.

8. 若函数 $f(x)$ 的定义域为 $[-3, 1]$，则函数 $g(x)=f(x)+f(-x)$ 的定义域为________.

9. 函数 $f(x)=x^2+3x+2$ 在区间 $[-5, 5]$ 上的最大值、最小值分别为________.

10. 已知函数 $f(x)=ax^2+bx+c(2a-3\leqslant x\leqslant 1)$ 是偶函数，则 $a=$________，$b=$________.

11. 若 $f(x)=(k-2)x^2+(k-1)x+3$ 是偶函数，则 $f(x)$ 的递减区间是________.

12. 若函数 $f(x)$ 是偶函数，当 $-1\leqslant x<0$ 时，$f(x)=x+1$，则当 $0<x\leqslant 1$ 时，$f(x)=$________.

13. 已知定义在 **R** 上的奇函数 $f(x)$ 满足 $f(x+2)=-f(x)$，则 $f(6)=$________.

14. 已知 $y=f(x)+x^2$ 是奇函数，且 $f(1)=1$. 若 $g(x)=f(x)+2$，则 $g(-1)=$________.

15. 若 $f(x)=\frac{(x+2)(x+m)}{x}$ 为奇函数，则实数 $m=$________.

专题阅读

函数小史

数学史表明，重要的数学概念的产生和发展，对数学发展起着不可估量的作用．有些重要的数学概念对数学分支的产生起着奠定性的作用．我们刚学过的函数就是这样的重要概念．

在笛卡儿引入变量以后，变量和函数等概念日益渗透到科学技术的各个领域．纵览宇宙，运算天体，探索热的传导，揭示电磁秘密，这些都和函数概念息息相关．正是在这些实践过程中，人们对函数的概念不断深化．

回顾一下函数概念的发展史，对于刚接触到函数的初中同学来说，虽然可能不会有较深的理解，但无疑对加深理解课堂知识、激发学习兴趣都是有益的．

最早提出函数(function)概念的，是17世纪德国数学家莱布尼茨．最初莱布尼茨用“函数”一词表示幂，如 x，x^2，x^3 都叫函数．以后，他又用函数表示在平面直角坐标系中曲线上一点的横坐标、纵坐标．

1718年，莱布尼茨的学生，瑞士数学家贝努利把函数定义为：“由某个变量及任意的一个常数结合而成的数量．”意思是凡变量 x 和常量构成的式子都叫作 x 的函数．贝努利所强调的是函数要用公式来表示．

后来数学家觉得不应该把函数概念局限在只能用公式来表达上．只要一些变量变化，另一些变量能随之变化就可以，至于这两个变量的关系是否要用公式来表示，不作为判别函数的标准．

1755年，瑞士数学家欧拉把函数定义为：“如果某些变量，以某一种方式依赖于另一些变量，即当后面这些变量变化时，前面这些变量也随着变化，我们把前面的变量称为后面变量的函数．”欧拉在定义中，就不强调函数要用公式来表示．由于函数不一定要用公式来表示，欧拉曾把画在坐标系的曲线也叫函数．他认为：“函数是随意画出的一条曲线．”

当时有些数学家对于不用公式来表示函数感到很不习惯，有的数学家甚至抱怀疑态度．他们把能用公式表示的函数叫作“真函数”，把不能用公式表示的函数叫作“假函数”．1821年，法国数学家柯西给出了类似现在中学课本的函数定义："在某些变数间存在着一定的关系，当一经给定其中某一变数的值，其他变数的值可随之确定时，则将最初的变数叫自变量，其他各变数叫作函数."在柯西的定义中，首先出现了自变量一词.

1834 年，俄国数学家罗巴切夫斯基进一步提出函数的定义："x 的函数是这样的一个数，它对于每一个 x 都有确定的值，并且随着 x 一起变化. 函数值可以由解析式给出，也可以由一个条件给出，这个条件提供了一种寻求全部对应值的方法. 函数的这种依赖关系可以存在，但仍然是未知的."这个定义指出了对应关系(条件)的必要性，利用这个关系，可以求出每一个 x 的对应值.

1837 年，德国数学家狄利克雷认为怎样去建立 x 与 y 之间的对应关系是无关紧要的，所以他的定义是："如果对于 x 的每一个值，y 总有一个完全确定的值与之对应，则 y 是 x 的函数."这个定义抓住了概念的本质属性，变量 y 称为 x 的函数，只需有一个法则存在，使得这个函数取值范围中的每一个 x 值，有一个确定的 y 值和它对应就行了，不管这个法则是公式或图像或表格或其他形式. 这个定义比前面的定义带有普遍性，为理论研究和实际应用提供了方便. 因此，这个定义曾被比较长期地使用着.

自从德国数学家康托尔的集合论被大家接受后，用集合对应关系来定义函数概念就是现在高中课本里用的了.

中文数学书上使用的"函数"一词是转译词. 它是我国清代数学家李善兰在翻译《代数学》(1859 年)一书时，把"function"译成"函数"的.

中国古代"函"字与"含"字通用，都有着"包含"的意思. 李善兰给出的定义是："凡式中含天，为天之函数."中国古代用天、地、人、物 4 个字来表示 4 个不同的未知数或变量. 这个定义的含义是："凡是公式中含有变量 x，则该式子叫作 x 的函数."所以"函数"是指公式里含有变量的意思.

我们可以预计到，关于函数的争论、研究、发展、拓广将不会完结，也正是这些影响着数学及其相邻学科的发展.

第 4 章 基本初等函数

本章概述

本章是在学习第 3 章函数的基础上，继续学习指数函数、对数函数和幂函数的概念、图像及性质，并研究它们的数学模型的应用. 这三种函数统称为基本初等函数，其中指数函数和对数函数在工程、生物、社会科学中有着重要的应用.

函数是一个大家族. 我们对于函数的研究还远远没有完成. 从本章开始，我们将学习一些最常用的基本初等函数. 在现实中，许多函数关系可以用幂函数来表示；人口增长、复利公式离不开指数函数；在历史上大数字的计算中，对数函数起过极其重要的作用，且目前它仍然是一个重要的函数类. 在幂函数、指数函数和对数函数中，指数函数增长最快，幂函数次之，对数函数最慢. 快和慢，是对客观世界数量关系的一种刻画. “直线上升”“指数爆炸”，已融入日常生活语言，我们已经耳熟能详. 通过本章的学习，我们将对它们有更深刻的理解.

本章学习要求

△ 1. 理解有理数指数幂的定义，能够运用其运算法则进行计算.

△ 2. 理解指数函数、对数函数、幂函数的概念，掌握它们的解析式、图像和性质，并用图像及性质解相应的不等式或比较函数值的大小.

△ 3. 了解常用对数和自然对数的记号，掌握利用对数的性质、运算法则、对数恒等式和换底公式进行计算、化简和简单的证明.

4.1 指数函数

指数函数在生产和科学研究中都有着广泛应用. 本节主要介绍指数函数的概念、图像和性质，并要求掌握其简单的应用.

4.1.1 有理数指数幂

正分数指数幂： $a^{\frac{m}{n}}=\sqrt[n]{a^m}$（$m$，$n\in\mathbf{N}_+$，且$\frac{m}{n}$为既约分数）.

其中，当 n 为偶数时，$a\geqslant0$；当 n 为奇数时，$a\in\mathbf{R}$.

负分数指数幂： $a^{-\frac{m}{n}}=\frac{1}{a^{\frac{m}{n}}}$（$a\neq0$，$m$，$n\in\mathbf{N}_+$，且$\frac{m}{n}$为既约分数）.

例如，$4^{\frac{3}{2}}$可以表示为$\sqrt[2]{4^3}$，$3^{\frac{2}{5}}$可以表示为$\sqrt[5]{3^2}$.

至此，我们就把整数指数幂的概念推广到了有理数指数幂，整数指数幂的运算法则对于有理数指数幂也同样适用.

设 $a>0$，$b>0$，对任意有理数 α，β，有如下三条运算法则.

法则 1 $a^\alpha\cdot a^\beta=a^{\alpha+\beta}$.

法则 2 $(a^\alpha)^\beta=a^{\alpha\beta}$.

法则 3 $(a\cdot b)^\alpha=a^\alpha\cdot b^\alpha$.

例 1 求有理数指数幂的值：$\left(\frac{1}{2}\right)^{-3}$，$(0.0001)^{\frac{1}{4}}$.

解 $\left(\frac{1}{2}\right)^{-3}=(2^{-1})^{-3}=2^{(-1)\times(-3)}=2^3=8$.

$(0.0001)^{\frac{1}{4}}=(10^{-4})^{\frac{1}{4}}=(10)^{(-4)\times\left(\frac{1}{4}\right)}=10^{-1}=\frac{1}{10}$.

例 2 计算$\sqrt{3}\times3^{-\frac{3}{2}}\times\sqrt[4]{27}$.

解 $\sqrt{3}\times3^{-\frac{3}{2}}\times\sqrt[4]{27}=3^{\frac{1}{2}}\times3^{-\frac{3}{2}}\times\sqrt[4]{3^3}=3^{\frac{1}{2}}\times3^{-\frac{3}{2}}\times3^{\frac{3}{4}}=3^{\frac{1}{2}-\frac{3}{2}+\frac{3}{4}}=3^{-\frac{1}{4}}$.

4.1.2 指数函数的概念

如图 4-1 所示，某种细胞分裂时，第 1 次分裂后，细胞个数为 2 个；第 2 次分裂后，细胞个数为 4 个；第 3 次分裂后，细胞个数为 8 个……设分裂 x 次后，得到的细胞个数为 y. 请写出 y 关于 x 的函数解析式.

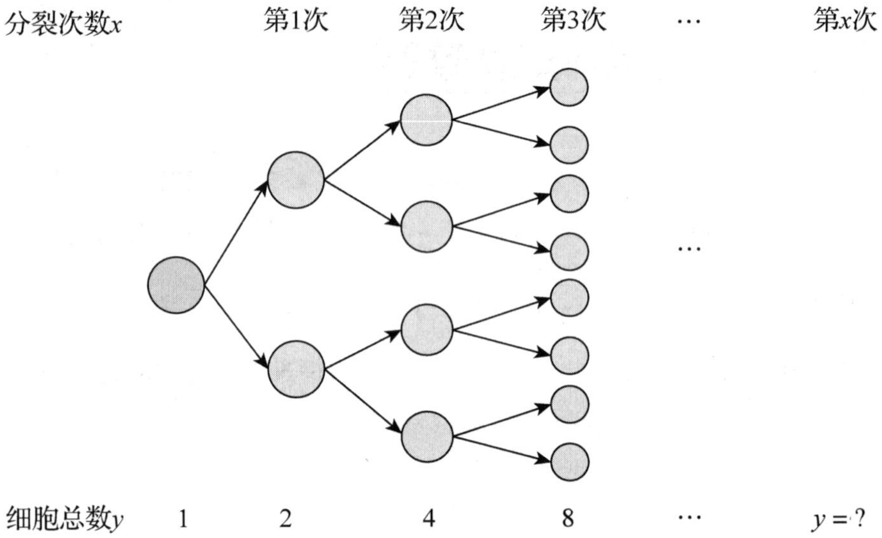

图 4-1

我们可以归纳出在第 x 次分裂后，细胞的个数 $y=2^x$.

在 $y=2^x$ 中，指数 x 是自变量，底数是一个大于 0 且不等于 1 的常量.

一般地，我们把形如 $y=a^x(a>0$，且 $a\neq 1)$ 的函数称为**指数函数**. 其中 x 是自变量，函数的定义域为 **R**.

比如，函数 $y=3^x$，$y=\left(\frac{1}{3}\right)^x$，$y=10^x$ 等都是指数函数.

4.1.3 指数函数的图像和性质

下面我们来研究指数函数的图像和性质.

利用描点法(表 4-1)在同一平面直角坐标系中分别画出指数函数 $y=2^x$，

$y=\left(\frac{1}{2}\right)^x$ 的图像，如图 4-2 所示.

表 4-1

x	…	-3	-2	-1	0	1	2	3	…
$y=2^x$	…	$\frac{1}{8}$	$\frac{1}{4}$	$\frac{1}{2}$	1	2	4	8	…
$y=\left(\frac{1}{2}\right)^x$	…	8	4	2	1	$\frac{1}{2}$	$\frac{1}{4}$	$\frac{1}{8}$	…

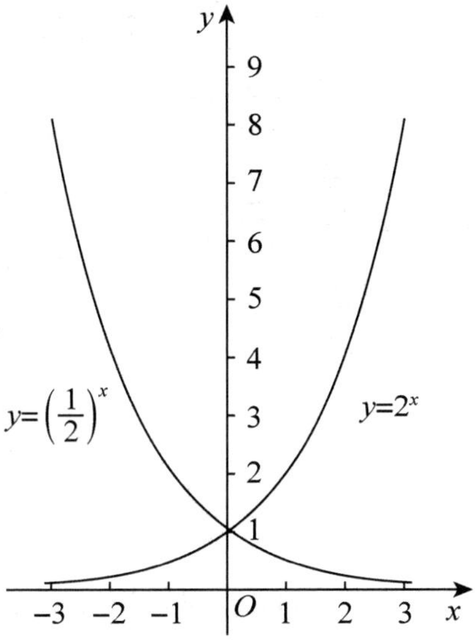

图 4-2

观察函数 $y=2^x$ 与 $y=\left(\frac{1}{2}\right)^x$ 的图像有什么关系？

从函数 $y=2^x$，$y=\left(\frac{1}{2}\right)^x$ 的图像上可以得到如下几点.

(1)图像都在 x 轴上方，函数值 y 都大于 0；

(2)图像都过点(0，1)，即 $x=0$ 时，$y=1$；

(3)自左向右看函数 $y=2^x$ 的图像沿 x 轴正方向逐渐上升，在其定义域 $(-\infty,+\infty)$上是增函数.

(4)自左向右看函数 $y=\left(\frac{1}{2}\right)^x$ 的图像沿 x 轴正方向逐渐下降，在其定义域 $(-\infty,+\infty)$上是减函数.

一般地，指数函数 $y=a^x(a>0$，且 $a\neq1)$的图像和性质，如表 4-2 所示.

表 4-2

底数	$a>1$	$0<a<1$
图像	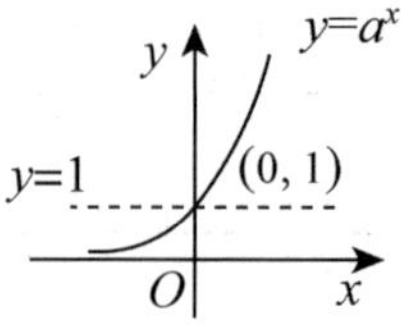	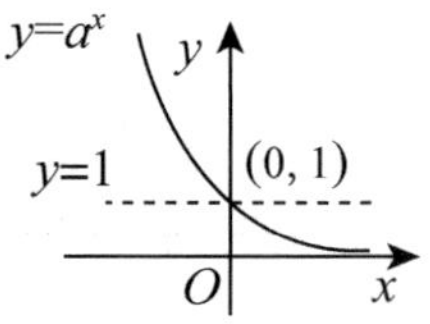
性质	(1)定义域$(-\infty, +\infty)$	
	(2)值域$(0, +\infty)$	
	(3)过点(0，1)，即 $x=0$ 时，$y=1$	
	(4)在$(-\infty, +\infty)$上是增函数	(4)在$(-\infty, +\infty)$上是减函数
	(5)当 $x>0$ 时，$y>1$； 当 $x<0$ 时，$0<y<1$	(5)当 $x<0$ 时，$y>1$； 当 $x>0$ 时，$0<y<1$

例 3 利用指数函数的性质，比较下列每组数的大小.

(1)$2^{0.6}$与$2^{0.7}$；(2)$\left(\frac{1}{3}\right)^{2.5}$与$\left(\frac{1}{3}\right)^{2.8}$；(3)$1.8^{0.6}$与$0.6^{1.8}$.

解 (1)$2^{0.6}$与$2^{0.7}$的底数都是 2，它们可以看作函数 $y=2^x$ 分别在 $x=0.6$，$x=0.7$ 时的函数值. 因为底数 $2>1$，根据指数函数的性质，指数函数 $y=2^x$ 是增函数. 而 $0.6<0.7$，所以 $2^{0.6}<2^{0.7}$.

(2)$\left(\frac{1}{3}\right)^{2.5}$与$\left(\frac{1}{3}\right)^{2.8}$的底数都是$\frac{1}{3}$，它们可以看作函数 $y=\left(\frac{1}{3}\right)^x$ 分别在 $x=2.5$，$x=2.8$ 时的函数值. 因为底数 $0<\frac{1}{3}<1$，根据指数函数的性质，指数函数 $y=\left(\frac{1}{3}\right)^x$ 是减函数. 而 $2.5<2.8$，所以$\left(\frac{1}{3}\right)^{2.5}>\left(\frac{1}{3}\right)^{2.8}$.

(3)由指数函数的性质知，$1.8^{0.6}>1.8^0=1$，而 $0.6^{1.8}<0.6^0=1$，所以 $1.8^{0.6}>0.6^{1.8}$.

例 4 求下列函数的定义域.

(1)$y=3^{\sqrt{x-2}}$；(2)$y=3^{\frac{1}{x}}$.

解 (1)若要使函数 $y=3^{\sqrt{x-2}}$ 有意义，必须满足 $x-2\geqslant 0$，即 $x\geqslant 2$，因此，函数 $y=3^{\sqrt{x-2}}$ 的定义域是 $[2, +\infty)$.

(2)若要使函数 $y=3^{\frac{1}{x}}$ 有意义，必须满足 $x\neq 0$，因此，函数 $y=3^{\frac{1}{x}}$ 的定义域是 $(-\infty, 0)\cup(0, +\infty)$.

例 5 解不等式 $0.1^{2x}<0.1^{x-2}$.

解 指数函数 $y=0.1^x$ 在其定义域上是减函数，因为 $0.1^{2x}<0.1^{x-2}$，所以 $2x>x-2$，解得 $x>-2$. 不等式的解集是 $(-2, +\infty)$.

4.1.4 指数函数的应用

1. 指数型函数

形如函数 $y=ca^x$(c 为正常数，$a>0$，且 $a\neq 1$)称为指数型函数.

2. 指数增长模型

原有产值为 N，平均增长率为 p，则经过时间 x 后的总产值 y 可以表示为

$$y=N(1+p)^x.$$

3. 指数减少模型

原有产值为 N，平均减少率为 p，则经过时间 x 后的总产值 y 可以表示为

$$y=N(1-p)^x.$$

小贴士：在解决实际应用问题时，首先要根据题目要求进行恰当假设，并注意自变量的取值范围，其次试写几个特殊例子，利用归纳法得出关系式.

例 6 某种放射性物质不断变化为其他物质，每经过 1 年剩留量是原来的 84%，经过多少年，剩留量是原来的一半(结果保留 1 位有效数字)?

分析：通过恰当假设，将剩留量 y 表示成经过 x 年的函数，并列表，进而解决问题.

解 设某种放射性物质最初的质量是 1，经过 x 年，剩留量是 y，那么

经过 1 年，剩留量 $y=1\times 84\%=0.84^1$；

经过 2 年，剩留量 $y=0.84^1\times 84\%=0.84^2$；

……

经过 x 年后，剩留量 $y=0.84^x$.

由这个函数关系式可以列表 4-3 如下.

表 4-3

x	0	1	2	3	4	5	6	…
y	1	0.84	0.71	0.59	0.50	0.42	0.35	…

从表 4-3 可看出，$x=4$ 时，$y\approx 0.50$.

所以经过 4 年，剩留量约为原来的一半.

例 7 某种储蓄按照复利计算利息，本金为 a 元，每期利率为 r，设本利和(本金加上利息)为 y 元，存期为 x.

(1)写出本利和与存期变化的函数解析式.

(2)如果存入本金 1 000 元，每期利率为 3%，试计算 5 期后的本利和约是多少(精确到 0.01 元)?

解 (1)已知本金为 a 元.

1 期后本利和为 $y_1=a+a\times r=a(1+r)$；

2 期后本利和为 $y_2=y_1+y_1r=a(1+r)+a(1+r)r=a(1+r)^2$；

3 期后本利和为 $y_3=y_2+y_2r=a(1+r)^3$；

……

x 期后本利和为 $y=a(1+r)^x$.

(2)将 $a=1\ 000$ 元，$r=3\%$，$x=5$ 代入 $y=a(1+r)^x$，得

$$y=1\ 000\times(1+3\%)^5\approx 1\ 159.27(\text{元}).$$

所以 5 期后的本利和约是 1 159.27 元.

小贴士：复利是一种计算利息的方法，即把前一期的利息和本金加在一起算作本金，再计算下一期的利息.

在解决应用问题时，关键是能够正确理解题意，进而将生活中的实际问题转化为数学问题，同时要结合具体问题的实际意义确定函数的定义域.

思考题 4－1

在指数函数 $y=a^x$ 的定义中，为什么规定底数 a 大于 0 且不等于 1 呢?

课堂练习 4－1

1. 判断下列函数是否是指数函数.

(1) $y=0.3^x$； (2) $y=(-2)^x$； (3) $y=1^x$； (4) $y=\left(\frac{1}{3}\right)^x$.

2. 求下列函数的定义域.

(1) $y=2^{\sqrt{x}}$； (2) $y=5^{\frac{1}{x-1}}$； (3) $y=\sqrt{2^x-2}$.

3. 利用指数函数的性质，比较下列每组数的大小.

(1) $1.7^{2.5}$与1.7^3； (2) $0.8^{-0.1}$与$0.8^{-0.2}$； (3) $1.8^{0.3}$与$0.9^{3.1}$.

4. 解不等式.

(1) $3^x<3^{3x-1}$； (2) $2^{2x+1}<32$.

5. 某种产品的年产量是 a 件，在今后的 x 年内，计划使每年产量平均比上一年增加 $m\%$，写出年产量随年数变化的函数解析式.

6. 某种产品的成本是 a 元，在今后的 x 年内，计划使每年成本比上一年降低 $p\%$.

(1) 写出成本 y 随年数 x 变化的函数解析式.

(2) 若该产品成本是 100 元，计划使每年成本比上一年降低 15%，试计算 5 年后该产品成本约是多少元(精确到 0.01 元)?

4.2 对数函数

在上一节中我们研究了细胞分裂问题，细胞个数与分裂次数的关系为 $y=2^x$，即知道细胞分裂次数来求细胞个数. 反之若知道细胞个数，如何求细胞分裂的次数? 为解决此类问题，我们来介绍一个新的概念——对数函数.

4.2.1 对数的概念

一般地，如果 $a^b=N(a>0$，且 $a\neq1)$，那么 b 叫作以 a 为底 N 的对数，记作

$$\log_a N=b(a>0，且 a\neq1).$$

其中，a 叫作**对数的底数**，简称为**底**，N 叫作**真数**.

小贴士：符号“log”出自拉丁语 logarithm 的缩写，表示对数.

比如，$2^3=8$，所以 3 是以 2 为底 8 的对数，记作$\log_2 8=3$.

再比如，$3^4=81$，所以 4 是以 3 为底 81 的对数，记作 $\log_3 81=4$.

4.2.2 两个重要对数

常用对数：我们通常将以 10 为底的对数叫作常用对数，记作$\log_{10} N$，简记为 $\lg N$.

例如，$\log_{10}5$ 简记为 $\lg 5$，$\log_{10}0.01$ 简记为 $\lg 0.01$.

自然对数：在科学技术中常常使用并将以无理数 e＝2.718 281 8…为底的对数叫作**自然对数**. 记作$\log_e N$，简记为 $\ln N$.

例如，$\log_e 2$ 简记为 $\ln 2$，$\log_e 3.5$ 简记为 $\ln 3.5$.

4.2.3 对数式与指数式的关系

我们把 $a^b=N(a>0$，且 $a\neq1)$叫作指数式，$\log_a N=b(a>0$，且 $a\neq1)$叫作对数式. 由对数定义我们可以得到：当 $a>0$，且 $a\neq1$ 时，

$$a^b=N\Leftrightarrow b=\log_a N.$$

由对数的定义、指数式与对数式的关系，可以得到如下结论.

(1)负数和 0 没有对数，即真数 $N>0$；

(2)1 的对数等于 0，即$\log_a 1=0$；

(3)底数的对数等于 1，即$\log_a a=1$；

(4)对数恒等式：$a^{\log_a N}=N$，$\log_a a^b=b$.

例 1 把下列指数式写成对数式.

(1)$8^2=64$； (2)$2^{-5}=\dfrac{1}{32}$； (3)$27^{\frac{1}{3}}=3$.

解 (1)$\log_8 64=2$； (2)$\log_2 \dfrac{1}{32}=-5$； (3)$\log_{27}3=\dfrac{1}{3}$.

例 2 把下列对数式写成指数式.

(1)$\log_3 1=0$； (2)$\log_5 125=3$； (3)$\log_{10}0.01=-2$.

解 (1)$3^0=1$； (2)$5^3=125$； (3)$10^{-2}=0.01$.

例 3 求下列各式的值.

(1)$\log_3 3^5$； (2)$\lg 0.001$； (3)$e^{\ln 3}$； (4)$\log_2 \frac{1}{16}$.

解 (1)$\log_3 3^5=5$； (2)$\lg 0.001=\lg 10^{-3}=-3$；

(3)$e^{\ln 3}=3$； (4)$\log_2 \frac{1}{16}=\log_2 2^{-4}=-4$.

4.2.4 对数的运算法则

已知 $a>0$，且 $a\neq 1$，$M>0$，$N>0$，则有

法则 1 $\log_a(MN)=\log_a M+\log_a N$.

法则 2 $\log_a \frac{M}{N}=\log_a M-\log_a N$.

法则 3 $\log_a M^n=n\log_a M$.

例 4 求下列各式的值.

(1)$\log_3(27\times 81)$；(2)$\lg 4+\lg 25$；(3)$\log_2 6-\log_2 3$；(4)$\log_3\sqrt{243}$.

解 (1)$\log_3(27\times 81)=\log_3 27+\log_3 81=\log_3 3^3+\log_3 3^4=3\log_3 3+4\log_3 3=7$.

(2)$\lg 4+\lg 25=\lg(4\times 25)=\lg 100=\lg 10^2=2$.

(3)$\log_2 6-\log_2 3=\log_2 \frac{6}{3}=\log_2 2=1$.

(4)$\log_3\sqrt{243}=\frac{1}{2}\log_3 243=\frac{1}{2}\log_3 3^5=\frac{5}{2}\log_3 3=\frac{5}{2}$.

例 5 已知$\log_a 2=x$，$\log_a 3=y$，求 a^{3x+2y}的值.

解 因为$\log_a 2=x$，$\log_a 3=y$，所以 $a^x=2$，$a^y=3$.

因此 $a^{3x+2y}=a^{3x}a^{2y}=(a^x)^3(a^y)^2=2^3\times 3^2=8\times 9=72$.

例 6 已知$\log_a x=m$，$\log_a y=n$，$\log_a z=p$，求下列各式.

(1)$\log_a \frac{xz}{y}$；(2)$\log_a \frac{xy}{\sqrt{z}}$.

解 (1)$\log_a \frac{xz}{y}=\log_a(xz)-\log_a y=\log_a x+\log_a z-\log_a y=m+p-n$.

(2)$\log_a \frac{xy}{\sqrt{z}}=\log_a(xy)-\frac{1}{2}\log_a z=\log_a x+\log_a y-\frac{1}{2}\log_a z=m+n-\frac{1}{2}p$.

4.2.5 对数的换底公式

对数换底公式为

$$\log_a N=\frac{\log_m N}{\log_m a}(a>0,\ m>0,\ a\neq 1,\ m\neq 1,\ N>0).$$

证明 设 $\log_a N=x$，则 $a^x=N$.

两边取以 m 为底的对数，得

$$\log_m a^x=\log_m N\Rightarrow x\log_m a=\log_m N.$$

因为 $a\neq 1$，所以 $\log_m a\neq 0$，从而得

$$x=\frac{\log_m N}{\log_m a}.$$

即 $$\log_a N=\frac{\log_m N}{\log_m a}.$$

因此，当 $m=10$ 时，$\log_a N=\frac{\lg N}{\lg a}$；当 $m=\mathrm{e}$ 时，$\log_a N=\frac{\ln N}{\ln a}$.

例 7 求$\log_{16}81\times\log_9 32$ 的值.

解 $\log_{16}81\times\log_9 32=\frac{\lg 81}{\lg 16}\times\frac{\lg 32}{\lg 9}=\frac{\lg 3^4}{\lg 2^4}\times\frac{\lg 2^5}{\lg 3^2}=\frac{4\lg 3}{4\lg 2}\times\frac{5\lg 2}{2\lg 3}=\frac{5}{2}$.

4.2.6 对数函数的概念

一般地，我们把形如 $y=\log_a x(a>0$，且 $a\neq 1)$的函数叫作**对数函数**. 其中 x 是自变量，函数的定义域为$(0，+\infty)$.

例 8 求下列对数函数的定义域.

(1) $y=\log_2(3x-2)$； (2) $y=\log_{\frac{1}{3}}x^2$.

解 (1)因为 $3x-2>0$，即 $x>\frac{2}{3}$，所以函数 $y=\log_2(3x-2)$的定义域是$\left(\frac{2}{3}，+\infty\right)$.

(2)因为 $x^2>0$，即 $x\neq 0$，所以函数 $y=\log_{\frac{1}{3}}x^2$ 的定义域是$(-\infty，0)\cup(0，+\infty)$.

4.2.7 对数函数的图像和性质

我们以 $y=\log_2 x$，$y=\log_{\frac{1}{2}} x$ 为例，讨论对数函数的图像和性质，如表 4-4 所示.

表 4-4

x	…	$\frac{1}{8}$	$\frac{1}{4}$	$\frac{1}{2}$	1	2	4	8	…
$y=\log_2 x$	…	-3	-2	-1	0	1	2	3	…
$y=\log_{\frac{1}{2}} x$	…	3	2	1	0	-1	-2	-3	…

分别将 $y=\log_2 x$，$y=\log_{\frac{1}{2}} x$ 画在同一平面直角坐标系中，如图 4-3 所示.

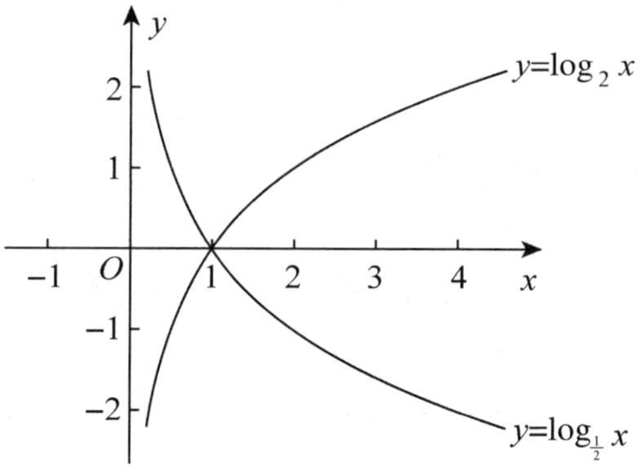

图 4-3

(1)图像都在 y 轴右边；

(2)图像都过点(1，0)，即 $x=1$ 时，$y=0$；

(3)自左向右看函数 $y=\log_2 x$ 的图像沿 x 轴正方向逐渐上升，在其定义域 $(0，+\infty)$上是增函数；

(4)自左向右看函数 $y=\log_{\frac{1}{2}} x$ 的图像沿 x 轴正方向逐渐下降，在其定义域 $(0，+\infty)$上是减函数.

一般地，对数函数 $y=\log_a x$ 在 $a>1$ 与 $0<a<1$ 情况下的图像和性质如表 4-5所示.

表 4-5

底数	$a>1$	$0<a<1$
图像	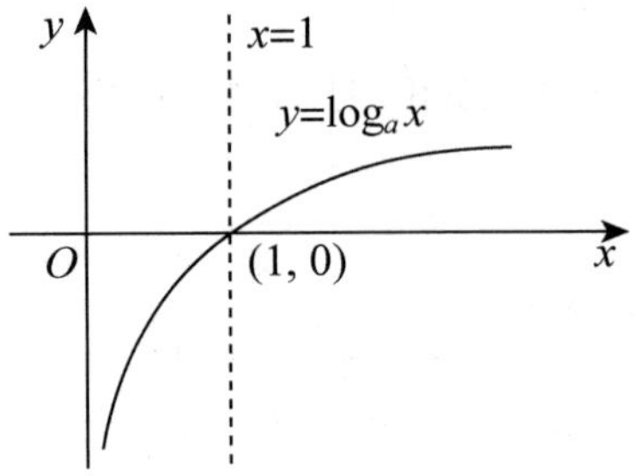	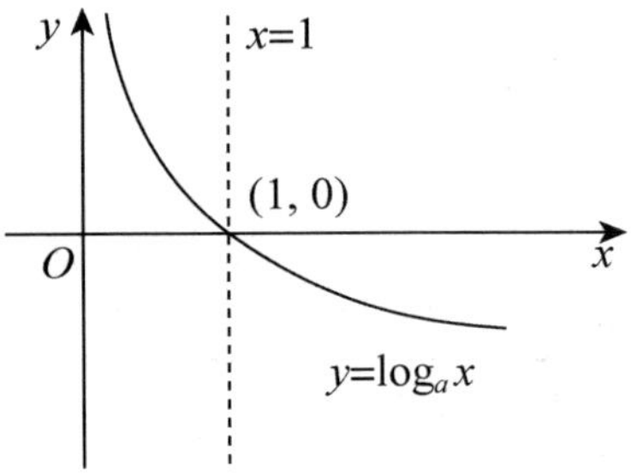
性质	(1)定义域$(0，+\infty)$	
	(2)值域$(-\infty，+\infty)$	
	(3)过点$(1，0)$，即 $x=1$ 时，$y=0$	
	(4)在$(0，+\infty)$上是增函数	(4)在$(0，+\infty)$上是减函数
	(5)当 $x>1$ 时，$y>0$； 当 $0<x<1$ 时，$y<0$	(5)当 $x>1$ 时，$y<0$； 当 $0<x<1$ 时，$y>0$

例 9 比较下列每组数的大小.

(1)$\log_2 3$ 与$\log_2 5$；(2)$\log_{0.5}1.2$ 与 $\log_{0.5}1.3$.

解 (1)对数函数 $y=\log_2 x$ 在区间$(0，+\infty)$上是增函数. 因为 $3<5$，所以$\log_2 3<\log_2 5$.

(2)对数函数 $y=\log_{0.5}x$ 在区间$(0，+\infty)$上是减函数. 因为 $1.2<1.3$，所以$\log_{0.5}1.2>\log_{0.5}1.3$.

思考题 4-2

$\log_a b$($a>0$，且 $a\neq 1$)与$\log_b a$($b>0$，且 $b\neq 1$)是什么关系?

课堂练习 4-2

1. 将下列指数式写成对数式，对数式写成指数式.

(1)$5^3=125$；　(2)$16^{\frac{1}{4}}=2$；　(3)$\log_7 49=2$；　(4)$\log_{\frac{1}{3}}27=-3$.

2. 求下列 x 的值.

(1)$\lg x=-3$；　(2)$\ln x=0$；　(3)$\log_3 x=4$；　(4)$\log_\pi x=-1$.

3. 求下列各式的值.

(1)$\log_{\frac{3}{4}}1$；　(2)$\log_{0.1}100$；　(3)$e^{\ln\frac{1}{3}}$；　(4)$\log_{16}2$.

4. 化简.

(1) $\log_5 \dfrac{1}{125} - \log_3 27 + \log_{\frac{1}{6}} 36 + \log_{\sqrt{3}} 9$;

(2) $(\log_3 2 + \log_9 2)(\log_4 3 + \log_8 3)$.

5. 求下列对数函数的定义域.

(1) $y = \log_2 (3 - 2x)$;　　(2) $y = \log_{\frac{1}{2}} (2x + 1)$.

6. 比较下列每组数的大小.

(1) $\lg 4$ 与 $\lg 6$;　　(2) $\log_{0.3} 2.1$ 与 $\log_{0.3} 2.5$.

7. 用 $\lg x$，$\lg y$，$\lg z$ 表示 $\lg \dfrac{x^5 \cdot \sqrt{y}}{\sqrt[3]{z}}$.

8. 已知 $\lg a$，$\lg b$ 是方程 $2x^2 - 4x + 1 = 0$ 的两个根，求 $\left(\lg \dfrac{a}{b}\right)^2$.

4.3 幂函数

之前我们学习过整数指数幂的意义、运算法则和 n 次方根的概念，本节我们将介绍幂函数的概念、图像及其性质.

4.3.1 幂函数的概念

你能发现如下几个函数解析式有什么共同特征吗?

$$y = x,\ y = x^2,\ y = x^3,\ y = \sqrt{x} = x^{\frac{1}{2}},\ y = \frac{1}{x} = x^{-1}.$$

共同特征：函数解析式是幂的形式，指数是常数，底数是自变量.

一般地，我们把形如 $y = x^a$ $(a \in \mathbf{R})$ 的函数称为**幂函数**. 其中 x 为自变量，a 为常数.

小贴士：$y=x^a$ 形式有以下特点.

(1)底数为 x；

(2)指数 a 为常数；

(3)x^a 前面的系数是 1，后面没有其他项.

4.3.2 幂函数的图像和性质

对于幂函数 $y=x^a(a\in\mathbf{R})$，我们只讨论 $a=1$，2，3，$\frac{1}{2}$，-1 时，即 $y=x$，$y=x^2$，$y=x^3$，$y=x^{\frac{1}{2}}$，$y=x^{-1}$ 的图像，并结合函数的图像讨论函数的性质，如表 4-6 所示.

表 4-6

解析式	$y=x$	$y=x^2$	$y=x^3$	$y=x^{\frac{1}{2}}$	$y=x^{-1}$
图像	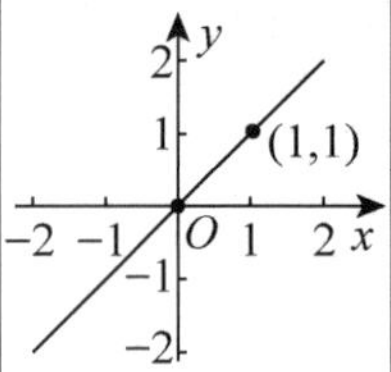	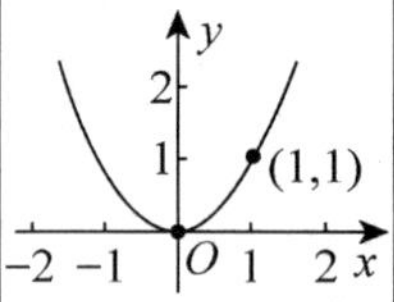	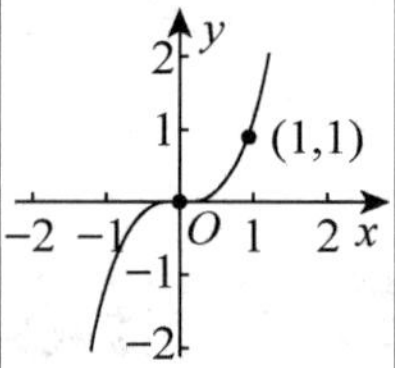	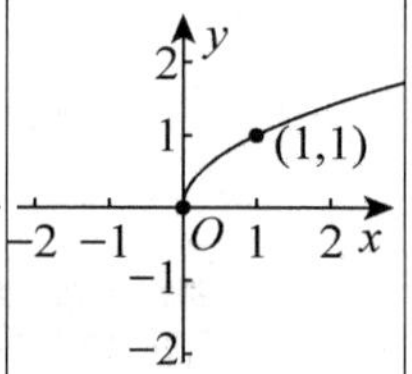	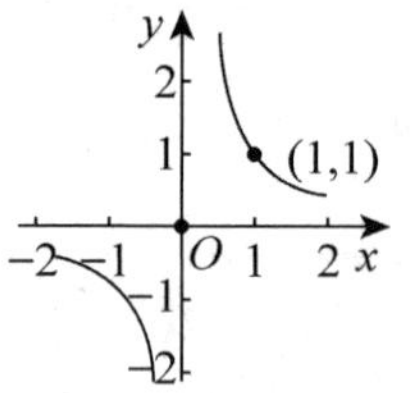
定义域	$\mathbf{R}$	$\mathbf{R}$	$\mathbf{R}$	$[0,+\infty)$	$(-\infty,0)\cup(0,+\infty)$
值域	$\mathbf{R}$	$[0,+\infty)$	$\mathbf{R}$	$[0,+\infty)$	$(-\infty,0)\cup(0,+\infty)$
奇偶性	奇函数	偶函数	奇函数	非奇非偶	奇函数
单调性	增函数	在$[0,+\infty)$上为增函数；在$(-\infty,0]$上为减函数	增函数	增函数	在$(0,+\infty)$上为减函数；在$(-\infty,0)$上为减函数
公共点	过点(1，1)，即 $x=1$ 时，$y=1$				

例 1 画出函数 $y=x^{\frac{2}{3}}$ 的图像，并讨论该函数的性质.

解 函数的定义域是$(-\infty, +\infty)$.

列表 4-7 如下.

表 4-7

x	…	-2	-1	0	1	2	…
y	…	1.59	1	0	1	1.59	…

在平面直角坐标系中描点，顺次连线，即得函数 $y=x^{\frac{2}{3}}$ 的图像，如图 4-4 所示.

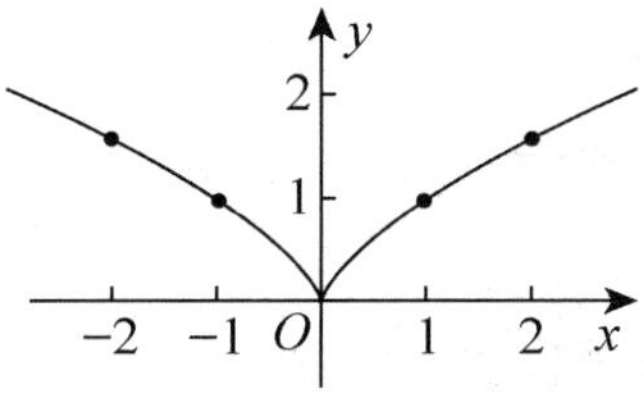

图 4-4

从图像上可以看到，函数 $y=x^{\frac{2}{3}}$ 的定义域是$(-\infty, +\infty)$，值域是$[0, +\infty)$.

函数是偶函数，图像关于 y 轴对称，在$(-\infty, 0]$上是减函数，在$[0, +\infty)$上是增函数.

例 2 已知 $y=f(x)=(m^2+m-1)x^{2m+3}$是幂函数，求 m 的值.

解 因为 $y=f(x)$是幂函数，所以 $m^2+m-1=1$，即 $m^2+m-2=0$，

即$(m+2)(m-1)=0$，$m=-2$ 或 1.

4.3.3* 函数零点以及图像变换

函数零点：一般地，如果函数 $y=f(x)(x\in D)$在实数 a 处的值等于零，即 $f(a)=0$，则 a 叫作这个函数 $y=f(x)(x\in D)$的零点.

零点存在性定理：如果函数 $y=f(x)$在区间$[a, b]$上的图像是连续不断的一条曲线，并且有 $f(a)f(b)<0$，那么函数 $y=f(x)$在区间(a, b)内有零点，即存在 $c\in(a, b)$，使得 $f(x)=0$，c 也就是方程 $f(x)=0$ 的根.

例如，二次函数 $y=ax^2+bx+c(a\neq0)$的零点：

(1)$\Delta>0$，方程 $ax^2+bx+c=0$ 有两个不相等实根，二次函数的图像与 x 轴有两个交点，二次函数有两个零点；

(2)$\Delta=0$，方程 $ax^2+bx+c=0$ 有两个相等实根(二重根)，二次函数的图像与 x 轴有一个交点，二次函数有一个二重零点；

(3)$\Delta<0$，方程 $ax^2+bx+c=0$ 无实根，二次函数的图像与 x 轴无交点，二次函数无零点.

函数图像的几种变换：

(1)$y=f(x)\rightarrow y=f(x+a)$. 当 $a>0$ 时，把函数 $y=f(x)$ 的图像向左平移 a 个单位；当 $a<0$ 时，向右平移 $-a$ 个单位.

(2)$y=f(x)\rightarrow y=f(x)+b$. 当 $b>0$ 时，把函数 $y=f(x)$ 的图像向上平移 b 个单位；当 $b<0$ 时，向下平移 $-b$ 个单位.

(3)$y=f(x)\rightarrow y=f(-x)$. $y=f(x)$ 与 $y=f(-x)$ 的图像关于 y 轴对称.

(4)$y=f(x)\rightarrow y=-f(x)$. $y=f(x)$ 与 $y=-f(x)$ 的图像关于 x 轴对称.

(5)函数 $y=f(|x|)$ 的图像关于 y 轴对称. 先作出 $x\geqslant 0$ 部分的图像，再作其关于 y 轴对称的图像.

(6)函数 $y=|f(x)|$ 的图像的做法是：保留 $y=f(x)$ 在 x 轴以及 x 轴上方的图像(如果 $y=f(x)$ 在这里有图像)，并把函数 $y=f(x)$ 的图像在 x 轴下方的部分沿 x 轴翻折到 x 轴上方.

思考题 4－3

1. 幂函数 $y=x^a(a\in\mathbf{R})$ 中“$x=1$”可以吗？
2. 指数函数 $y=a^x$ 与幂函数 $y=x^a$ 有什么区别？

课堂练习 4－3

1. 计算下列各式.

(1)$9^{\frac{3}{2}}$；　　(2)$32^{\frac{3}{2}}$；

(3)$\sqrt{4}\times\sqrt[3]{16}\times\sqrt[4]{64}$；　　(4)$(2^{\frac{1}{3}}\times 4^{\frac{2}{3}})^3\times(2^{-\frac{1}{4}}\times 4^{-\frac{5}{8}})^2$.

2. 判断下列函数是否是幂函数？

(1)$y=3^x$；　　(2)$y=x^{-3}$；　　(3)$y=2x^2$；

(4)$y=x^2-1$；　　(5)$y=\sqrt{x}$.

3. 已知函数 $f(x)=(m^2-3m+3)x^{m^2-2}$ 是幂函数，并且是偶函数，求 m 的值.

4. 已知幂函数 $y=f(x)$ 的图像过点$(2,\sqrt{2})$，试求出这个函数的解析式.

5. 画出函数 $y=x^{-2}$ 的图像，并讨论函数的定义域、值域、奇偶性、单调性.

本章小结

知识框架

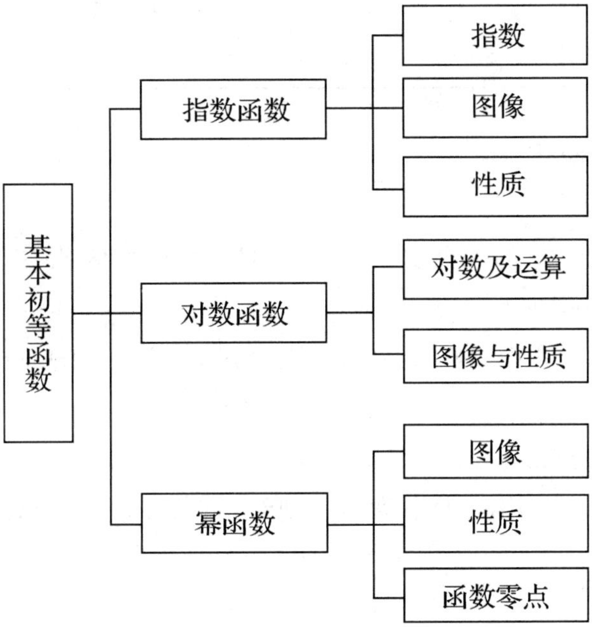

知识点梳理

4.1 指数函数

1. 指数函数的概念.

一般地，我们把形如 $y=a^x$($a>0$，且 $a\neq 1$)的函数称为指数函数. 其中 x 为自变量，函数的定义域为 **R**.

2. 指数函数的图像和性质.

底数	$a>1$	$0<a<1$
图像	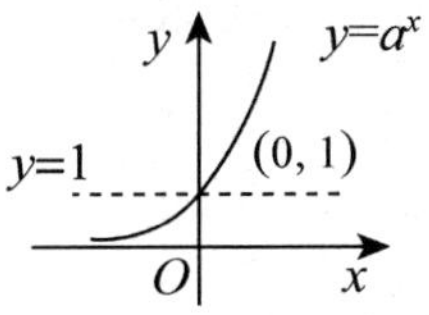	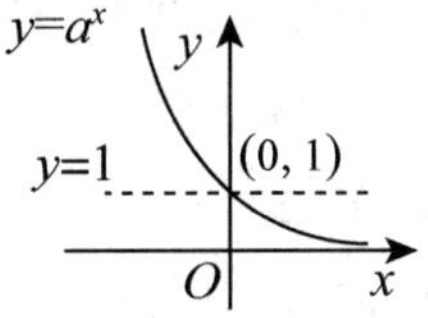

续表

底数	$a>1$	$0<a<1$
性质	(1)定义域$(-\infty, +\infty)$	
	(2)值域$(0, +\infty)$	
	(3)过点$(0, 1)$，即 $x=0$ 时，$y=1$	
	(4)在$(-\infty, +\infty)$上是增函数	(4)在$(-\infty, +\infty)$上是减函数
	(5)当 $x>0$ 时，$a^x>1$； 当 $x<0$ 时，$0<a^x<1$	(5)当 $x<0$ 时，$a^x>1$； 当 $x>0$ 时，$0<a^x<1$

3. 指数函数的应用.

(1)指数型函数.

形如函数 $y=ca^x$(c 为正常数，$a>0$，且 $a\neq1$)称为指数型函数.

(2)指数增长模型.

原有产值为 N，平均增长率为 p，则经过时间 x 后的总产值 y 可以表示为

$$y=N(1+p)^x.$$

(3)指数减少模型.

原有产值为 N，平均减少率为 p，则经过时间 x 后的总产值 y 可以表示为

$$y=N(1-p)^x.$$

4.2 对数函数

1. 对数的概念.

一般地，如果 $a^b=N(a>0$，且 $a\neq1)$，那么 b 叫作以 a 为底 N 的对数，记作

$$\log_a N=b(a>0，且 a\neq1).$$

其中，a 叫作对数的底数，简称为底，N 叫作真数.

2. 两个重要对数.

常用对数：我们通常将以 10 为底的对数叫作常用对数，记作$\log_{10}N$，简记为 $\lg N$.

自然对数：在科学技术中常常使用并将以无理数 $e=2.718\ 281\ 8\cdots$为底的对数叫作自然对数，记作$\log_e N$，简记为 $\ln N$.

3. 对数式与指数式的关系.

我们把 $a^b=N(a>0$，且 $a\neq1)$叫作指数式，$\log_a N=b(a>0$，且 $a\neq1)$叫作

对数式．由对数定义我们可以得到：当 $a>0$，且 $a\neq1$ 时，

$$a^b=N\Leftrightarrow b=\log_a N.$$

4．对数的运算法则．

已知 $a>0$，且 $a\neq1$，$M>0$，$N>0$，则有

法则 1　$\log_a(MN)=\log_a M+\log_a N$.

法则 2　$\log_a \dfrac{M}{N}=\log_a M-\log_a N$.

法则 3　$\log_a M^n=n\log_a M$.

5．对数的换底公式．

$$\log_a N=\frac{\log_m N}{\log_m a}(a>0,\ m>0,\ a\neq1,\ m\neq1,\ N>0).$$

6．对数函数的概念．

一般地，我们把形如 $y=\log_a x$（$a>0$，且 $a\neq1$）的函数叫作对数函数．其中 x 是自变量，函数的定义域为 $(0,+\infty)$．

7．对数函数的图像和性质．

底数	$a>1$	$0<a<1$
图像	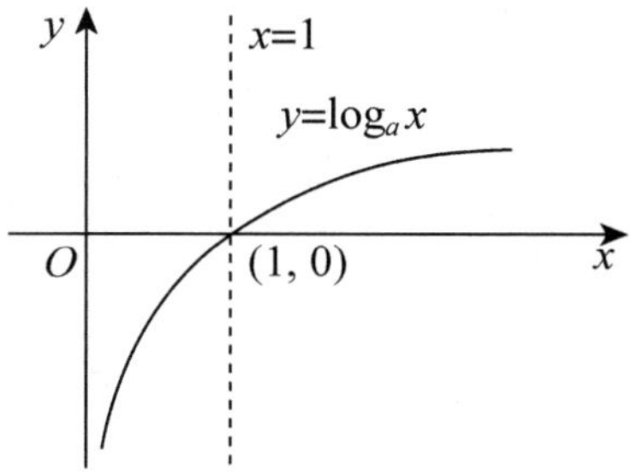	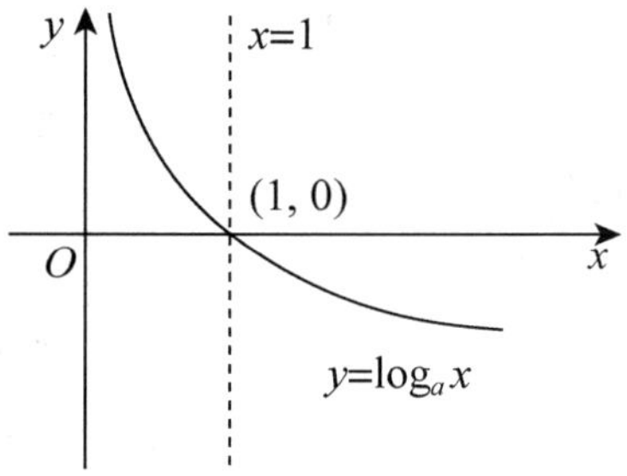
性质	(1)定义域 $(0,+\infty)$	
	(2)值域 $(-\infty,+\infty)$	
	(3)过点 $(1,0)$，即 $x=1$ 时，$y=0$	
	(4)在 $(0,+\infty)$ 上是增函数	(4)在 $(0,+\infty)$ 上是减函数
	(5)当 $x>1$ 时，$y>0$； 当 $0<x<1$ 时，$y<0$	(5)当 $x>1$ 时，$y<0$； 当 $0<x<1$ 时，$y>0$

4.3 幂函数

1. 有理数指数幂.

(1)正分数指数幂.

$$a^{\frac{m}{n}}=\sqrt[n]{a^m}\left(m,\ n\in \mathbf{N}_+,\ 且\frac{m}{n}为既约分数\right).$$

其中，当 n 为偶数时，$a\geqslant 0$；当 n 为奇数时，$a\in \mathbf{R}$.

(2)负分数指数幂.

$$a^{-\frac{m}{n}}=\frac{1}{a^{\frac{m}{n}}}\left(a\neq 0,\ m,\ n\in \mathbf{N}_+,\ 且\frac{m}{n}为既约分数\right).$$

2. 幂函数的图像和性质.

解析式	$y=x$	$y=x^2$	$y=x^3$	$y=x^{\frac{1}{2}}$	$y=x^{-1}$
图像	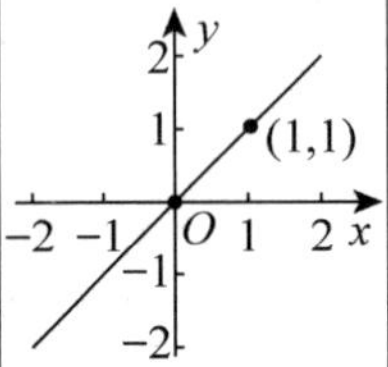	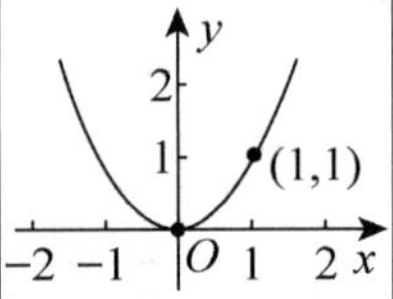	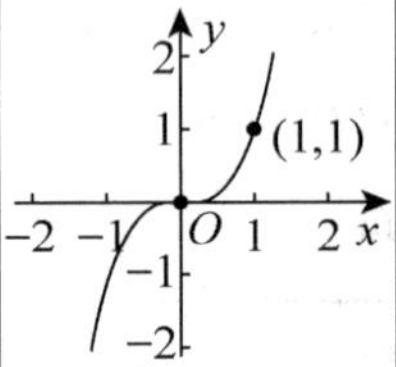	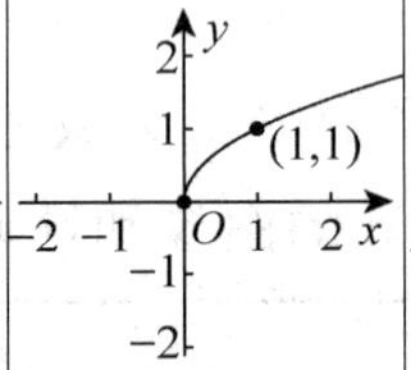	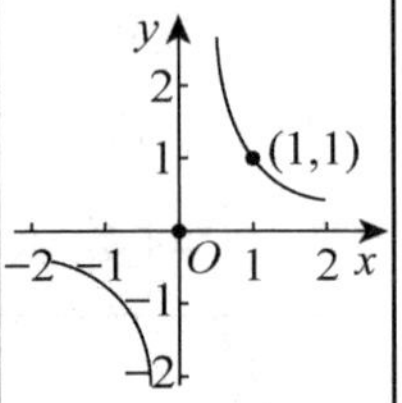
定义域	$\mathbf{R}$	$\mathbf{R}$	$\mathbf{R}$	$[0,\ +\infty)$	$(-\infty,\ 0)\cup(0,\ +\infty)$
值域	$\mathbf{R}$	$[0,\ +\infty)$	$\mathbf{R}$	$[0,\ +\infty)$	$(-\infty,\ 0)\cup(0,\ +\infty)$
奇偶性	奇函数	偶函数	奇函数	非奇非偶	奇函数
单调性	增函数	在 $[0,\ +\infty)$ 上为增函数；在 $(-\infty,\ 0]$ 上为减函数	增函数	增函数	在 $(0,\ +\infty)$ 上为减函数；在 $(-\infty,\ 0)$ 上为减函数
公共点	过点 $(1,\ 1)$，即 $x=1$ 时，$y=1$				

复习题四(A)

一、选择题(在每小题列出的4个备选项中只有一个是符合题目要求的，请将其代码填写在后面的括号里)

1. 函数 $f(x)=\sqrt{4+x}$ 的定义域是(　　).

A. $(4, +\infty)$　　B. $[-4, +\infty)$　　C. $(-\infty, 4)$　　D. $(-\infty, 4]$

2. 下列函数为单调递增的是(　　).

A. $y=-4x$　　B. $y=2x-3$　　C. $y=x^2$　　D. $y=-3x+5$

3. 下列函数为奇函数的是(　　).

A. $y=\frac{1}{x^3}$　　B. $y=x^2+1$　　C. $y=x^2-x^3$　　D. 以上答案都不正确

4. 下列各组函数为同一函数的是(　　).

A. $f(x)=3x$，$g(x)=3x-1$　　B. $f(x)=|x|$，$g(x)=x$

C. $f(x)=\frac{x}{x}$，$g(x)=1$　　D. 以上答案都不正确

5. 已知函数 $f(x)=x^3$，它的图像关于(　　).

A. x 轴对称　　B. y 轴对称　　C. 原点对称　　D. 以上答案都不正确

6. 函数 $y=a^x(a>0$，且 $a\neq1)$ 的图像必经过点(　　).

A. $(0, 0)$　　B. $(0, 1)$　　C. $(1, 0)$　　D. 以上答案都不正确

7. $\log_2 3$ 与 $\log_{\frac{1}{2}} 3$ 的大小关系是(　　).

A. $\log_2 3>\log_{\frac{1}{2}} 3$　　B. $\log_2 3<\log_{\frac{1}{2}} 3$

C. $\log_2 3=\log_{\frac{1}{2}} 3$　　D. 以上答案都不正确

8. 已知 $f(x)$ 是 $(-\infty, +\infty)$ 上的奇函数，$f(-1)=-3$，$f(2)=1$，则(　　).

A. $f(1)>f(2)$　　B. $f(1)<f(2)$

C. $f(1)=f(2)$　　D. 以上答案都不正确

9. 把 $4^2=16$ 改写成对数形式为(　　).

A. $\log_4 2=16$　　B. $\log_2 4=16$　　C. $\log_{16} 4=2$　　D. $\log_4 16=2$

10. 已知 $f(x)=\begin{cases}\log_2 x, & x>0,\\ x^2+9, & x<0,\end{cases}$ 则 $f[f(-\sqrt{7})]=$(　　).

A. 16　　B. 8　　C. 4　　D. 2

二、填空题(请在每小题的空格中填上正确答案)

1. 函数的表示方法通常有三种，分别是________、________和________.

2. 计算：$10^{1+\lg 2}+(-\pi)^0-8^{\frac{1}{3}}+0.5^{-2}=$________.

3. 若函数在其定义域 **R** 上是偶函数，且 $f(2)=3$，则 $f(-2)=$________.

4. $\left(\frac{1}{8}\right)^{-\frac{1}{3}}=$________，$3^{-3}=$________，$\left(\frac{16}{81}\right)^{\frac{3}{4}}=$________.

5. $\log_3 9-e^{\ln 2}=$________，$\log_3 81=$________，$\lg 0.01=$________.

6. 设 $a=2^{0.3}$，$b=\log_{0.3}2$，$c=0.3^2$，则 a，b，c 按从大到小排列为________.

7. 函数 $y=4x-2$ 在$(-\infty, +\infty)$上是________(增函数、减函数).

8. 若$\log_{0.2}x>1$，则 x 的取值范围是________.

9. 若 $f(x)=x^2-3x+6$，则 $f(2)=$________，$f(-3)=$________.

10. $\lg^2 x-3\lg x+2=0$，则 $x=$________.

三、判断题(判断下列语句. 正确的请在每小题后面的括号里填写“√”，错误的填写“×”)

1. 函数 $y=x^2(x\in\mathbf{R})$在定义域上是增函数. (　　)

2. $\lg(100-10)=\lg 100-\lg 10=2-1=1$. (　　)

3. 函数 $f(x)=\sqrt{x-1}+\sqrt{1-x}$的定义域是$\{1\}$. (　　)

4. $2\times\sqrt{2}\times\sqrt[3]{2}\times\sqrt[6]{2}=4$. (　　)

5. 函数 $y=2^x$ 的图像经过点(0，1). (　　)

四、解答题

1. 求函数 $y=\sqrt{x-2}+\dfrac{x}{x-3}$的定义域.

2. 做出函数 $y=2x-1$，当 $x\in[-2, 4]$的图像.

3. 化简.

(1)$2\lg 30-\lg 9$；　　(2)$\log_{25}3\times\log_{27}125$.

4. 判断下列函数的奇偶性.

(1)$f(x)=x^3-\sqrt[3]{x}$；　　(2)$f(x)=\dfrac{1+x^2}{1-x^2}$.

5. 解方程.

(1)$\lg(x+1)+\lg(x-2)=\lg 4$；　　(2)$x^{\frac{2}{3}}=16$；　　(3)$\log_x 27=-\dfrac{3}{2}$.

复习题四(B)

一、选择题(在每小题列出的4个备选项中只有一个是符合题目要求的，请将其代码填写在后面的括号里)

1. 对于函数 $f(x)=x^2+mx+n$，若 $f(a)>0$，$f(b)>0$，则函数 $f(x)$ 在区间 (a, b) 内(　　).

A. 一定有零点　　B. 一定没有零点

C. 可能有两个零点　　D. 至多一个零点

2. 设 $f(x)=-5x^3+2x+1$，则在下列区间中，使函数 $f(x)$ 有零点的区间是(　　).

A. $[0, 1]$　　B. $[1, 2]$

C. $[-2, -1]$　　D. $[-1, 0]$

3. 若方程 $2ax^2-x-1=0$ 在 $x\in(0, 1)$ 恰有一解，则 a 的取值范围是(　　).

A. $a<-1$　　B. $a>1$

C. $-1<a<1$　　D. $0\leqslant a<1$

4. 已知函数 $f(x)=\frac{6}{x}\log_2 x$，在下列区间中，包含 $f(x)$ 的零点的区间是(　　).

A. $(0, 1)$　　B. $(1, 2)$　　C. $(2, 4)$　　D. $(4, \infty)$

5. 函数 $f(x)=2^x+3x$ 的零点所在的一个区间是(　　).

A. $(-2, -1)$　　B. $(-1, 0)$　　C. $(0, 1)$　　D. $(1, 2)$

6. 函数 $f(x)=e^x+x-2$ 的零点所在的一个区间是(　　).

A. $(-2, -1)$　　B. $(-1, 0)$　　C. $(0, 1)$　　D. $(1, 2)$

7. 函数 $f(x)=\begin{cases} x^2+2x-3, & x\leqslant 0, \\ -2+\ln x, & x>0 \end{cases}$ 的零点个数为(　　).

A. 2　　B. 3　　C. 4　　D. 5

8. 设函数 $y=x^3$ 与 $y=\frac{1}{2}^{(x-2)}$ 的图像的交点为 (x_0, y_0)，则 x_0 所在的区间是(　　).

A. $(0, 1)$　　B. $(1, 2)$　　C. $(2, 3)$　　D. $(3, 4)$

9. 设函数 $f(x)=|x+1|+|x-a|$ 的图像关于直线 $x=1$ 对称，则 a 的值为(　　).

A. 3　　B. 2　　C. 1　　D. -1

10. 已知函数 $f(x)=\log_a(2^x+b-1)(a>0$，且 $a\neq1)$ 的图像如图 4-5 所示，则 a，b 满足的关系是(　　).

A. $0<a^{-1}<b<1$

B. $0<b<a^{-1}<1$

C. $0<b^{-1}<a<1$

D. $a<a^{-1}<b^{-1}<1$

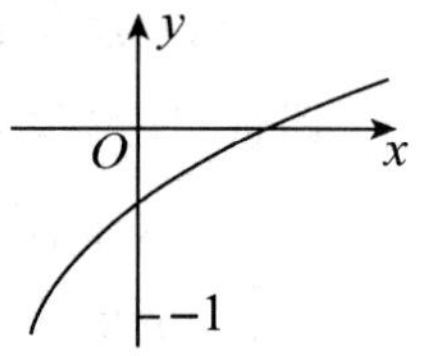

图 4-5

二、解答题

1. 化简.

(1)$\lg 25+\lg 2\times\lg 25+2(\lg 2)^2-\left(\frac{1}{9}\right)^{-\frac{1}{2}}$；

(2)$\log_2 27-\log_2 3+2\log_2\frac{1}{3}$.

2. 已知$\log_6 2=0.386\ 9$，求$\log_6 3$ 的值.

3. 已知 $x=\log_3 2$，求 3^{3x}的值.

4. 求下列函数的定义域.

(1)$y=\sqrt{\log_5(2x-1)}+\frac{1}{3-x}$；

(2)$y=\lg(2x^2-9x-5)+\sqrt{8-x}$.

5. 画出 $f(x)=\begin{cases}x+1, & x>0,\\ 0, & x=0,\\ x-1, & x<0\end{cases}$ 的图像，并求 $f(-1)$，$f(1.5)$，$f(3)$的值.

6. 若$\log_3(\log_2 x)>0$，求 x 的取值范围.

三、证明题

证明函数 $y=\ln(\sqrt{x^2+1}-x)$是奇函数.

专题阅读

富兰克林的遗嘱与拿破仑的诺言

同学们，你知道本杰明·富兰克林是何许人吗？

富兰克林利用放风筝而感受到电击，从而发明了避雷针．这位美国著名的科学家死后留下了一份有趣的遗嘱：

“……1 000 英镑[①]赠给波士顿的居民，如果他们接受了这1 000 英镑，那么这笔钱应该托付给一些挑选出来的公民，他们得把这些钱按每年5%的利率借给一些年轻的手工业者去生息．这笔钱过了100年会增加到131 000英镑．我希望那时候用100 000英镑来建立一所公共建筑物，剩下的31 000英镑拿去继续生息100年．在第二个100年末了，这笔钱会增加到4 061 000英镑，其中1 061 000英镑还是由波士顿的居民来支配，而其余的3 000 000英镑让马萨诸塞州的公众来管理．过此之后，我可不敢多作主张了！”

同学们，你可曾想过：区区的1 000英镑遗产，竟立下几百万英镑财产分配的遗嘱，是“信口开河”，还是“言而有据”呢？事实上，只要借助于复利公式，同学们完全可以通过计算而做出自己的判断．

就是复利公式，其中m为本金，a为年利率，y_n为n年后本金与利息的总和．在第一个100年末富兰克林的财产应增加到y_{100}，$y_{100}=1\,000(1+5\%)^{100}=131\,501$(英镑)，比遗嘱中写的还多出501英镑．在第二个100年末，遗产就更多了：$y_{200}=31\,501(1+5\%)^{100}=4\,142\,421$(英镑)．可见富兰克林的遗嘱是有科学根据的．遗嘱故事启示我们：在指数效应下，微薄的财产，低廉的利率，可以变得令人瞠目结舌．

威名显赫的拿破仑，由于陷进了指数效应的旋涡而使法国政府十分难堪！

1797年，拿破仑参观国立卢森堡小学，赠上了一束价值三个金路易的玫瑰花，并许诺只要法兰西共和国存在一天，他将每年送一束价值相等的玫瑰花，以作两国友谊的象征．由于连年征战，拿破仑忘却了这一诺言！1894年，卢森堡郑

① 注：英国货币单位．

重地向法国提出了“玫瑰花悬案”，要求法国政府在拿破仑的声誉和 1 375 596 法郎[①]的债款中，两者选取其一．这笔巨款就是三个金路易的本金，以 5%的年利率，在 97 年的指数效应下的产物．

对数简史

对数是中学初等数学中的重要内容，那么当初是谁首创“对数”这种高级运算的呢？在数学史上，一般认为对数的发明者是 16 世纪末到 17 世纪初的苏格兰数学家——纳皮尔(Napier，1550—1617)．

在纳皮尔所处的年代，哥白尼的“太阳中心说”刚刚开始流行，这导致天文学成为当时的热门学科．可是由于当时常量数学的局限性，天文学家们不得不花费很大的精力去计算那些繁杂的“天文数字”，因此浪费了若干年甚至毕生的宝贵时间．纳皮尔也是当时的一位天文爱好者，为了简化计算，他多年潜心研究大数字的计算技术，终于独立发明了对数．

当然，纳皮尔所发明的对数，在形式上与现代数学中的对数理论并不完全一样．在纳皮尔那个时代，“指数”这个概念还尚未形成，因此纳皮尔并不是像现行代数课本中那样，通过指数来引出对数，而是通过研究直线运动得出对数概念的．

那么，当时纳皮尔所发明的对数运算，是怎么一回事呢？在那个时代，计算多位数之间的乘积，还是十分复杂的运算，因此纳皮尔首先发明了一种计算特殊多位数之间乘积的方法．让我们来看看下面这个例子：

0，1，2，3，4，5，6，7，8，9，10，11，12，13，14，…

1，2，4，8，16，32，64，128，256，512，1 024，2 048，4 096，8 192，16 384，…

这两行数字之间的关系是极为明确的：第一行表示 2 的指数，第二行表示 2 的对应幂．如果我们要计算第二行中两个数的乘积，可以通过第一行对应数字的加和来实现．

比如，计算 64×256 的值，就可以先查询第一行的对应数字：64 对应 6，256 对应 8；然后再把第一行中的对应数字加和起来：$6+8=14$；第一行中的 14，对应第二行中的 16 384，所以有 $64\times256=16\ 384$．

纳皮尔的这种计算方法，实际上已经完全是现代数学中“对数运算”的思想

① 2002 年前法国的法定货币单位．

了．回忆一下，我们在中学学习“运用对数简化计算”的时候，采用的不正是这种思路吗？计算两个复杂数的乘积，先查“常用对数表”，找到这两个复杂数的常用对数，再把这两个常用对数值相加，再通过“常用对数的反对数表”查出加和值的反对数值，就是原先那两个复杂数的乘积了．这种“化乘除为加减”，从而达到简化计算的思路，不正是对数运算的明显特征吗？

经过多年的探索，纳皮尔于1614年出版了他的名著《奇妙的对数定律说明书》，向世人公布了他的这项发明，并且解释了这项发明的特点．

所以，纳皮尔是当之无愧的“对数缔造者”，理应在数学史上享有这份殊荣．恩格斯在他的著作《自然辩证法》中，曾经把笛卡儿的坐标、纳皮尔的对数、牛顿和莱布尼茨的微积分共同称为17世纪的三大数学发明．法国著名的数学家、天文学家拉普拉斯(Pierre Simon de Laplace，1749—1827)曾说：“对数，可以缩短计算时间，在实效上等于把天文学家的寿命延长了许多倍．”

第5章 三角函数

本章概述

现实生活中存在许多现象. 例如，月亮的圆缺变化、地球自转引起的昼夜交替和公转引起的四季交替变化以及车轮的转动等现象都具有循环往复、周而复始的变化规律，这种变化规律称为周期性. 三角函数是数学中常见的一类关于角的函数，是研究周期性变化规律的典型数学工具.

本章在对角的概念推广的基础上，将锐角三角函数的概念推广到任意角的三角函数，并研究了正弦、余弦、正切函数的图像和性质.

本章学习要求

△ 1. 了解正角、负角、零角的概念，理解象限角和终边相同的角的概念. 理解弧度的意义，并能熟练地进行弧度和角度的换算.

△ 2. 理解任意角的正弦、余弦、正切的定义，掌握三角函数在各象限的符号及特殊角的三角函数值.

△ 3. 掌握同角三角函数间的基本公式，诱导公式.

△ 4. 掌握正弦、余弦函数的性质及图像的画法. 了解正切函数及图像的画法. 掌握最小正周期、最值的概念及求法，运用正弦、余弦曲线求解有关的实际问题.

5.1 角的概念的推广

在现实生活中，存在很多这样的例子.

(1)跳水运动员向内或向外转体 720°；

(2)司机向左或向右旋转方向盘；

(3)钟表经过 1 h，时针、分针和秒针旋转的角度.

上面三个例子都和角度有关，但角度的大小不只在 0°～360°. 不难发现，我们要想准确地描述这些例子，不仅要知道角的旋转量，而且要知道它的旋转方向. 因此，这就需要将角的概念加以推广. 为了使用方便，在本节我们还将给出另一种度量角的单位制——**弧度制**.

5.1.1 任意角

我们知道，角可以看成平面内一条射线 OA 绕着端点 O 从一个位置 OA 旋转到另一个位置 OB 所形成的图形(图 5-1). 这条射线的端点 O 称为**角的顶点**，旋转初始位置的射线 OA 和终止位置的射线 OB 分别称为角的**始边**和**终边**. 习惯上，常用小写希腊字母 α，β，γ，…来表示角.

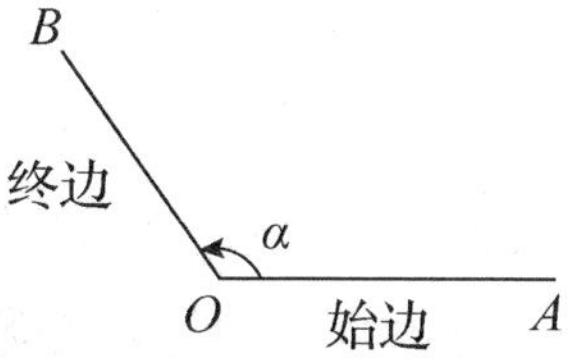

图 5-1

生活中有哪些和角度有关的例子？

由于射线绕着端点旋转的方向可以不同，因此，我们做如下规定：

> 按逆时针方向旋转形成的角叫作**正角**；按顺时针方向旋转形成的角叫作**负角**. 如果一条射线没有做任何旋转，我们称它形成一个**零角**.

若 α 是零角，则记为 $\alpha=0°$. 显然，零角的始边和终边重合. 图 5-1 中的角 α 是正角，钟表的时针和分针旋转所形成的角总是负角.

小贴士：为了简单方便，在不引起混淆的前提下，“角 α”和“$\angle\alpha$”可以简记成“α”.

由前面的例子我们可以看到，角的大小不只局限于 $0°\sim360°$. 为了能准确地表示一个角，在画角的时候，我们不仅要表示出角的旋转方向，而且要把形成这个角的旋转过程表示出来，图 5-2(a)中是以射线 OA 为始边，以射线 OB 为终边的正角 $\alpha=750°$，图 5-2(b)中是以射线 OA 为始边，以射线 OB 为终边的负角 $\beta=-330°$.

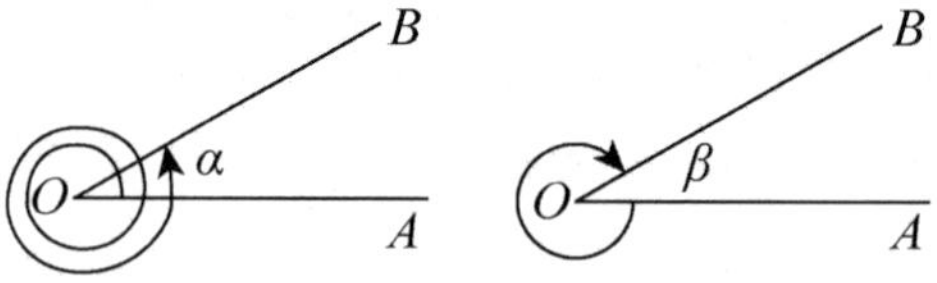

(a)　　　　(b)

图 5-2

这样，我们就把角的概念推广到了任意角，包括**正角**、**负角**和**零角**.

为了研究方便，我们通常在平面直角坐标系内讨论角，让角的顶点与平面直角坐标系 xOy 的原点重合，角的始边与 x 轴的非负半轴重合. 这样，角的终边落在第几象限，就说这个角是**第几象限角**. 若角的终边落在坐标轴上，就认为这个角不属于任何象限. 例如，图 5-3(a)中，$30°$角和$-225°$角分别是第一象限角和第二象限角；图 5-3(b)中，$210°$角和$-45°$角分别是第三象限角和第四象限角；而图 5-3(c)中 $180°$角和$-90°$角不属于任何一个象限.

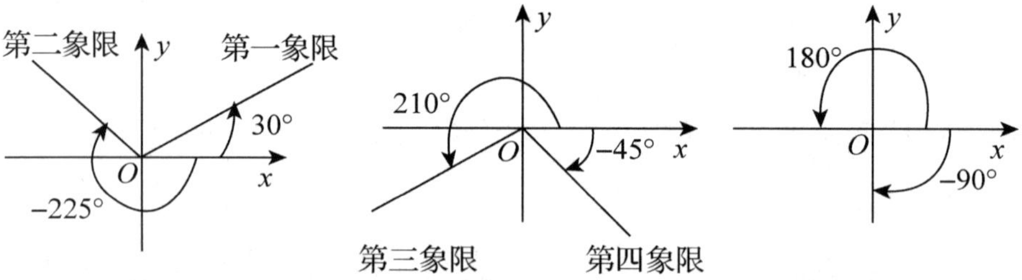

(a)　　　　(b)　　　　(c)

图 5-3

锐角是第几象限角？第一象限角一定是锐角吗？钝角是第几象限角？直角呢？

根据象限角的定义，在0°～360°内，各象限角的范围是什么？填入如图5-4所示的矩形框中.

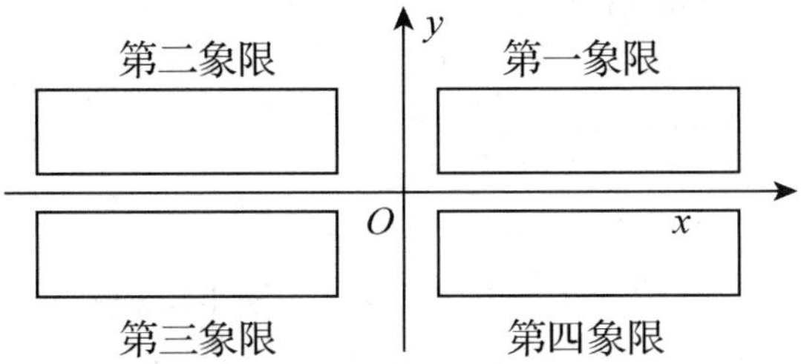

图 5-4

将角按照上述方法放在平面直角坐标系中，我们会发现，给定任意一个角，都有唯一的一条终边与之对应. 反之，对于平面直角坐标系中的任一条端点在原点的射线，都有唯一一个以这条射线为终边的角与之对应吗？若不唯一，则终边相同的角有什么关系呢？

在同一平面直角坐标系中，画出45°，405°，765°和－315°角，如图5-5所示.

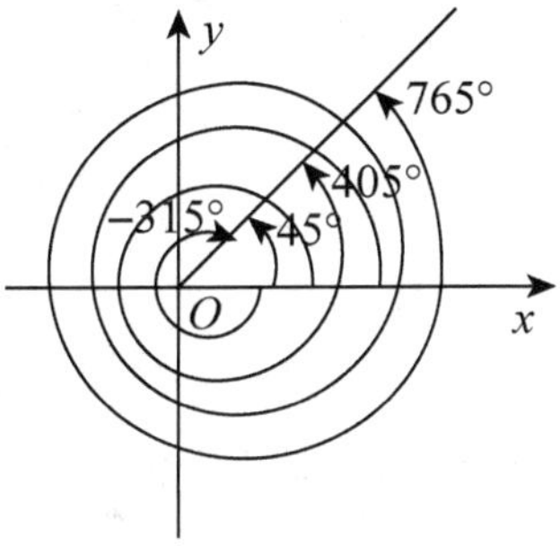

图 5-5

从图5-5可以看出，405°，765°和－315°角的终边都与45°角的终边相同. 我们把它们称为与45°角终边相同的角，显然有：

$$45°=45°+0\times360°,$$
$$405°=45°+1\times360°,$$
$$765°=45°+2\times360°,$$
$$-315°=45°+(-1)\times360°.$$

不难发现，与45°角终边相同的角都可以表示成45°的角与$k(k\in\mathbf{Z})$个周角的和，也就是，

$$\beta=45°+k\times360°,\ k\in\mathbf{Z}.$$

一般地，所有与角α终边相同的角，连同角α在内，都可以表示成

$$\beta=\alpha+k\times360°,\ k\in\mathbf{Z}.$$

用集合表示为

$$S=\{\beta|\beta=\alpha+k\times360°,\ k\in\mathbf{Z}\}.$$

即任一与角α终边相同的角，都可以表示成角α与整数个周角的和.

今天是星期一，那么$7k(k\in \mathbf{Z})$天后的那一天是星期几？2 018天后的那一天是星期几？

例 1 判断下列各角是第几象限角.

(1)2 015°；　(2)$-562°50'$.

解 (1)因为$2\,015°=215°+5\times 360°$，所以，在0°～360°内，215°角与2 015°角的终边相同，而215°角是第三象限角，因此，2 015°是第三象限角.

(2)因为$-562°50'=157°10'-2\times 360°$，所以，在0°～360°内，157°10′角与$-562°50'$角的终边相同，而157°10′角是第二象限角，因此，$-562°50'$是第二象限角.

例 2 下列各角中哪些角与50°角终边相同.

(1)410°；　(2)$-310°$；　(3)310°；　(4)770°.

解 因为

$$410°=50°+360°,\ -310°=50°+(-1)\times 360°,$$
$$310°=-50°+360°,\ 770°=50°+2\times 360°,$$

所以，410°，$-310°$，770°角与50°角终边相同(410°，$-310°$，770°与50°的差值正好是360°的整数倍). 而310°角与50°角终边不相同(310°与50°的差值不是360°的整数倍).

例 3 写出与下列各角终边相同的角的集合.

(1)390°；　(2)$-115°$.

解 (1)与390°角终边相同的角的集合为$S_1=\{\alpha\mid\alpha=390°+k\cdot 360°,\ k\in \mathbf{Z}\}$，又因为390°角与30°角终边相同($390°=30°+360°$)，所以，与390°角终边相同的角的集合也可以写成$S_2=\{\alpha\mid\alpha=30°+k\cdot 360°,\ k\in \mathbf{Z}\}$.

(2)与$-115°$角终边相同的角的集合为$S_3=\{\beta\mid\beta=-115°+k\cdot 360°,\ k\in \mathbf{Z}\}$.

例 4 写出终边在y轴上的角的集合.

解 在0°～360°内，终边在y轴上的角为90°和270°，所以，终边在y轴上的角的集合为

$$\begin{aligned}S&=\{\beta\mid\beta=90°+n\cdot 360°,\ n\in \mathbf{Z}\}\cup\{\beta\mid\beta=270°+n\cdot 360°,\ n\in \mathbf{Z}\}\\&=\{\beta\mid\beta=90°+k\cdot 180°,\ k\in \mathbf{Z}\}.\end{aligned}$$

5.1.2 弧度制

我们常会听到“尺有所短，寸有所长”“失之毫厘，谬以千里”. 事实上，这其中包含了不同的长度单位制，而不同的单位制在解决问题时，会带来不同的效果. 那么，角是否也有不同的单位制呢？

这其中哪些是长度单位？

在初中，我们可以用“度”来度量角，1°的角等于周角的$\frac{1}{360}$，这种用度为单位来度量角的单位制度称为**角度制**. 为了使用方便，数学中还有另一种度量角的单位制度——**弧度制**，单位符号是 **rad**，读作“弧度”.

> 我们把长度等于半径长的弧所对的圆心角称为 **1 弧度的角**，记作 **1 弧度或 1 rad**. 用弧度为单位来度量角的单位制度称为**弧度制**.

如图 5-6 所示，圆 O 的半径为 r，$\overset{\frown}{AB}$的长度 $l=r$，则$\overset{\frown}{AB}$所对的圆心角$\angle AOB$ 就是 1 rad 的角.

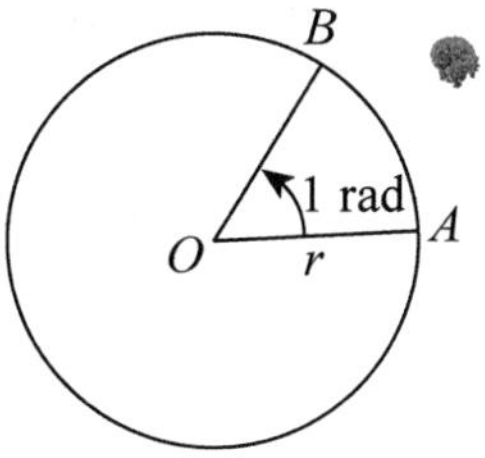

图 5-6

如果角 α 是一个负角，那么它的弧度数也是一个负数. 例如，当弧长 $l=3\pi r$ 且所对的圆心角为负角时，这个圆心角的弧度数是$-\frac{l}{r}=-\frac{3\pi r}{r}=-3\pi$.

也就是说，正角的弧度数是一个正数，负角的弧度数是一个负数，零角的弧度数是 0. 在半径为 r 的圆中，如果圆心角 α 所对应的弧长为 l，则圆心角的弧度数的绝对值为

$$|\alpha|=\frac{l}{r}.$$

我们知道，半径为 r 的圆周的长度是 $2\pi r$，所以，当圆心角为周角时，周角的弧度数为

$$\alpha=\frac{2\pi r}{r}=2\pi.$$

而在角度制下，周角是 360°的角，所以 $360^\circ=2\pi$ rad. 由此，可以得到**弧**

度制与角度制的转换公式为

$$1^{\circ}=\frac{\pi}{180}\ \text{rad},$$

$$1\ \text{rad}=\left(\frac{180}{\pi}\right)^{\circ}\approx 57.3^{\circ}.$$

小贴士：以弧度为单位表示角时，单位“弧度”或“rad”可以省略不写．例如，2 rad，可简记为“2”．

你能推出半径为 r，圆心角的弧度数为 α 的角所对的圆弧的弧长公式吗？

例 5　把下列各角用弧度制表示．

(1)30°；　　(2)45°；　　(3)-60°．

解　(1)$30^{\circ}=30\times\frac{\pi}{180}=\frac{\pi}{6}$；

(2)$45^{\circ}=45\times\frac{\pi}{180}=\frac{\pi}{4}$；

(3)$-60^{\circ}=-60\times\frac{\pi}{180}=-\frac{\pi}{3}$．

例 6　把下列各角用角度制表示．

(1)$\frac{2\pi}{3}$；　　(2)$-\frac{\pi}{5}$；　　(3)$\frac{3\pi}{4}$．

解　(1)$\frac{2\pi}{3}=\frac{2}{3}\times 180^{\circ}=120^{\circ}$；

(2)$-\frac{\pi}{5}=-\frac{1}{5}\times 180^{\circ}=-36^{\circ}$；

(3)$\frac{3\pi}{4}=\frac{3}{4}\times 180^{\circ}=135^{\circ}$．

为了今后使用方便，我们将特殊角的度数与弧度数的对应关系列成表格形式．请根据角度制和弧度制的转换公式填表 5-1．

表 5-1 特殊角的度数与弧度数的对应关系

度	0°	30°	45°		90°		135°	150°		270°	
弧度				$\frac{\pi}{3}$		$\frac{2\pi}{3}$			π		2π

采用弧度制后，与角 α 终边相同的角(包含角 α)的一般表达式为

$$\beta=\alpha+2k\pi,\ k\in\mathbf{Z}.$$

用集合表示为

$$S=\{\beta|\beta=\alpha+2k\pi,\ k\in\mathbf{Z}\}.$$

例如，与 $\frac{\pi}{6}$ 终边相同的角 β 可表示为 $S=\{\beta|\beta=\frac{\pi}{6}+2k\pi,\ k\in\mathbf{Z}\}$.

你能用弧度制表示终边在 y 轴上的角的集合吗?

小贴士：在同一个式子里，角的度量单位要一致．例如，$\beta=\frac{\pi}{6}+2k\pi$ 不能写成 $\beta=\frac{\pi}{6}+k\times360^\circ$.

角的概念推广以后，无论是在角度制下，还是在弧度制下，任何一个角都对应一个唯一确定的实数．反之，任何一个实数也都对应一个确定的角．因此，角的集合与实数集之间可以建立一一对应关系，如图 5-7 所示.

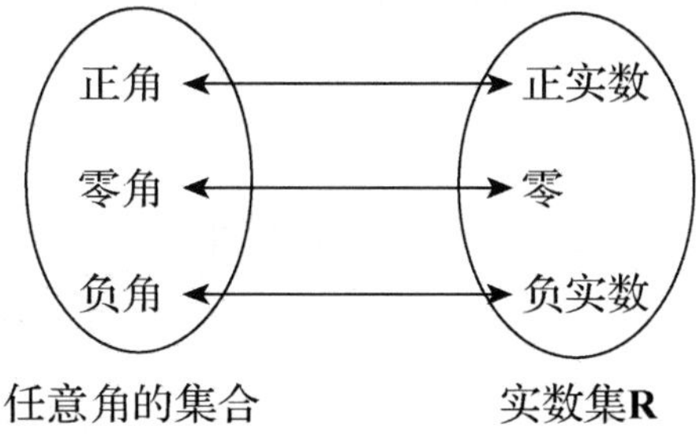

图 5-7

不同的单位制在处理不同问题时会显示出不同的效果，下面的这个例题采用弧度制计算比用角度制计算更简单.

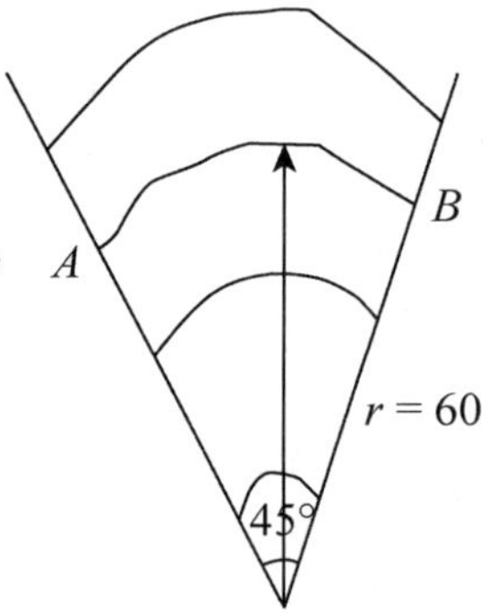

图 5-8

$*$**例 7** 求图 5-8 中公路弯道处弧 AB 的长 l.（单位：m，结果保留整数）

解 由图可知 $r=60$，$\alpha=45°=\frac{\pi}{4}$. 由圆心角公式 $|\alpha|=\frac{l}{r}$，得

$$l=|\alpha|\cdot r=\frac{\pi}{4}\times 60\approx 47(\text{m}).$$

所以，弯道处弧 AB 的长 l 约为 47 m.

思考题 5－1

1. 用弧度制分别表示终边在第一、二、三、四象限的角的集合.

2. 若你的钟表慢了 10 min，你怎样将它校准？若是快了 1.2 h，要让分针旋转多少度，才能将它校准？

课堂练习 5－1

1. 时钟从 12 时走到 12 时 20 分，分针旋转了多少度？

2. 分别画出下列各角.

(1)90°；　(2)120°；　(3)－150°；　(4)480°；　(5)－180°.

3. 写出与下列各角终边相同的角的集合.

(1)60°；　(2)－45°；　(3)120°；　(4)270°.

4. 判断下列各角分别是第几象限角.

(1)50°；　(2)110°；　(3)290°；　(4)370°；　(5)210°；　(6)770°.

5. 写出终边在 x 轴上的角的集合.

6. 下列各角中哪些角的终边与 50°角的终边相同.

(1)1 130°；　(2)770°；　(3)310°；　(4)－310°.

7. 把下列各角用弧度制表示.

(1)－150°；　(2)225°；　(3)320°；　(4)660°.

8. 把下列各角用角度制表示.

(1)$\frac{\pi}{3}$；　(2)$\frac{2\pi}{5}$；　(3)$\frac{3\pi}{4}$；　(4)$\frac{5\pi}{8}$.

5.2 任意角的三角函数

在上一节，我们推广了角的概念，给出了在平面直角坐标系内研究角的方法. 在初中，我们学习的锐角三角函数，是以锐角为自变量，以比值为函数值的函数，那么能不能在平面直角坐标系中，用上一节的方法将锐角三角函数推广到任意角的三角函数呢？我们将在本节来研究这个问题.

5.2.1 任意角的三角函数

首先，我们在平面直角坐标系中研究锐角三角函数. 如图 5-9 所示，让锐角 α 的顶点与原点 O 重合. 始边与 x 轴的非负半轴重合，显然，α 角的终边在第一象限，在 α 的终边上任取一点 $P(x，y)$（原点除外），则点 P 与原点 O 的距离 $r=\sqrt{x^2+y^2}$. 过点 P 作 x 轴的垂线，垂足为点 M，线段 OM 的长度为 x，线段 MP 的长度为 y，这样，在平面直角坐标系内，我们就可以用角的终边上的坐标来表示锐角三角函数：

$$\sin\alpha=\frac{MP}{OP}=\frac{y}{r}，\cos\alpha=\frac{OM}{OP}=\frac{x}{r}，\tan\alpha=\frac{MP}{OM}=\frac{y}{x}.$$

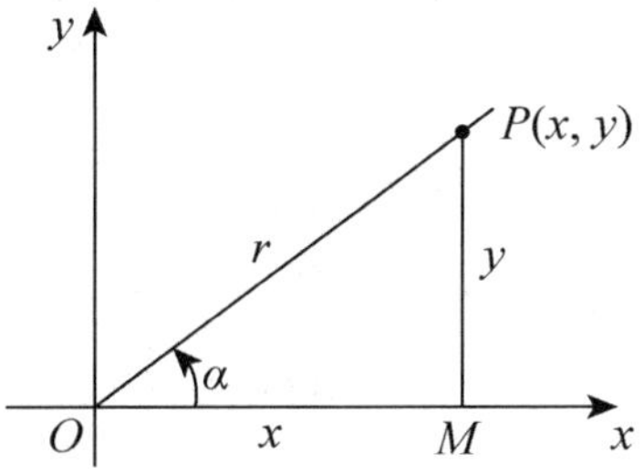

图 5-9

小贴士：凡今后提到的在终边上任取一点 P，都是指取原点以外的点.

事实上，我们也可以用角的终边上点的坐标来定义任意角的三角函数.

设 α 是任意角，$P(x,\ y)$是其终边上的任一点，$r=|OP|=\sqrt{x^2+y^2}$是点 P 与原点 O 的距离，则定义：

(1)$\dfrac{y}{r}$称为 α 的**正弦**，记作 $\sin\alpha=\dfrac{y}{r}$；

(2)$\dfrac{x}{r}$称为 α 的**余弦**，记作 $\cos\alpha=\dfrac{x}{r}$；

(3)$\dfrac{y}{x}$称为 α 的**正切**，记作 $\tan\alpha=\dfrac{y}{x}$，$x\neq0$.

小贴士：$\cot\alpha=\dfrac{1}{\tan\alpha}$，$\cot\alpha$ 为 α 的余切；

$\sec\alpha=\dfrac{1}{\cos\alpha}$，$\sec\alpha$ 为 α 的正割；

$\csc\alpha=\dfrac{1}{\sin\alpha}$，$\csc\alpha$ 为 α 的余割.

根据相似三角形的性质，我们知道，对于确定的 α，这三个比值$\dfrac{y}{r}$，$\dfrac{x}{r}$，$\dfrac{y}{x}$不会随着点 P 在终边上的位置变化而变化. 因此，我们可以得到三角函数的定义.

正弦、余弦和正切都是以角 α 为自变量，以终边上点的坐标的比值为函数值的函数，分别称为角 α 的正弦函数、余弦函数和正切函数，统称为角 α 的**三角函数**.

显然，当 $\alpha=\dfrac{\pi}{2}+k\pi$，$k\in\mathbf{Z}$ 时，α 的终边落在 y 轴上，即 $x=0$. 这时，正切函数是没有意义的. 除此之外，α 取任意确定的角，三角函数都是有意义的.

你能分别说出正弦函数、余弦函数、正切函数的定义域吗？

小贴士：角的集合可以与实数集建立一一对应的关系，所以，三角函数可以看成自变量是实数的函数.

为了研究方便，我们也通常在单位圆内研究三角函数，所谓**单位圆**是指以坐标原点为圆心，以 1 为半径的圆. 如图 5-10 所示，取角 α 的终边与单位圆的交点为 $P(x, y)$，则 $r=|OP|=1$，于是有

$$\sin\alpha=\frac{y}{r}=y;\ \cos\alpha=\frac{x}{r}=x;\ \tan\alpha=\frac{y}{x},\ x\neq0.$$

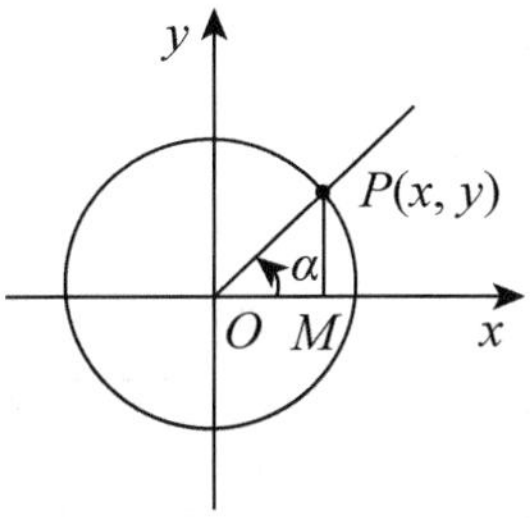

图 5-10

例 1　已知角 α 的终边上一点 $P(-3, 4)$，求角 α 的正弦、余弦和正切值.

解　由 $P(-3, 4)$ 可知，$x=-3$，$y=4$，则 $r=\sqrt{(-3)^2+4^2}=5$.

所以，$\sin\alpha=\frac{y}{r}=\frac{4}{5}$，$\cos\alpha=\frac{x}{r}=\frac{-3}{5}=-\frac{3}{5}$；$\tan\alpha=\frac{y}{x}=\frac{4}{-3}=-\frac{4}{3}$.

例 2　求 $\frac{4\pi}{3}$ 的正弦、余弦和正切值.

解　在平面直角坐标系中，$\frac{4\pi}{3}$ 在第三象限，在终边上任取一点 P，使 $|OP|=1$，如图 5-11 所示. 显然，点 P 的坐标为 $\left(-\frac{1}{2}, -\frac{\sqrt{3}}{2}\right)$，所以，$\sin\frac{4\pi}{3}=\frac{y}{r}=-\frac{\sqrt{3}}{2}$，

$$\cos\frac{4\pi}{3}=\frac{x}{r}=-\frac{1}{2},\ \tan\frac{4\pi}{3}=\frac{y}{x}=\frac{-\frac{\sqrt{3}}{2}}{-\frac{1}{2}}=\sqrt{3}.$$

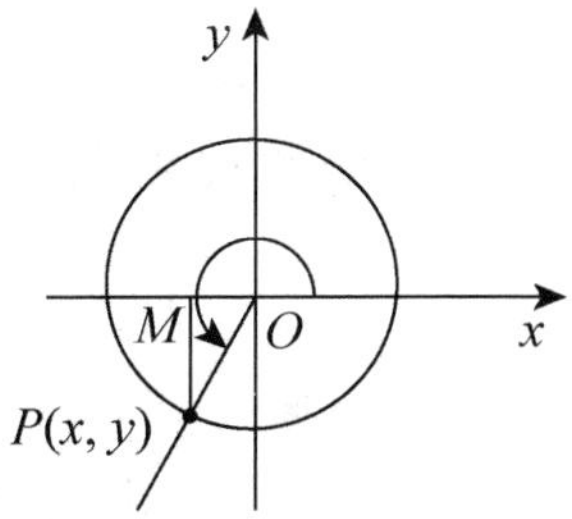

图 5-11

为什么 $|OP|=1$ 时，点 P 的坐标为 $\left(-\frac{1}{2}, -\frac{\sqrt{3}}{2}\right)$？

在今后的学习中，我们会经常用到三角函数的正弦、余弦和正切值. 为了学习方便，下面给出一些特殊角的三角函数值，如表 5-2 所示.

表 5-2　特殊角的三角函数值

α								
	角度制	$0°/360°$	$30°$	$45°$	$60°$	$90°$	$180°$	$270°$
	弧度制	$0/2\pi$	$\frac{\pi}{6}$	$\frac{\pi}{4}$	$\frac{\pi}{3}$	$\frac{\pi}{2}$	π	$\frac{3\pi}{2}$
$\sin\alpha$		0	$\frac{1}{2}$	$\frac{\sqrt{2}}{2}$	$\frac{\sqrt{3}}{2}$	1	0	-1
$\cos\alpha$		1	$\frac{\sqrt{3}}{2}$	$\frac{\sqrt{2}}{2}$	$\frac{1}{2}$	0	-1	0
$\tan\alpha$		0	$\frac{\sqrt{3}}{3}$	1	$\sqrt{3}$	不存在	0	不存在

仔细观察表 5-2 中特殊角的正弦和余弦值，你能发现什么？

根据三角函数的定义可知，三角函数值的符号由角 α 的终边上的点 $P(x, y)$ 的坐标值所决定．为了便于记忆，我们把正弦函数、余弦函数和正切函数在各象限内的符号表示在下列平面直角坐标系中，如图 5-12 所示．

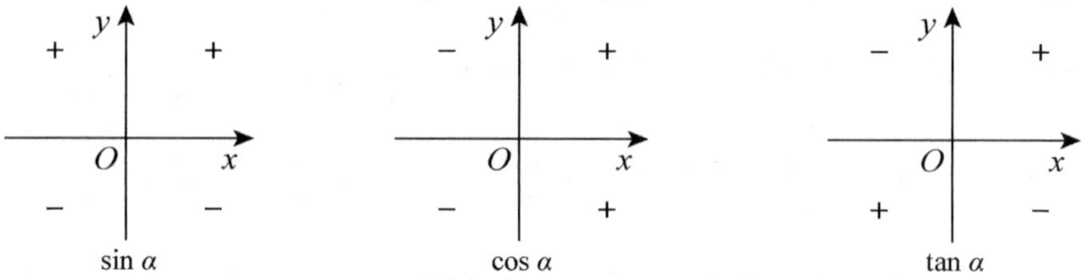

图 5-12

例 3　确定下列各三角函数值的符号．

(1)$\sin\frac{15\pi}{7}$；　　(2)$\cos(-210°)$；　　(3)$\tan\frac{13\pi}{5}$．

解　(1)因为$\frac{15\pi}{7}=\frac{\pi}{7}+2\pi$是第一象限角，所以，$\sin\frac{15\pi}{7}>0$．

(2)因为$-210°$是第二象限角，所以，$\cos(-210°)<0$．

(3)因为$\frac{13\pi}{5}=\frac{3\pi}{5}+2\pi$是第二象限角，所以，$\tan\frac{13\pi}{5}<0$．

例 4　已知 θ 满足条件：$\cos\theta\tan\theta<0$，判断 θ 是第几象限角．

解 因为 $\cos\theta\tan\theta<0$，所以

$$\cos\theta<0，且\ \tan\theta>0，$$

或者

$$\cos\theta>0，且\ \tan\theta<0.$$

由 $\cos\theta<0$，且 $\tan\theta>0$ 可知，θ 是第三象限角；同理，由 $\cos\theta>0$，且 $\tan\theta<0$ 可知，θ 是第四象限角. 综上可得，θ 是第三象限或者第四象限的角.

5.2.2 同角三角函数的基本关系

由上一节可知，在平面直角坐标系中，终边上任一点 $P(x, y)$ 的坐标满足 $x^2+y^2=r^2$，所以，

$$\begin{aligned}\sin^2\alpha+\cos^2\alpha&=\left(\frac{y}{r}\right)^2+\left(\frac{x}{r}\right)^2,\\&=\frac{x^2+y^2}{r^2}=\frac{r^2}{r^2}=1.\end{aligned}$$

而当 $\alpha\neq\frac{\pi}{2}+k\pi(k\in\mathbf{Z})$ 时，根据三角函数的定义可知

$$\frac{\sin\alpha}{\cos\alpha}=\frac{\frac{y}{r}}{\frac{x}{r}}=\frac{y}{x}=\tan\alpha.$$

这就是**同角三角函数的基本关系**.

同一个角 α 的正弦与余弦的平方和等于 1，商等于角 α 的正切，用符号表示为：

$$\sin^2\alpha+\cos^2\alpha=1,$$

$$\tan\alpha=\frac{\sin\alpha}{\cos\alpha}，\alpha\neq\frac{\pi}{2}+k\pi(k\in\mathbf{Z}).$$

例 5 已知 $\cos\alpha=\frac{4}{5}$，且 α 是第四象限角，求 $\sin\alpha$，$\tan\alpha$ 的值.

解 因为 $\sin^2\alpha+\cos^2\alpha=1$，所以

$$\sin^2\alpha=1-\cos^2\alpha=1-\left(\frac{4}{5}\right)^2=\frac{9}{25}.$$

又因为 α 是第四象限角，所以，$\sin\alpha<0$，从而

$$\sin\alpha=-\sqrt{\frac{9}{25}}=-\frac{3}{5},$$

$$\tan\alpha=\frac{\sin\alpha}{\cos\alpha}=\frac{-\frac{3}{5}}{\frac{4}{5}}=-\frac{3}{4}.$$

例 6 化简下列三角式.

(1) $\dfrac{(1-\cos\theta)(1+\cos\theta)}{\sin\theta}$;

(2) $\cos^2\beta\cdot(1+\tan^2\beta)$.

解 (1) 原式 $=\dfrac{1-\cos^2\theta}{\sin\theta}=\dfrac{\sin^2\theta}{\sin\theta}=\sin\theta$.

(2) 原式 $=\cos^2\beta\cdot\left(1+\dfrac{\sin^2\beta}{\cos^2\beta}\right)=\cos^2\beta\cdot\left(\dfrac{\cos^2\beta+\sin^2\beta}{\cos^2\beta}\right)=\cos^2\beta\cdot\dfrac{1}{\cos^2\beta}=1$.

思考题 5-2

1. 已知一个角的正弦、余弦或正切值中的一个，利用同角三角函数的基本关系式求其余两个值时，应该注意什么？

2. 角 α 与角 $\beta=\alpha+2k\pi(k\in\mathbf{Z})$ 的正弦、余弦和正切值有什么关系？

课堂练习 5-2

1. 已知角 α 的终边上一点 $P(3，4)$，求角 α 的正弦、余弦和正切值.

2. 求 $\dfrac{2\pi}{3}$ 的正弦、余弦和正切值.

3. 判断下列各三角函数值的符号(用“>”“<”填空).

$\sin\dfrac{3\pi}{4}$______0； $\cos\dfrac{\pi}{3}$______0； $\tan\dfrac{5\pi}{6}$______0；

$\sin\dfrac{8\pi}{7}$______0； $\cos\dfrac{7\pi}{6}$______0； $\tan\dfrac{9\pi}{8}$______0；

$\sin\left(-\dfrac{3\pi}{5}\right)$______0； $\cos\left(-\dfrac{\pi}{5}\right)$______0； $\tan\left(-\dfrac{\pi}{6}\right)$______0.

4. 若 $\sin\alpha=\dfrac{1}{2}$，$\tan\alpha=-\sqrt{3}$，则 α 是第______象限角；

若 $\sin\alpha>0$，$\cos\alpha<0$，则 α 是第______象限角.

5. 已知 $\sin\theta=-\dfrac{4}{5}$，$\cos\theta<0$，求 $\cos\theta$ 和 $\tan\theta$.

6. 化简下列三角式.

(1) $\dfrac{(1-\sin\theta)(1+\sin\theta)}{\cos\theta}$;

(2) $\dfrac{\sin\theta-\cos\theta}{1-\dfrac{1}{\tan\theta}}$.

5.3 三角函数的诱导公式

在前面，我们已经会求一些特殊锐角的三角函数值，那么，对于求任意角的三角函数值能不能转化成求锐角的三角函数值呢？如果可以，那应该怎样转化呢？事实上，在平面直角坐标系中，给定任一角 α，角 $-\alpha$，$\pi+\alpha$，$\pi-\alpha$，$\alpha+2k\pi(k\in\mathbf{Z})$ 的三角函数值与角 α 的三角函数值有着非常特殊的关系. 下面我们用几个公式来给出这些关系，这些公式称为三角函数的**诱导公式**.

角 $-\alpha$，$\pi+\alpha$，$\pi-\alpha$，$\alpha+2k\pi(k\in\mathbf{Z})$ 的终边与角 α 的终边分别有什么特殊的关系？

5.3.1 $\alpha+2k\pi(k\in\mathbf{Z})$ 的诱导公式

根据三角函数的定义可知，终边相同的角的同名三角函数值相同.

公式一：

$$\sin(\alpha+2k\pi)=\sin\alpha,\ k\in\mathbf{Z},$$
$$\cos(\alpha+2k\pi)=\cos\alpha,\ k\in\mathbf{Z},$$
$$\tan(\alpha+2k\pi)=\tan\alpha,\ k\in\mathbf{Z}.$$

利用公式一，我们可以将求任意角的三角函数值转化为求 $0^\circ\sim360^\circ$ 的三角函数值.

例 1 求下列各角的三角函数的值.

(1) $\sin 2\,550°$；　　(2) $\cos \frac{37\pi}{6}$；　　(3) $\tan \frac{13\pi}{3}$.

解　(1) $\sin 2\,550° = \sin(30° + 7 \times 360°) = \sin 30° = \frac{1}{2}$；

(2) $\cos \frac{37\pi}{6} = \cos\left(\frac{\pi}{6} + 6\pi\right) = \cos \frac{\pi}{6} = \frac{\sqrt{3}}{2}$；

(3) $\tan \frac{13\pi}{3} = \tan\left(\frac{\pi}{3} + 4\pi\right) = \tan \frac{\pi}{3} = \sqrt{3}$.

5.3.2　$-\alpha$ 的诱导公式

在平面直角坐标系中，画出角 α(图 5-13)，在角 α 的终边上任取一点 $P(x, y)$，使 $OP=1$，因为角 $-\alpha$ 与角 α 的终边关于 x 轴对称，所以点 $P'(x, -y)$ 一定在角 $-\alpha$ 的终边上，且 $OP'=1$，即 $r=1$，所以有

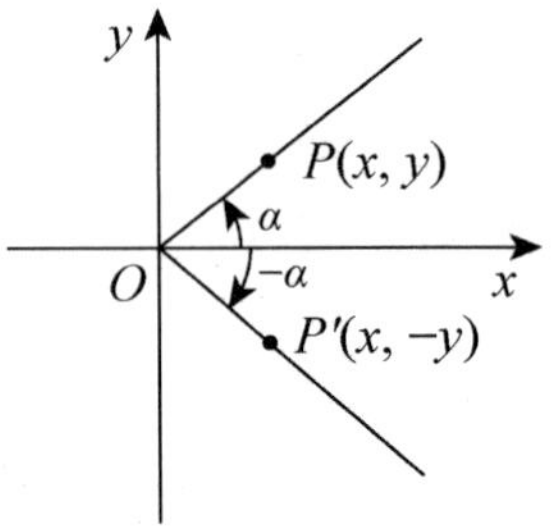

图 5-13

$$\sin(-\alpha) = \frac{-y}{1} = -\frac{y}{1} = -\sin \alpha,$$

$$\cos(-\alpha) = \frac{x}{1} = \cos \alpha,$$

$$\tan(-\alpha) = \frac{-y}{x} = -\frac{y}{x} = -\tan \alpha.$$

从而我们得到有关 $-\alpha$ 的诱导公式.

公式二：

$$\sin(-\alpha) = -\sin \alpha;$$
$$\cos(-\alpha) = \cos \alpha;$$
$$\tan(-\alpha) = -\tan \alpha.$$

利用公式二，我们可以将任意负角的三角函数值转化为正角的三角函数值.

利用公式一、公式二可以得到有关 $2\pi - \alpha$ 的诱导公式.

公式三：

$$\sin(2\pi-\alpha)=-\sin\alpha;$$
$$\cos(2\pi-\alpha)=\cos\alpha;$$
$$\tan(2\pi-\alpha)=-\tan\alpha.$$

怎样利用公式一、公式二推出 $\sin(2\pi-\alpha)=-\sin\alpha$，$\cos(2\pi-\alpha)=\cos\alpha$，$\tan(2\pi-\alpha)=-\tan\alpha$?

例 2 求下列各角的三角函数值.

(1) $\sin\left(-\dfrac{\pi}{4}\right)$；　(2) $\cos\left(-\dfrac{\pi}{3}\right)$；　(3) $\tan\left(-\dfrac{\pi}{6}\right)$；　(4) $\sin\dfrac{11\pi}{6}$.

解 (1) $\sin\left(-\dfrac{\pi}{4}\right)=-\sin\dfrac{\pi}{4}=-\dfrac{\sqrt{2}}{2}$.

(2) $\cos\left(-\dfrac{\pi}{3}\right)=\cos\dfrac{\pi}{3}=\dfrac{1}{2}$.

(3) $\tan\left(-\dfrac{\pi}{6}\right)=-\tan\dfrac{\pi}{6}=-\dfrac{\sqrt{3}}{3}$.

(4) $\sin\dfrac{11\pi}{6}=\sin\left(2\pi-\dfrac{\pi}{6}\right)=\sin\left(-\dfrac{\pi}{6}\right)=-\sin\dfrac{\pi}{6}=-\dfrac{1}{2}$.

5.3.3 $\pi+\alpha$ 的诱导公式

我们知道，角 $\pi+\alpha$ 可由角 α 的终边按逆时针旋转 π 弧度得到，所以，在平面直角坐标系中，角 $\pi+\alpha$ 的终边与角 α 的终边关于原点对称. 如图 5-14 所示，在角 α 的终边上取一点 $P(x, y)$，使 $OP=1$，则点 $P'(-x, -y)$ 一定在角 $\pi+\alpha$ 的终边上，且 $OP'=1$，即 $r=1$，因此

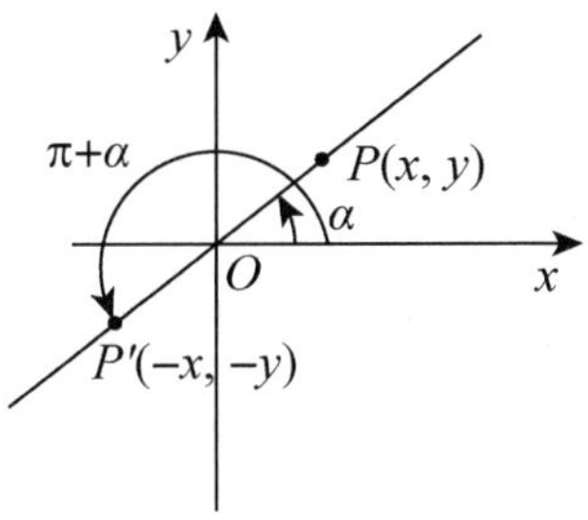

图 5-14

$$\sin(\pi+\alpha)=\frac{-y}{1}=-\frac{y}{1}=-\sin\alpha,$$

$$\cos(\pi+\alpha)=\frac{-x}{1}=-\frac{x}{1}=-\cos\alpha,$$

$$\tan(\pi+\alpha)=\frac{-y}{-x}=\frac{y}{x}=\tan\alpha.$$

所以，我们可以得到有关角 $\pi+\alpha$ 的诱导公式.

公式四：

$$\sin(\pi+\alpha)=-\sin\alpha,$$
$$\cos(\pi+\alpha)=-\cos\alpha,$$
$$\tan(\pi+\alpha)=\tan\alpha.$$

由公式二和公式四可得

$$\sin(\pi-\alpha)=\sin[\pi+(-\alpha)]=-\sin(-\alpha)=\sin\alpha,$$
$$\cos(\pi-\alpha)=\cos[\pi+(-\alpha)]=-\cos(-\alpha)=-\cos\alpha,$$
$$\tan(\pi-\alpha)=\tan[\pi+(-\alpha)]=\tan(-\alpha)=-\tan\alpha.$$

从而可以得到有关 $\pi-\alpha$ 的诱导公式.

公式五：

$$\sin(\pi-\alpha)=\sin\alpha,$$
$$\cos(\pi-\alpha)=-\cos\alpha,$$
$$\tan(\pi-\alpha)=-\tan\alpha.$$

根据公式一、二、三、四、五可以看出，角 $\alpha+2k\pi(k\in\mathbf{Z})$，$-\alpha$，$2\pi-\alpha$，$\pi+\alpha$，$\pi-\alpha$ 的三角函数值，等于角 α 的同名函数值，前面加上一个把角 α 看成锐角时原函数值的符号．简记为：**函数名不变，符号看象限**.

任意角的三角函数都可以通过三角函数的诱导公式转化为锐角三角函数，一般可按照以下步骤进行，如图 5-15 所示.

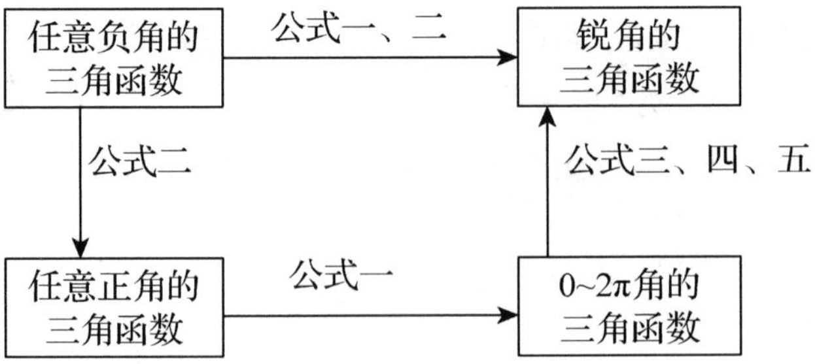

图 5-15

例 3 求下列各三角函数的值.

(1) $\sin\left(\frac{4\pi}{3}\right)$； (2) $\cos\left(\frac{5\pi}{6}\right)$； (3) $\tan\left(\frac{7\pi}{6}\right)$.

解 (1) $\sin\left(\frac{4\pi}{3}\right)=\sin\left(\pi+\frac{\pi}{3}\right)=-\sin\frac{\pi}{3}=-\frac{\sqrt{3}}{2}$.

(2) $\cos\left(\frac{5\pi}{6}\right)=\cos\left(\pi-\frac{\pi}{6}\right)=-\cos\frac{\pi}{6}=-\frac{\sqrt{3}}{2}$.

(3) $\tan\left(\frac{7\pi}{6}\right)=\tan\left(\pi+\frac{\pi}{6}\right)=\tan\frac{\pi}{6}=\frac{\sqrt{3}}{3}$.

为了今后更方便快速地求三角函数的值，这里再给出有关$\frac{\pi}{2}\pm\alpha$的诱导公式.

公式六：

$$\sin\left(\frac{\pi}{2}-\alpha\right)=\cos\alpha,$$

$$\cos\left(\frac{\pi}{2}-\alpha\right)=\sin\alpha.$$

公式七：

$$\sin\left(\frac{\pi}{2}+\alpha\right)=\cos\alpha,$$

$$\cos\left(\frac{\pi}{2}+\alpha\right)=-\sin\alpha.$$

例 4 求下列各三角函数的值.

(1) $\sin\left(-\frac{10\pi}{3}\right)$； (2) $\cos\left(-\frac{25\pi}{4}\right)$.

解 (1) **方法一**

$$\sin\left(-\frac{10\pi}{3}\right)=-\sin\frac{10\pi}{3}=-\sin\left[\left(\frac{\pi}{3}+\pi\right)+2\pi\right]$$

$$=-\sin\left(\frac{\pi}{3}+\pi\right)=\sin\frac{\pi}{3}=\frac{\sqrt{3}}{2}.$$

方法二

$$\sin\left(-\frac{10\pi}{3}\right)=\sin\left(\frac{2\pi}{3}-4\pi\right)=\sin\left(\pi-\frac{\pi}{3}\right)=\sin\frac{\pi}{3}=\frac{\sqrt{3}}{2}.$$

(2) $\cos\left(-\frac{25\pi}{4}\right)=\cos\frac{25\pi}{4}=\cos\left(\frac{\pi}{4}+6\pi\right)=\cos\frac{\pi}{4}=\frac{\sqrt{2}}{2}.$

例 5 化简.

(1) $\sin(\pi+\alpha)\cos(2\pi-\alpha)\tan(-\alpha)$；

(2) $\dfrac{\sin(2\pi-\alpha)\cos(\pi-\alpha)}{\cos(\pi+\alpha)\sin(\pi-\alpha)}$.

解 (1)原式 $=-\sin\alpha\cos\alpha(-\tan\alpha)$

$$=\sin\alpha\cos\alpha\frac{\sin\alpha}{\cos\alpha}=\sin^2\alpha.$$

(2)原式 $=\dfrac{-\sin\alpha(-\cos\alpha)}{-\cos\alpha\sin\alpha}=-\dfrac{\sin\alpha\cos\alpha}{\sin\alpha\cos\alpha}=-1.$

思考题 5－3

1. 利用诱导公式把任意角的三角函数转化为锐角三角函数，方法唯一吗？若不唯一，请举例说明.

2. 能利用已有的诱导公式推导出角 $\frac{\pi}{2}\pm\alpha$ 与角 α 的正弦、余弦之间的关系式吗？

课堂练习 5－3

1. 求下列各三角函数的值.

(1) $\sin\frac{17\pi}{3}$；　(2) $\cos\left(-\frac{23\pi}{4}\right)$；　(3) $\tan 3\ 660°$；

(4) $\sin\left(-\frac{\pi}{4}\right)$；　(5) $\cos\left(-\frac{25\pi}{4}\right)$；　(6) $\tan(-1\ 830°)$；

(7) $\sin 330°$；　(8) $\cos\left(-\frac{2\pi}{3}\right)$；　(9) $\tan\left(-\frac{21\pi}{4}\right)$；

(10) $\sin\frac{3\pi}{4}$；　(11) $\cos\frac{5\pi}{4}$；　(12) $\tan\frac{23\pi}{3}$.

2. 将下列三角函数转化为锐角三角函数.

(1) $\sin\frac{27\pi}{5}$；　(2) $\cos\left(-\frac{11\pi}{3}\right)$；　(3) $\tan 2\ 015°$.

3. 化简.

(1) $\cos(3\pi+\alpha)\sin\left(\frac{\pi}{2}-\alpha\right)$；

(2) $\sin\left(\frac{\pi}{2}+\alpha\right)\cos(\pi-\alpha)\tan(\pi+\alpha)$；

(3) $\frac{\sin(\pi-\alpha)\tan(-\alpha)}{\cos(2\pi-\alpha)}$.

5.4 三角函数的图像与性质

图像是对一个函数最直观、最详细的描述，通过观察函数图像的特点，可以得到函数的一些基本性质，如定义域、值域、单调性、周期性、奇偶性等. 那么，正弦函数、余弦函数、正切函数的图像是怎样的呢？它们又具有怎样的性质呢？下面我们将一一解决这些问题.

5.4.1 正弦函数 $y=\sin x$ 的图像与性质

我们知道，画图像最简单的方法就是**列表描点法**，下面我们就用列表描点法画出正弦函数 $y=\sin x$ 在区间 $[0, 2\pi]$ 上的图像.

(1)列表取值：用计算器计算表 5-3 的正弦函数值，并填入表中.

表 5-3

x	0	$\frac{\pi}{6}$	$\frac{\pi}{3}$	$\frac{\pi}{2}$	$\frac{2\pi}{3}$	$\frac{5\pi}{6}$	π	$\frac{7\pi}{6}$	$\frac{4\pi}{3}$	$\frac{3\pi}{2}$	$\frac{5\pi}{3}$	$\frac{11\pi}{6}$	2π
$y=\sin x$													

(2)描点连线：按照表中 x，y 所对应的坐标在平面直角坐标系中描点，并将所描各点用光滑曲线连接起来，便可完成所画图像，如图 5-16 所示.

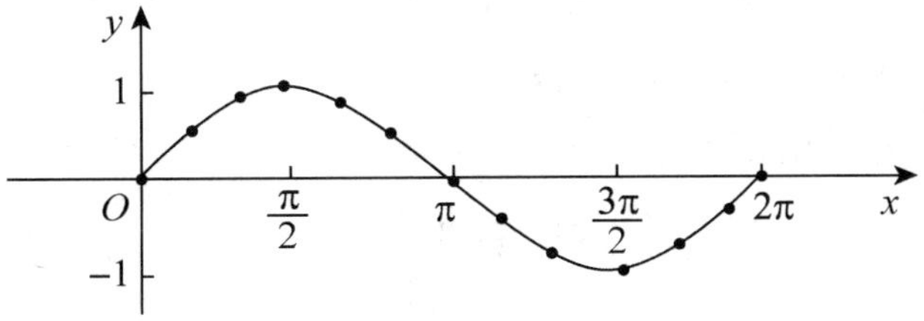

图 5-16

我们知道，正弦函数的定义域为 $\mathbf{R}$，通过前面的学习，我们已经知道终边相同的角的正弦值是相同的，即 $\sin(x+2k\pi)=\sin x(k\in\mathbf{Z})$.

也就是说，正弦函数 $y=\sin x$，$x\in[2k\pi,\ 2(k+1)\pi](k\neq0,\ k\in\mathbf{Z})$的图像与 $y=\sin x$ 在区间$[0,\ 2\pi]$上的图像的形状是完全一样的，只是位置不同.

所以，我们可以将 $y=\sin x$ 在区间$[0,\ 2\pi]$的图像向左右分别平移 2π，4π，6π，…个单位，就能得到 $y=\sin x$ 在区间$[-6\pi,\ -4\pi]$，$[-4\pi,\ -2\pi]$，$[-2\pi,\ 0]$，$[2\pi,\ 4\pi]$，$[4\pi,\ 6\pi]$，…上的图像，从而，可以得到正弦函数 $y=\sin x(x\in\mathbf{R})$的图像，如图 5-17 所示.

若用列表描点法画 $y=\sin x$ 在区间$[-2\pi,\ 0]$上的图像，怎样确定 x 的取值？

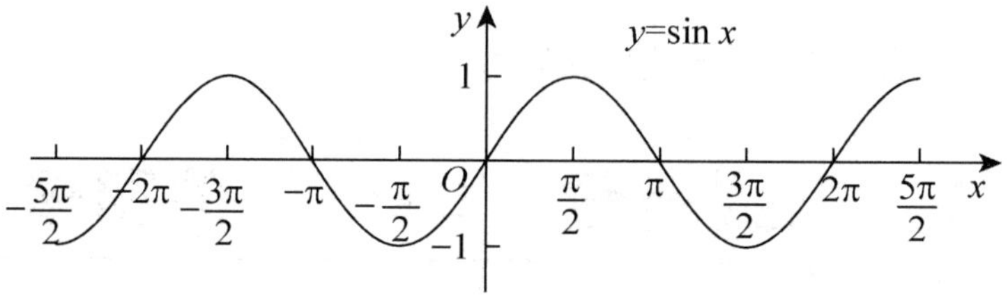

图 5-17

正弦函数 $y=\sin x(x\in\mathbf{R})$的图像称为**正弦曲线**.

从图 5-17 可以看出，$y=\sin x$，$x\in[0,\ 2\pi]$的图像上，五个点$(0,\ 0)$，$\left(\frac{\pi}{2},\ 1\right)$，$(\pi,\ 0)$，$\left(\frac{3\pi}{2},\ -1\right)$，$(2\pi,\ 0)$起着关键的作用，描出这五个点就可以粗略地画出正弦函数 $y=\sin x$ 在区间$[0,\ 2\pi]$上的图像. 因此，在画简图时，我们经常先找出这五个关键点，再用光滑的曲线将其连接起来，这种画图方法非常简便实用，通常称为**五点法作图**.

例 1 用五点法画出函数 $y=-1+\sin x$ 在$[0,\ 2\pi]$上的简图.

解 按五点法画图，选五个关键点列表 5-4.

表 5-4

x	0	$\frac{\pi}{2}$	π	$\frac{3\pi}{2}$	2π
$y=\sin x$	0	1	0	-1	0
$y=-1+\sin x$	-1	0	-1	-2	-1

在平面直角坐标系中描点，并用光滑的曲线将其连接起来，如图 5-18 所示.

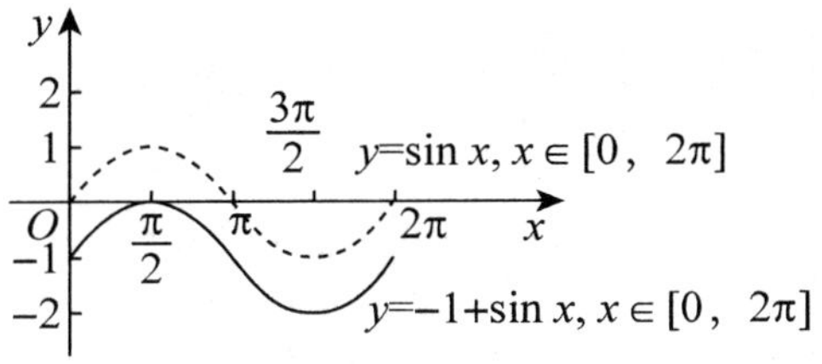

图 5-18

$y=-1+\sin x$ 的图像可以由 $y=\sin x$ 的图像经过怎样的变化得到？

为了便于后续学习，下面我们一起观察正弦曲线，总结正弦函数 $y=\sin x$，$(x\in\mathbf{R})$的性质.

定义域： 正弦函数 $y=\sin x$ 的定义域是 $\mathbf{R}$.

值　域： 正弦函数 $y=\sin x$ 的值域是$[-1,\ 1]$.

从正弦曲线可以看出，当 $x=\frac{\pi}{2}+2k\pi(k\in\mathbf{Z})$时，正弦函数 $y=\sin x$ 取得最大值 1，当 $x=-\frac{\pi}{2}+2k\pi(k\in\mathbf{Z})$时，正弦函数 $y=\sin x$ 取得最小值-1.

奇偶性： 正弦函数 $y=\sin x$ 的图像关于原点对称，所以，正弦函数是奇函数.

周期性： 对于一个函数 $f(x)$，如果存在一个非零常数 T，使得当 x 取定义域内的任一个值时，都有

$$f(x+T)=f(x).$$

那么，函数 $f(x)$就叫作**周期函数**，非零常数 T 叫作这个函数的**周期**.

如果在周期函数 $f(x)$的所有周期中存在一个最小的正数，那么这个最小正数，叫作 $f(x)$的**最小正周期**.

我们知道，对于任意实数 x，有

$$\sin(x+2k\pi)=\sin x(k\in\mathbf{Z}).$$

所以，正弦函数是一个周期函数，且…，-4π，-2π，2π，4π，…都是正弦函数的周期，最小正周期是 2π.

今后如不特别说明，函数的周期均指最小正周期. 因此，按照此约定，正弦函数是周期函数，**周期为 $T=2\pi$.**

单调性：正弦函数是周期函数，我们仅观察正弦曲线在一个周期 $\left[-\frac{\pi}{2}, \frac{3\pi}{2}\right]$ 上的图像. 如图 5-19 所示，当 x 由 $-\frac{\pi}{2}$ 增大到 $\frac{\pi}{2}$ 时，曲线逐渐上升，函数 $y=\sin x$ 的值由 -1 增大到 1；当 x 由 $\frac{\pi}{2}$ 增大到 $\frac{3\pi}{2}$ 时，曲线逐渐下降，函数 $y=\sin x$ 的值由 1 减小到 -1.

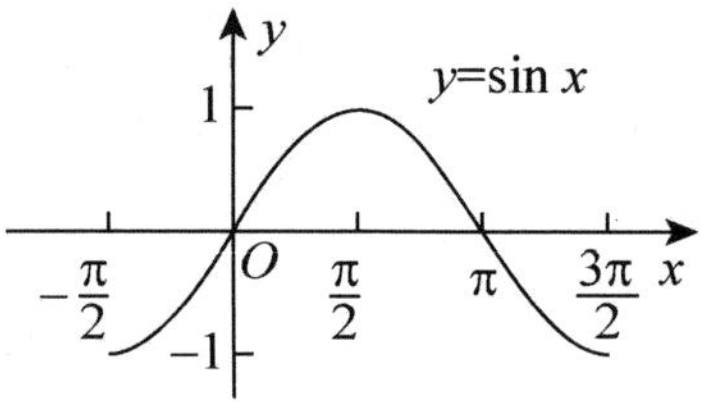

图 5-19

因此，正弦函数 $y=\sin x$ 在区间 $\left[-\frac{\pi}{2}, \frac{\pi}{2}\right]$ 上是增函数，在区间 $\left[\frac{\pi}{2}, \frac{3\pi}{2}\right]$ 上是减函数. 由正弦函数的周期性可知，正弦函数 $y=\sin x$ 在每一个闭区间 $\left[-\frac{\pi}{2}+2k\pi, \frac{\pi}{2}+2k\pi\right](k\in\mathbf{Z})$ 上都是增函数，在每一个闭区间 $\left[\frac{\pi}{2}+2k\pi, \frac{3\pi}{2}+2k\pi\right](k\in\mathbf{Z})$ 上都是减函数.

例 2 已知函数 $y=-2\sin x$.

(1)用五点法画出函数在区间 $[0, 2\pi]$ 上的图像；

(2)求出它的最大值和最小值；

(3)判断它的奇偶性；

(4)指出函数在 $[0, 2\pi]$ 上的单调区间.

解 (1)按五个关键点列表 5-5.

表 5-5

x	0	$\frac{\pi}{2}$	π	$\frac{3\pi}{2}$	2π
$y=-2\sin x$	0	-2	0	2	0

描点并用光滑的曲线将其连接起来，便可得到 $y=-2\sin x$ 在区间$[0, 2\pi]$上的图像，如图 5-20 所示.

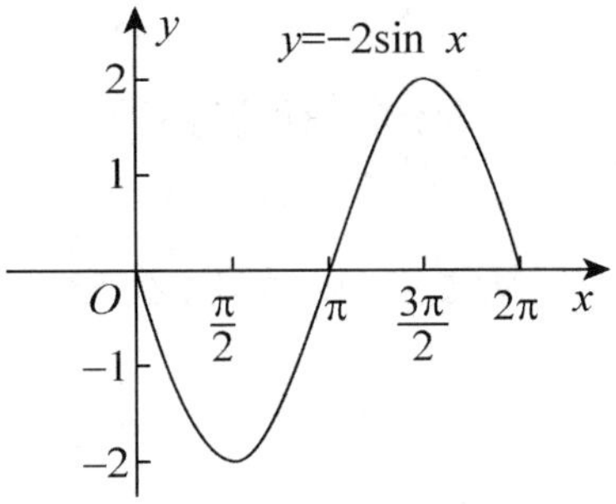

图 5-20

(2)因为函数是周期函数，根据函数的图像可知，当 $x=\frac{3\pi}{2}+2k\pi(k\in\mathbf{Z})$时，函数取得最大值 2，当 $x=\frac{\pi}{2}+2k\pi(k\in\mathbf{Z})$时，函数取得最小值$-2$.

(3)函数的定义域为 $\mathbf{R}$，且

$$f(-x)=-2\sin(-x)=2\sin x=-f(x).$$

所以，$y=-2\sin x$ 是奇函数.

(4)观察图像可知，函数在$[0, 2\pi]$上的单调增区间为$\left[\frac{\pi}{2}, \frac{3\pi}{2}\right]$，单调减区间为$\left[0, \frac{\pi}{2}\right]$和$\left[\frac{3\pi}{2}, 2\pi\right]$.

5.4.2 余弦函数 $y=\cos x$ 的图像与性质

由三角函数的诱导公式，我们知道，

$$y=\cos x=\cos(-x)=\sin\left[\frac{\pi}{2}-(-x)\right]=\sin\left(x+\frac{\pi}{2}\right).$$

也就是说，余弦函数 $y=\cos x(x\in\mathbf{R})$与正弦函数 $y=\sin\left(x+\frac{\pi}{2}\right)(x\in\mathbf{R})$是同一个函数. 事实上，余弦函数的图像可以由正弦函数的图像向左平移$\frac{\pi}{2}$个单位长度得到，如图 5-21 所示.

你能用列表描点法画出 $y=\cos x$ 在区间$[0, 2\pi]$上的图像吗？

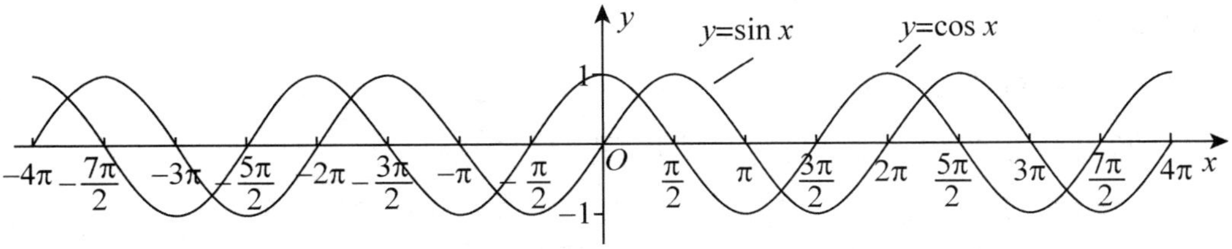

图 5-21

余弦函数 $y=\cos x(x\in\mathbf{R})$的图像称为**余弦曲线**.

从图 5-21 可以看出，$y=\cos x$，$x\in[0，2\pi]$的图像上，五个点$(0，1)$，$\left(\frac{\pi}{2}，0\right)$，$(\pi，-1)$，$\left(\frac{3\pi}{2}，0\right)$，$(2\pi，1)$也起着关键的作用. 因此，也可以用五点法粗略地画出余弦函数 $y=\cos x$ 在区间$[0，2\pi]$上的图像.

为了便于后续学习，下面我们一起观察余弦曲线，总结余弦函数 $y=\cos x$，$(x\in\mathbf{R})$的性质.

定义域：余弦函数 $y=\cos x$ 的定义域是 $\mathbf{R}$.

值　域：余弦函数 $y=\cos x$ 的值域是$[-1，1]$.

从余弦曲线可以看出，当 $x=2k\pi(k\in\mathbf{Z})$时，余弦函数 $y=\cos x$ 取得最大值 1，当 $x=(2k+1)\pi(k\in\mathbf{Z})$时，余弦函数 $y=\cos x$ 取得最小值-1.

奇偶性：因为 $\cos(-x)=\cos x$，所以，余弦函数是偶函数，余弦函数 $y=\cos x$ 的图像关于 y 轴对称.

周期性：从余弦曲线可以看出，余弦函数是周期函数，周期为 $T=2\pi$.

单调性：余弦函数是周期函数，我们仅观察余弦曲线在一个周期$[0，2\pi]$上的图像. 当 x 由 0 增大到 π 时，曲线逐渐下降，函数 $y=\cos x$ 的值由 1 减小到-1；当 x 由 π 增大到 2π 时，曲线逐渐上升，函数 $y=\cos x$ 的值由-1 增大到 1.

因此，余弦函数 $y=\cos x$ 在区间$[0，\pi]$上是减函数，在区间$[\pi，2\pi]$上是增函数.

由余弦函数的周期性可知，余弦函数 $y=\cos x$ 在每一个闭区间$[2k\pi，\pi+2k\pi](k\in\mathbf{Z})$上都是减函数，在每一个闭区间$[2k\pi-\pi，2k\pi](k\in\mathbf{Z})$上都是增函数.

例 3　已知函数 $y=2\cos x$.

(1)用五点法画出函数在区间$[0，2\pi]$上的图像；

(2)求出它的最大值和最小值；

(3)判断它的奇偶性；

(4)指出函数在$[0，2\pi]$上的单调区间.

解　(1)按五个关键点列表 5-6.

表 5-6

x	0	$\frac{\pi}{2}$	π	$\frac{3\pi}{2}$	2π
$y=2\cos x$	2	0	-2	0	2

描点并用光滑的曲线将其连接起来，便可得 $y=2\cos x$ 在区间$[0, 2\pi]$上的图像，如图 5-22 所示.

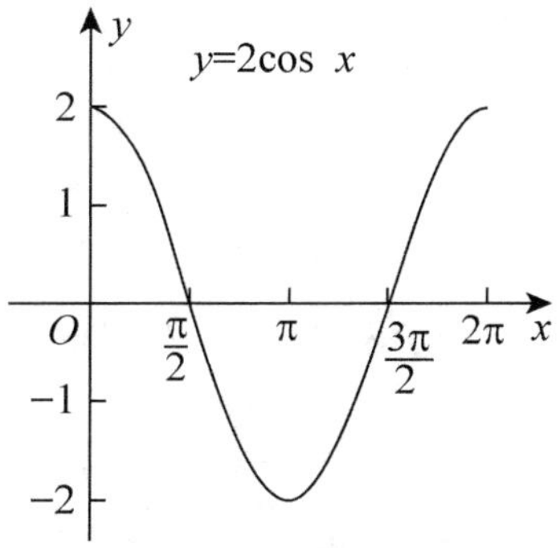

图 5-22

(2)根据函数的图像和周期性可知，当 $x=2k\pi$ $(k\in \mathbf{Z})$时，函数取得最大值 2，当 $x=\pi+2k\pi(k\in \mathbf{Z})$时，函数取得最小值$-2$.

(3)函数的定义域为 $\mathbf{R}$，且

$$f(-x)=2\cos(-x)=2\cos x=f(x).$$

所以，$y=2\cos x$ 是偶函数.

(4)观察图像可知，函数在$[0, 2\pi]$上的单调增区间为$[\pi, 2\pi]$，单调减区间为$[0, \pi]$.

5.4.3 正切函数 $y=\tan x$ 的图像和性质

前面我们已经学习了正弦函数和余弦函数的图像和性质，接下来，我们再来学习另一个重要的三角函数——正切函数. 正切函数也是周期函数，它的图像也可以用列表描点法画出.

这里给出了正切函数在$\left[-\frac{3\pi}{2}, -\frac{\pi}{2}\right]$，$\left[-\frac{\pi}{2}, \frac{\pi}{2}\right]$，$\left[\frac{\pi}{2}, \frac{3\pi}{2}\right]$上的图像，如图 5-23 所示.

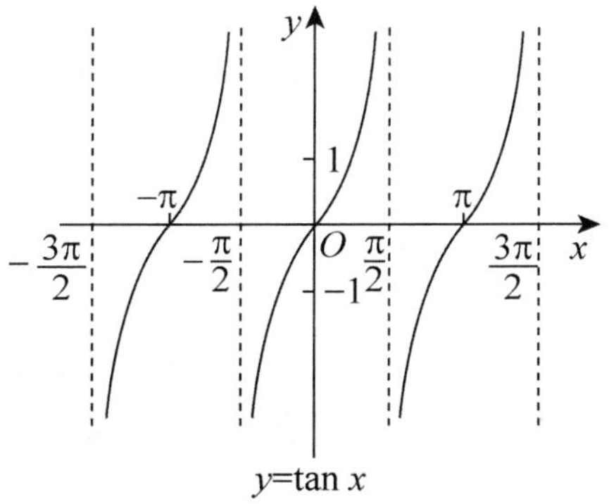

图 5-23

你能用列表描点法画出正切函数 $y=\tan x$ 在 $\left[-\frac{\pi}{2}, \frac{\pi}{2}\right]$ 上的图像吗?

正切函数 $y=\tan x$ 的图像称为**正切曲线**.

下面我们给出正切函数 $y=\tan x$ 的性质.

定义域: 正切函数 $y=\tan x$ 的定义域为

$$\left\{x \mid x\in\mathbf{R}, x\neq\frac{\pi}{2}+k\pi, k\in\mathbf{Z}\right\}.$$

值　域: 由正切曲线可知，函数 $y=\tan x$ 的值域是 $\mathbf{R}$，既没有最大值也没有最小值.

奇偶性: 正切函数 $y=\tan x$ 的定义域关于原点对称，且 $\tan(-x)=-\tan x$，所以，正切函数 $y=\tan x$ 是奇函数.

周期性: 对任意的 x，都有

$$\tan(k\pi+x)=\tan x(k\in\mathbf{Z}),$$

所以，正切函数 $y=\tan x$ 是周期函数，周期 $T=\pi$.

单调性: 由正切曲线可以看出，函数 $y=\tan x$ 在 $\left(-\frac{\pi}{2}, \frac{\pi}{2}\right)$ 上是增函数.

又因为正切函数是周期函数，所以，正切函数 $y=\tan x$ 在每一个开区间 $\left(-\frac{\pi}{2}+k\pi, \frac{\pi}{2}+k\pi\right)(k\in\mathbf{Z})$ 上都是增函数.

例 4　比较 $\tan\frac{\pi}{11}$ 和 $\tan\frac{\pi}{17}$ 的大小.

解　因为 $-\frac{\pi}{2}<\frac{\pi}{17}<\frac{\pi}{11}<\frac{\pi}{2}$，

又因为 $y=\tan x$ 在 $\left(-\frac{\pi}{2}, \frac{\pi}{2}\right)$ 上是增函数，

所以，$\tan\frac{\pi}{11}>\tan\frac{\pi}{17}$.

例 5　求函数 $y=\tan\left(2x+\frac{\pi}{3}\right)$ 的定义域.

解　令 $t=2x+\frac{\pi}{3}$，因为 $y=\tan t$ 的定义域为

$$\left\{t \mid t\in \mathbf{R}, t\neq\frac{\pi}{2}+k\pi, k\in\mathbf{Z}\right\},$$

所以，$y=\tan\left(2x+\frac{\pi}{3}\right)$的定义域为

$$\left\{x \mid 2x+\frac{\pi}{3}\neq\frac{\pi}{2}+k\pi, k\in\mathbf{Z}\right\},$$

即$\left\{x \mid x\neq\frac{1}{2}k\pi+\frac{\pi}{12}, k\in\mathbf{Z}\right\}$.

思考题 5－4

1. 用五点法作 $y=\sin x$ 和 $y=\cos x$ 的图像.

(1)函数 $y=\sin x$ 的图像在$[0, 2\pi]$上的五个关键点坐标分别为________，________，________，________，________.

(2)函数 $y=\cos x$ 的图像在$[0, 2\pi]$上的五个关键点坐标分别为________，________，________，________，________.

2. 正弦函数 $y=\sin x$、余弦函数 $y=\cos x$ 和正切函数 $y=\tan x$ 的图像特征.

(1)函数 $y=\sin x$ 的图像叫作正弦曲线，其对称中心坐标为________，对称轴方程为________，图像的最低点坐标为________.

(2)函数 $y=\cos x$ 的图像叫作余弦曲线，其对称中心坐标为________，对称轴方程为________，图像的最低点坐标为________.

(3)把 $y=\sin x$ 的图像向________平移________个单位长度便可得到 $y=\cos x$ 的图像；把 $y=\cos x$ 的图像向________平移________个单位长度便可得到 $y=\sin x$ 的图像.

(4)正切函数 $y=\tan x$ 的图像叫作正切曲线，其对称中心坐标为________，图像的渐近线方程为________.

3. 正弦函数、余弦函数、正切函数的图像与周期的关系.

(1)正弦函数、余弦函数的图像上相邻最高点与最低点的横坐标之差的绝对值等于________个周期，相邻两个零点横坐标之差的绝对值等于________个周期.

(2)正切函数的图像上相邻两个零点之差的绝对值等于________周期，相邻两条渐近线间隔________周期.

课堂练习 5-4

1. 用五点法画出下列函数在区间 $[0, 2\pi]$上的简图.

(1) $y=\sin x+1$；　　　　(2) $y=\cos x-1$.

2. 已知函数 $y=-\frac{1}{3}\sin x$，完成下列题目.

(1)用五点法画出函数在一个周期$[0, 2\pi]$上的简图；

(2)求出它的最大值和最小值；

(3)判断它的奇偶性；

(4)指出函数在$[0, 2\pi]$上的单调区间.

3. 已知函数 $y=\frac{1}{2}\cos x$，完成下列题目.

(1)用五点法画出函数在一个周期$[0, 2\pi]$上的简图；

(2)求出它的最大值和最小值；

(3)判断它的奇偶性；

(4)指出函数在$[0, 2\pi]$上的单调区间.

4. 利用正切函数的性质比较下列正切值的大小.

(1) $\tan\left(-\frac{\pi}{7}\right)$______ $\tan\frac{2\pi}{7}$；　　(2) $\tan\frac{13\pi}{11}$______ $\tan\frac{15\pi}{11}$.

本章小结

知识框架

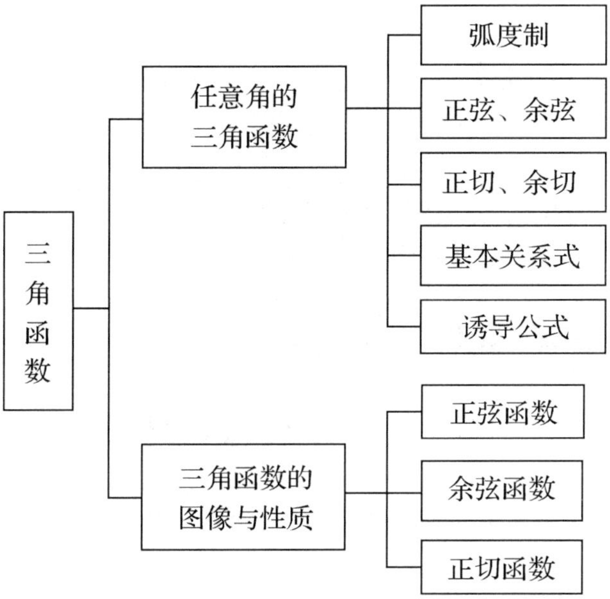

知识点梳理

5.1 角的概念的推广

1. 角：按逆时针方向旋转形成的角叫作正角；按顺时针方向旋转形成的角叫作负角. 如果一条射线没有做任何旋转，我们称它形成一个零角. 角包括正角、负角和零角.

2. 象限角：让角的顶点与平面直角坐标系 xOy 的原点重合，角的始边与 x 轴的非负半轴重合，角的终边落在第几象限，就说这个角是第几象限角.

3. 与角 α 终边相同的角：一般地，所有与角 α 终边相同的角，连同角 α 在内，都可以表示成 $\beta=\alpha+k\cdot360^\circ(k\in\mathbf{Z})$，用集合表示为 $S=\{\beta\mid\beta=\alpha+k\cdot360^\circ,\ k\in\mathbf{Z}\}$，即任一与角 α 终边相同的角，都可以表示成角 α 与整数个周角的和.

4. 弧度制：我们把长度等于半径长的弧所对的圆心角称为 1 弧度的角，记作 1 弧度或 1 rad. 用弧度为单位来度量角的单位制度称为弧度制.

5. 弧度制与角度制的转换公式为：

$$1^\circ=\frac{\pi}{180}\ \text{rad},$$

$$1\ \text{rad}=\left(\frac{180}{\pi}\right)^\circ\approx 57.3^\circ.$$

5.2 任意角的三角函数

1. 定义.

设 α 是任意角，$P(x, y)$是其终边上的任一点，$r=|OP|=\sqrt{x^2+y^2}$ 是点 P 与原点 O 的距离，则定义：

(1) $\frac{y}{r}$称为 α 的正弦，记作 $\sin\alpha=\frac{y}{r}$；

(2) $\frac{x}{r}$称为 α 的余弦，记作 $\cos\alpha=\frac{x}{r}$；

(3) $\frac{y}{x}$称为 α 的正切，记作 $\tan\alpha=\frac{y}{x}$，$x\neq 0$.

2. 同角三角函数的基本关系.

$$\sin^2\alpha+\cos^2\alpha=1,$$

$$\tan\alpha=\frac{\sin\alpha}{\cos\alpha},\ \alpha\neq\frac{\pi}{2}+k\pi(k\in\mathbf{Z}).$$

5.3 三角函数的诱导公式

α	$\alpha+2k\pi$	$-\alpha$	$\pi+\alpha$	$\pi-\alpha$	$\frac{\pi}{2}-\alpha$	$\frac{\pi}{2}+\alpha$	$2\pi-\alpha$
正弦	$\sin\alpha$	$-\sin\alpha$	$-\sin\alpha$	$\sin\alpha$	$\cos\alpha$	$\cos\alpha$	$-\sin\alpha$
余弦	$\cos\alpha$	$\cos\alpha$	$-\cos\alpha$	$-\cos\alpha$	$\sin\alpha$	$-\sin\alpha$	$\cos\alpha$
正切	$\tan\alpha$	$-\tan\alpha$	$\tan\alpha$	$-\tan\alpha$	$\cot\alpha$	$-\cot\alpha$	$-\tan\alpha$

5.4 三角函数的图像与性质

函数 性质	$y=\sin x$	$y=\cos x$	$y=\tan x$
图像	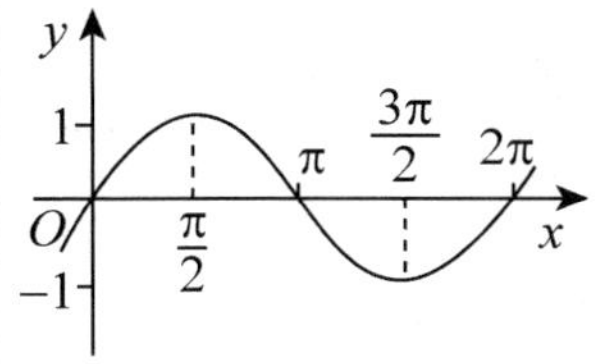	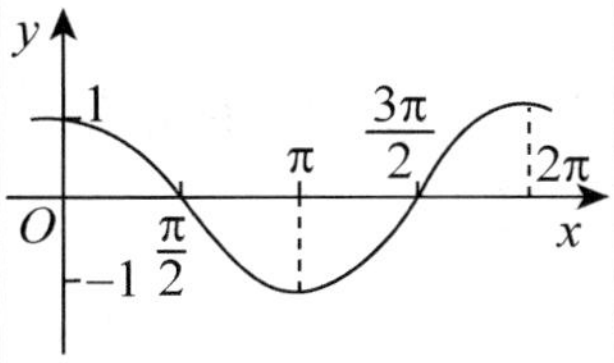	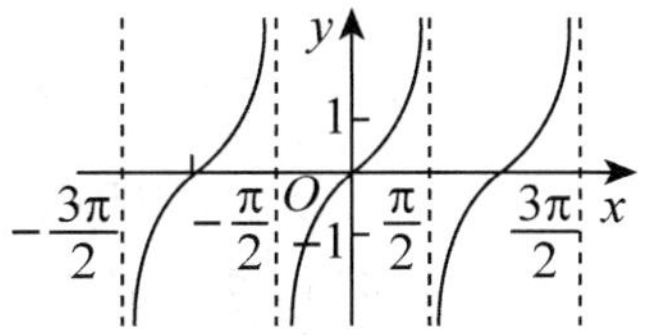
定义域	$\mathbf{R}$	$\mathbf{R}$	$\left\{x \mid x\neq k\pi+\frac{\pi}{2}(k\in\mathbf{Z})\right\}$
值域	$[-1, 1]$	$[-1, 1]$	$\mathbf{R}$
最值	当 $x=2k\pi+\frac{\pi}{2}(k\in\mathbf{Z})$ 时，$y_{max}=1$； 当 $x=2k\pi-\frac{\pi}{2}(k\in\mathbf{Z})$ 时，$y_{min}=-1$	当 $x=2k\pi(k\in\mathbf{Z})$ 时，$y_{max}=1$； 当 $x=2k\pi+\pi(k\in\mathbf{Z})$ 时，$y_{min}=-1$	既无最大值也无最小值
周期性	2π	2π	π
奇偶性	奇函数	偶函数	奇函数
单调性	在$\left[2k\pi-\frac{\pi}{2}, 2k\pi+\frac{\pi}{2}\right](k\in\mathbf{Z})$上是增函数； 在$\left[2k\pi+\frac{\pi}{2}, 2k\pi+\frac{3\pi}{2}\right](k\in\mathbf{Z})$上是减函数	在$[2k\pi-\pi, 2k\pi](k\in\mathbf{Z})$上是增函数； 在$[2k\pi, 2k\pi+\pi](k\in\mathbf{Z})$上是减函数	在$\left(k\pi-\frac{\pi}{2}, k\pi+\frac{\pi}{2}\right)(k\in\mathbf{Z})$上是增函数

复习题五(A)

一、选择题(在每小题列出的4个备选项中只有一个是符合题目要求的，请将其代码填写在后面的括号里)

1. 下列与75°角终边相同的角是(　　).

A. 105°　　B. −75°　　C. 435°　　D. −435°

2. $\frac{17\pi}{6}$是(　　).

A. 第一象限角　　B. 第二象限角

C. 第三象限角　　D. 第四象限角

3. 若$\alpha=\frac{15\pi}{13}$，则(　　).

A. $\sin\alpha>0$，$\cos\alpha>0$　　B. $\sin\alpha>0$，$\cos\alpha<0$

C. $\sin\alpha<0$，$\cos\alpha>0$　　D. $\sin\alpha<0$，$\cos\alpha<0$

4. $\tan\left(-\frac{13\pi}{6}\right)=$(　　).

A. $\frac{\sqrt{3}}{2}$　　B. $-\frac{\sqrt{3}}{3}$　　C. $\frac{\sqrt{3}}{3}$　　D. $\sqrt{3}$

5. $\sin 1\,470°=$(　　).

A. $\frac{\sqrt{3}}{2}$　　B. $-\frac{1}{2}$　　C. $\frac{1}{2}$　　D. $-\frac{\sqrt{3}}{2}$

6. 在$\triangle ABC$中，若$\sin A=\frac{\sqrt{3}}{2}$，则$A$为(　　).

A. 60°　　B. 120°　　C. 60°或120°　　D. 30°或150°

7. 已知P是角$\frac{2\pi}{3}$的终边上一点，O是坐标原点，且$OP=1$，则点P的坐标为(　　).

A. $\left(\frac{1}{2}, \frac{\sqrt{3}}{2}\right)$　　B. $\left(-\frac{1}{2}, \frac{\sqrt{3}}{2}\right)$

C. $\left(\frac{1}{2}, -\frac{\sqrt{3}}{2}\right)$　　D. $\left(-\frac{1}{2}, -\frac{\sqrt{3}}{2}\right)$

8. 将分针拨快 10 min，则分针转过的弧度数是(　　).

A. $\frac{\pi}{3}$　　B. $-\frac{\pi}{3}$

C. $\frac{\pi}{6}$　　D. $-\frac{\pi}{6}$

9. 已知 α 是锐角，则 2α 是(　　).

A. 第一象限角　　B. 第二象限角

C. 小于 180°的正角　　D. 不小于直角的正角

10. $\cos 30°=$(　　).

A. $\frac{\sqrt{3}}{2}$　　B. $-\frac{1}{2}$

C. $\frac{1}{2}$　　D. $-\frac{\sqrt{3}}{2}$

二、填空题(请在每小题的空格中填上正确答案)

1. 与$\frac{\pi}{3}$终边相同的角的集合为________.

2. 弧度与角度的互化：$180°=$________ rad，$30°=$________ rad，$45°=$________ rad.

3. 若 $\sin\theta=\frac{4}{5}$，$\cos\theta=-\frac{3}{5}$，则 θ 角的终边在第________象限.

4. $y=2\sin\alpha$ 的最大值为________，最小值为________.

5. $\sin\left(\frac{\pi}{2}-\alpha\right)=$________.

6. 设 $P(x, y)$是角 α 的终边上任一点，且 $OP=r$，则 $\sin\alpha=$________，$\cos\alpha=$________，$\tan\alpha=$________.

7. $y=\sin x$ 是________函数，$y=\cos x$ 是________函数，$y=\tan x$ 是________函数(奇或偶).

三、判断题(判断下列语句. 正确的请在每小题后面的括号里填写“√”，错误的填写“×”)

1. $\sin(-\alpha)=-\sin\alpha$.　(　　)

2. $\sin(\alpha-\beta)=\sin\alpha\cos\beta-\cos\alpha\sin\beta$.　(　　)

3. 任何正弦函数的周期都是 2π.　(　　)

4. 正切函数的定义域为 $\mathbf{R}$.　(　　)

四、解答题

1. 若 $\sin\alpha=\frac{4}{5}$，且 $\tan\alpha>0$，求 $\cos\alpha$.

2. 若 $\sin\alpha=\frac{3}{5}$，$\cos\beta=\frac{12}{13}$，且 α 是第二象限角，β 是第四象限角，求$\sin\beta$，$\cos\alpha$，$\tan\alpha$.

3. 若 $\sin(\pi-\alpha)=\frac{1}{2}$，求 $\sin\alpha$，$\cos\alpha$，$\tan\alpha$.

4. 化简：$\frac{\sin(2\pi-\alpha)\cos(\pi+\alpha)}{\tan(-\alpha)}$.

复习题五(B)

一、选择题(在每小题列出的 4 个备选项中只有一个是符合题目要求的，请将其代码填写在后面的括号里)

1. 下列命题中，真命题是(　　).

A. 1 弧度是 1 度的圆心角所对的弧

B. 1 弧度是长度为半径的弧

C. 1 弧度是 1 度的弧与 1 度的角之和

D. 1 弧度的角是长度等于半径长的弧所对的圆心角，它是角的一种度量单位

2. 下列四个命题：

①小于 $90°$的角是锐角；②第一象限的角一定不是负角；

③锐角是第一象限的角；④第二象限的角必大于第一象限的角.

其中，正确命题的个数是(　　).

A. 0　　B. 1　　C. 2　　D. 3

3. 在$[360°, 1\ 440°]$中与$-21°16'$终边相同的角的个数为(　　).

A. 1　　B. 2　　C. 3　　D. 4

4. 已知 $\cos\theta\sin\theta<0$，那么角 θ 是(　　).

A. 第一或第二象限角　　B. 第二或第四象限角

C. 第三或第四象限角　　D. 第一或第四象限角

5. 已知弧度数为 2 的圆心角所对的弦长也是 2，则这个圆心角所对的弧长是(　　).

A. 2　　B. $\dfrac{2}{\sin 1}$　　C. $2\sin 1$　　D. $\sin 2$

6. 下列说法不正确的是(　　).

A. “度”与“弧度”是度量角的两种不同的度量单位

B. 1 度的角是圆周的$\dfrac{1}{360}$所对的圆心角，1 弧度的角是圆周的$\dfrac{1}{2\pi}$所对的圆心角

C. 根据弧度的定义，$180°$一定等于 π rad

D. 不论是用角度制还是用弧度制度量角，它们都与圆的半径长短有关

7. 角 $855°$所在的象限是(　　).

A. 第一象限　　B. 第二象限　　C. 第三象限　　D. 第四象限

8. 若 α 是第一象限的角，则$-\frac{\alpha}{2}$是(　　).

A. 第一象限角　　B. 第一或第四象限角

C. 第二或第三象限角　　D. 第二或第四象限角

9. 下列各对角中终边相同的角是(　　).

A. $\frac{\pi}{2}$和$-\frac{\pi}{2}+2k\pi(k\in\mathbf{Z})$　　B. $-\frac{\pi}{3}$和$\frac{22}{3}\pi$

C. $-\frac{7\pi}{9}$和$\frac{11\pi}{9}$　　D. $\frac{20\pi}{3}$和$\frac{122\pi}{9}$

10. 点 P 从$(1, 0)$出发，沿单位圆 $x^2+y^2=1$ 按逆时针方向运动$\frac{2\pi}{3}$弧长到达点 Q，则点 Q 的坐标为(　　).

A. $\left(-\frac{1}{2}, \frac{\sqrt{3}}{2}\right)$　　B. $\left(\frac{\sqrt{3}}{2}, -\frac{1}{2}\right)$

C. $\left(-\frac{1}{2}, -\frac{\sqrt{3}}{2}\right)$　　D. $\left(-\frac{\sqrt{3}}{2}, \frac{1}{2}\right)$

11. 已知扇形的周长是 6 cm，面积是 2 cm^2，则扇形的中心角的弧度数是(　　).

A. 1　　B. 4　　C. 1 或 4　　D. 2 或 4

12. “$\alpha=\frac{\pi}{3}$”是“$\cos\alpha=\frac{1}{2}$”的(　　).

A. 必要不充分条件　　B. 充分不必要条件

C. 充要条件　　D. 既不充分也不必要条件

13. 设 $\tan\alpha=2$，且 $\sin\alpha<0$，则 $\cos\alpha=$(　　).

A. $\frac{\sqrt{5}}{5}$　　B. $-\frac{1}{5}$　　C. $-\frac{\sqrt{5}}{5}$　　D. $\frac{1}{5}$

14. 下列三角函数值与 $\sin 220°$相等的是(　　).

A. $\sin 50°$　　B. $-\cos 50°$　　C. $\cos 50°$　　D. $-\sin 50°$

15. 已知 $\tan\theta=2$，则$\dfrac{\sin\left(\frac{\pi}{2}+\theta\right)-\cos(\pi+\theta)}{\sin\left(\frac{\pi}{2}-\theta\right)-\sin(\pi-\theta)}=$(　　).

A. 2　　B. -2　　C. 0　　D. $\frac{2}{3}$

16. 满足函数 $y=\sin x$ 和 $y=\cos x$ 都是增函数的区间是( ).

A. $\left[2k\pi, 2k\pi+\frac{\pi}{2}\right]$, $k\in\mathbf{Z}$ B. $\left[2k\pi+\frac{\pi}{2}, 2k\pi+\pi\right]$, $k\in\mathbf{Z}$

C. $\left[2k\pi-\pi, 2k\pi-\frac{\pi}{2}\right]$, $k\in\mathbf{Z}$ D. $\left[2k\pi-\frac{\pi}{2}, 2k\pi\right]$, $k\in\mathbf{Z}$

17. 函数 $y=\cos\left(\frac{\pi}{3}-\frac{2}{5}x\right)$的最小正周期是( ).

A. $\frac{\pi}{5}$ B. $\frac{5}{2}\pi$ C. 2π D. 5π

17. 函数 $f(x)=\sin^2 x-\frac{1}{2}$是( ).

A. 周期为 π 的偶函数 B. 周期为 π 的奇函数

C. 周期为 2π 的偶函数 D. 周期为 2π 的奇函数

19. 已知函数 $f(x)=x\sin x$，则 $f(x)$( ).

A. 是奇函数但不是偶函数 B. 是偶函数但不是奇函数

C. 是奇函数也是偶函数 D. 既不是奇函数也不是偶函数

20. 若函数 $f(x)=\sin\frac{x+\varphi}{3}(\varphi\in[0, 2\pi])$是偶函数，则 $\varphi=$( ).

A. $\frac{\pi}{2}$ B. $\frac{2\pi}{3}$ C. $\frac{3\pi}{2}$ D. $\frac{5\pi}{3}$

二、填空题(请在每小题的空格中填上正确答案)

1. 已知角 α 终边上一点 P 的坐标是(3，-2)，则 $\sin\alpha=$________，$\cos\alpha=$________，$\tan\alpha=$________.

2. 若 $\cos\alpha+2\sin\alpha=-\sqrt{5}$，则 $\tan\alpha=$________.

3. 若 $\cos\alpha+\sin\alpha=\sqrt{2}$，则 $\sin\alpha\cos\alpha=$________.

4. 已知 $\sin\alpha=\frac{2\sqrt{5}}{5}$，$\frac{\pi}{2}<\alpha<\pi$，则 $\tan\alpha=$________.

5. $\tan 300°+\sin 450°=$________.

6. 若 $\tan\alpha=\frac{1}{3}$，$\pi<\alpha<\frac{3}{2}\pi$，则 $\sin\alpha\cos\alpha=$________.

7. 已知 $\sin\alpha\tan\alpha<0$，化简：$\sqrt{\frac{1-\sin\alpha}{1+\sin\alpha}}+\sqrt{\frac{1+\sin\alpha}{1-\sin\alpha}}=$________.

8. 若 $\cos\alpha=\frac{1}{5}$，且 α 是第四象限角，则 $\cos\left(\alpha+\frac{\pi}{2}\right)=$________.

9. 若 $\cos(75°+\alpha)=\frac{1}{3}$，且 α 为第三象限角，则 $\sin(\alpha-105°)=$________.

10. 已知 $\cos\left(\frac{\pi}{6}+\alpha\right)=\frac{\sqrt{3}}{3}$，则 $\cos\left(\frac{5\pi}{6}-\alpha\right)=$________.

三、解答题

1. 已知 $\cos\alpha+\sin\alpha=\frac{1}{5}$，$\alpha\in(0,\ \pi)$，求值.

(1) $\tan\alpha$；　　(2) $\sin\alpha-\cos\alpha$；　　(3) $\sin\alpha^3+\cos\alpha^3$.

2. 已知 $\frac{\tan\alpha}{\tan\alpha-1}=-1$，求下列各式的值.

(1) $\frac{\sin\alpha-3\cos\alpha}{\sin\alpha+\cos\alpha}$；　　(2) $\sin^2\alpha+\sin\alpha\cos\alpha+2$.

3. 已知 α 是第三象限角，且 $f(\alpha)=\frac{\sin(\pi-\alpha)\cos(2\pi-\alpha)\tan\left(-\alpha+\frac{3\pi}{2}\right)}{\cot(-\alpha-\pi)\sin(-\pi-\alpha)}$.

(1) 化简 $f(\alpha)$；

(2) 若 $\cos\left(\alpha-\frac{3\pi}{2}\right)=\frac{1}{5}$，求 $f(\alpha)$ 的值；

(3) 若 $\alpha=-1\ 860°$，求 $f(\alpha)$ 的值.

4. 三角函数的诱导公式(填下表).

α	正弦函数	余弦函数	正切函数
$\alpha+2k\pi$，$k\in\mathbf{Z}$			
$-\alpha$			
$\pi+\alpha$			
$\pi-\alpha$			
$2\pi-\alpha$			
$\frac{\pi}{2}-\alpha$			
$\frac{\pi}{2}+\alpha$			
$\frac{3\pi}{2}-\alpha$			
$\frac{3\pi}{2}+\alpha$			

5. 特殊角的三角函数值(填下表).

α 的度数	弧度	$\sin\alpha$	$\cos\alpha$	$\tan\alpha$	$\cot\alpha$
15°					
30°					
45°					
60°					
75°					
90°					
180°					

专题阅读

三角函数符号的由来

sine(正弦)一词始于阿拉伯人雷基奥蒙坦. 他是15世纪西欧数学界的领导人物，他于1464年完成的著作《论各种三角形》，1533年才出版，这是一本纯三角学的书，使三角学脱离天文学，成为一门独立的数学分科.

cosine(余弦)及cotangent(余切)为英国人冈特首先使用，最早在1620年出版的他所著的《炮兵测量学》中出现.

secant(正割)及tangent(正切)为丹麦数学家托马斯·芬克首创，最早见于他的《圆几何学》一书中.

cosecant(余割)一词为锐梯卡斯所创，最早见于他在1596年出版的《宫廷乐曲》一书.

1626年，阿贝尔特·格洛德最早推出简写的三角符号："sin""tan""sec". 1675年，英国人奥屈特最早推出余下的简写三角符号："cos""cot""csc". 但直到1748年，经过数学家欧拉的引用后，这些符号才逐渐通用起来.

第 6 章 平面向量

本章概述

在日常生活中，你在逆风中骑过自行车吗？你参加过拔河比赛吗？可以说，我们在生活中经常会碰到一些量．这些量除了要知道它们的大小外，还必须知道它们的方向，才能确切地描述它们．在数学中，这些量被称为“向量”．向量除了在日常生活中应用外，在数学上，如在三角、几何等中都有着重要的应用；向量也是研究运动学、力学、电学、宇航学、经济学等许多学科不可缺少的数学工具．

本章主要学习向量的概念、向量的线性运算、向量的坐标表示和向量的数量积等有关知识．

本章学习要求

1．理解向量、单位向量、零向量和平行向量的概念，知道如何表示向量．

2．理解向量的加法、减法和数乘的概念，能熟练地求出两个向量的和与差，理解数乘向量的几何意义．

3．理解向量的坐标表示，掌握坐标表示下的线性运算及两个向量平行的条件．

4．理解向量的数量积的概念，会求坐标表示下向量的数量积运算．

6.1 向量的概念

在本章概述中我们已经指出，在自然界中有很多量是既有大小又有方向的. 现在，为了减少学习难度，我们从生活实例出发，一步步地学习向量的概念及其运算.

(1)王刚同学今年 16 岁；

(2)小明用 50 min 做完家庭作业；

(3)用 120 N 的力向上拉一桶水；

(4)火车以 280 km/h 的速度由西向东行驶.

同学们，你知道以上四句话中涉及的年龄、时间、力、速度这些量有什么不同吗?

现在，同学们一定发现了，上述说法中的力和速度既有大小又有方向.

数学上称这样既有大小又有方向的量为**向量**；而将年龄和时间这种只有大小没有方向的量称为**数量**.

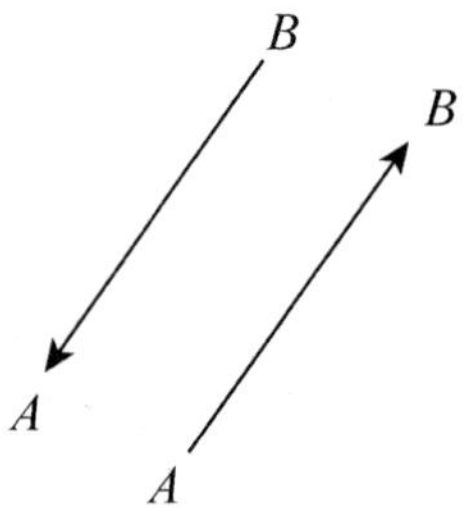

图 6-1

向量常常用带有箭头的线段来表示，它的长度表示向量的大小，箭头表示向量的方向. 如图 6-1 所示，若带箭头的线段起点为 A，终点为 B，则该向量可记作$\overrightarrow{AB}$；如果方向相反，则该向量可记作$\overrightarrow{BA}$. 向量也可以使用小写英文字母 $\boldsymbol{a}$，$\boldsymbol{b}$，$\boldsymbol{c}$ 等表示，这些字母印刷时用黑体，手写时应在字母上面加箭头，记作$\vec{a}$，$\vec{b}$，$\vec{c}$等.

向量的大小称为向量的**模**，向量 $\boldsymbol{a}$ 的模记作$|\boldsymbol{a}|$，向量$\overrightarrow{AB}$的模记作$|\overrightarrow{AB}|$.

模为零的向量称为**零向量**，记作 $\mathbf{0}$. 零向量的方向是任意的.

模为 1 的向量称为**单位向量**.

0 向量与数字 0 相同吗?

例 1 请找出图 6-2 中各向量的模，并指出其中的单位向量(小方格的边长记为 1).

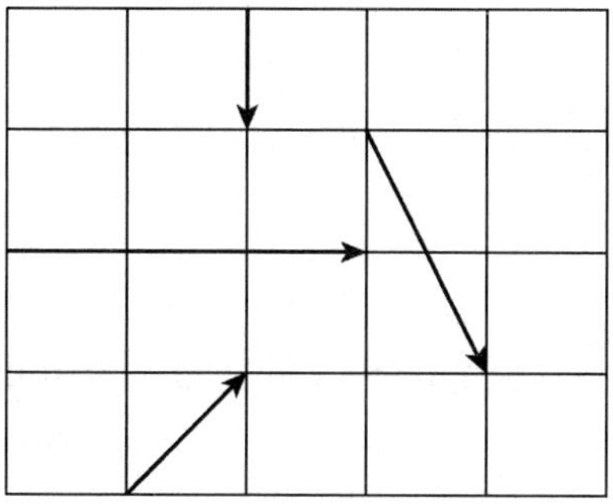

图 6-2

解 四个向量的模分别为 1，3，$\sqrt{2}$，$\sqrt{5}$.

例 2 姐妹两个在同一所中学读书，某天放学后，姐姐从学校(A 点)向正西方向走 1 km 直接回家(B 点)；妹妹从学校(A 点)向北走 0.5 km 到达报摊(C 点)，买完杂志后，再沿路线 CB 回家，姐妹两个的路程相等吗？位移相同吗？

解 路程是数量，姐姐走的路程是 1 km，妹妹走的总路程是：

$$0.5+\sqrt{1^2+0.5^2}=0.5+\frac{\sqrt{5}}{2}(\text{km}).$$

而位移是向量，虽然姐妹两个走的路线不同，但她们的起点相同，终点也相同，所以她们的位移是相同的，都是$\overrightarrow{AB}$，且位移大小为 1 km，方向是正西.

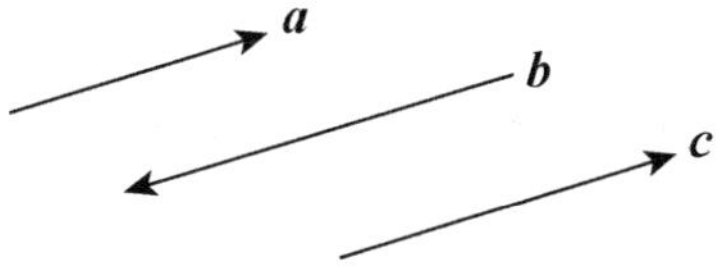

图 6-3

如图 6-3 所示，向量 $\boldsymbol{a}$ 与向量 $\boldsymbol{b}$ 的方向相同吗？在同一条直线上吗？向量 $\boldsymbol{a}$ 与向量 $\boldsymbol{c}$ 的方向相同吗？在同一条直线上吗？

一般地，方向相同或相反的两个非零向量叫作**相互平行的向量**.

由于任意一组平行向量都可以平移到同一条直线上，因此，平行向量又叫作**共线向量**.

如图 6-3 所示，向量 $\boldsymbol{a}$，$\boldsymbol{b}$，$\boldsymbol{c}$ 就是一组平行向量，记作

$$\boldsymbol{a}/\!/\boldsymbol{b}/\!/\boldsymbol{c}.$$

小贴士：零向量与任何向量平行.

在平行向量中，大小相等、方向相同的向量 $\boldsymbol{a}$ 与 $\boldsymbol{b}$ 叫作**相等向量**，记作

$$\boldsymbol{a}=\boldsymbol{b}$$

与非零向量 $\boldsymbol{a}$ 大小相等且方向相反的向量叫作 $\boldsymbol{a}$ 的**负向量**，记作 $-\boldsymbol{a}$.

例 3 如图 6-4 所示，点 O 是正六边形 $ABCDEF$ 的中心，分别写出图中与向量 $\overrightarrow{OA}$，$\overrightarrow{OB}$，$\overrightarrow{OC}$ 相等的向量.

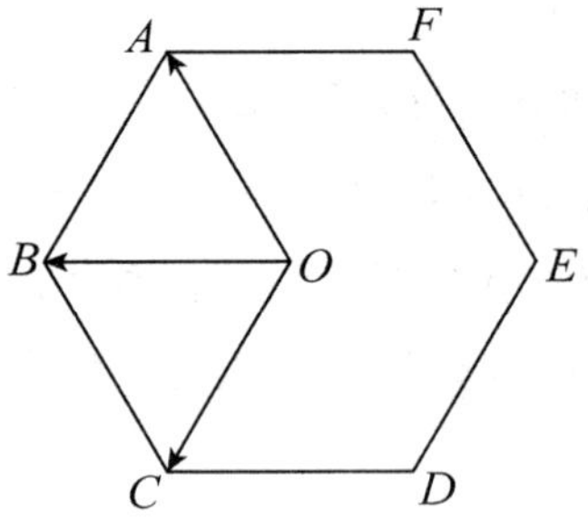

图 6-4

解

$$\overrightarrow{OA}=\overrightarrow{CB}=\overrightarrow{EF}=\overrightarrow{DO},$$
$$\overrightarrow{OB}=\overrightarrow{DC}=\overrightarrow{FA}=\overrightarrow{EO},$$
$$\overrightarrow{OC}=\overrightarrow{AB}=\overrightarrow{ED}=\overrightarrow{FO}.$$

思考题 6－1

两个向量相等，就一定平行吗？两个向量平行，就一定相等吗？

课堂练习 6－1

1. 画有向线段，分别表示竖直向上、长为 3 cm 和水平向左、长为 2 cm 的两条有向线段.

2. 非零向量 $\overrightarrow{AB}$ 和 $\overrightarrow{BA}$ 的方向一样吗？模一样吗？

3. 根据图 6-5 所示的平行四边形 $ABCD$，写出与$\overrightarrow{DA}$相等的向量、与$\overrightarrow{DC}$平行的向量及与$\overrightarrow{BC}$方向相反的向量.

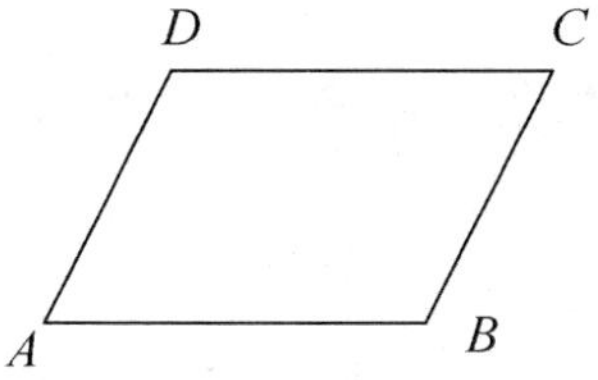

图 6-5

6.2 向量的线性运算

我们已经学习了向量概念，那么向量之间是否能像数与式一样进行运算？如果可以进行某种运算，那么这些运算又将遵循什么样的运算法则？在本节中，我们就来探讨这些问题.

6.2.1 向量的加减法

五一期间，小杰去北京奥林匹克公园参观游览，他首先想要参观的是国家体育场(鸟巢)，走到 A 处突然发现迷失了方向，此时恰巧遇上公园的工作人员，于是上前询问，工作人员告诉他：从此处向北走 2 km 可到达国家游泳馆(水立方)，再向东走 2 km 即到达鸟巢，请问鸟巢在 A 处的什么位置？

我们可以画出小杰得到的指路示意图(图 6-6)，由图 6-6 可以看出，鸟巢在 A 处的东北方向，距 A 处 $2\sqrt{2}$ km.

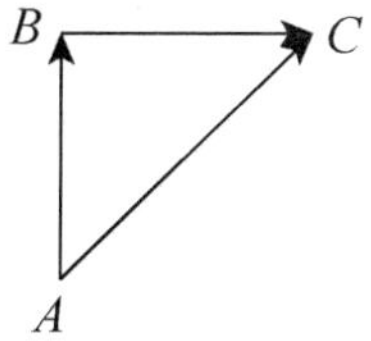

图 6-6

在物理上，位移$\overrightarrow{AC}$叫作位移$\overrightarrow{AB}$和位移$\overrightarrow{BC}$的和，记作$\overrightarrow{AC}=\overrightarrow{AB}+\overrightarrow{BC}$.

一般地，设向量 $\boldsymbol{a}$ 与向量 $\boldsymbol{b}$ 不共线，在平面上任取一点 O(图 6-7)，作$\overrightarrow{OA}=\boldsymbol{a}$，$\overrightarrow{AB}=\boldsymbol{b}$，则向量$\overrightarrow{OB}$叫作向量 $\boldsymbol{a}$ 与向量 $\boldsymbol{b}$ 的和，记作 $\boldsymbol{a}+\boldsymbol{b}$，即

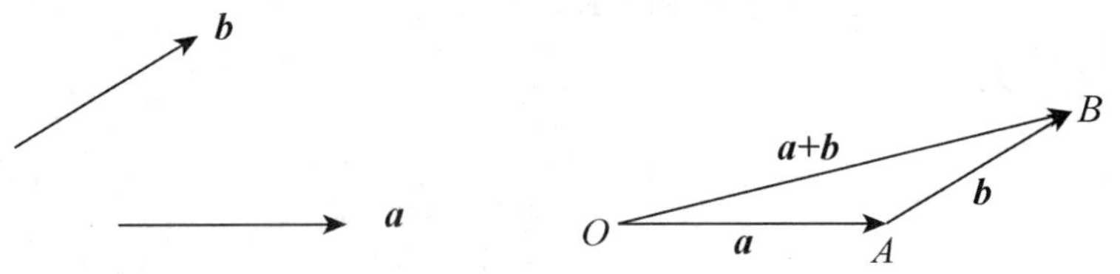

图 6-7

$$\boldsymbol{a}+\boldsymbol{b}=\overrightarrow{OA}+\overrightarrow{AB}=\overrightarrow{OB}.$$

求向量和的运算叫作**向量的加法**. 上述规定求向量和的方法叫作**向量加法的三角形法则**.

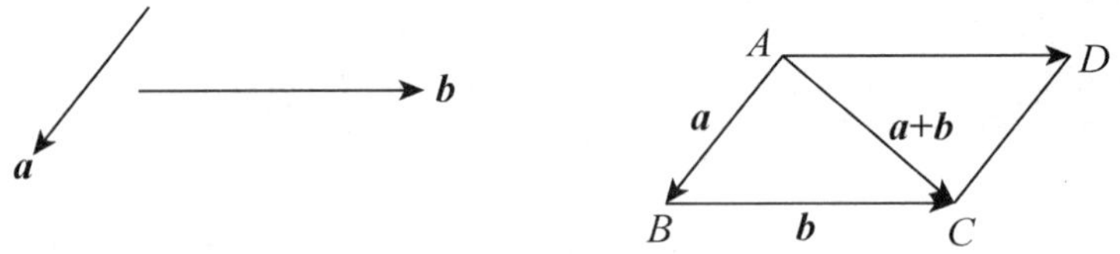

图 6-8

如图 6-8 所示，在平行四边形 $ABCD$ 中，由于$\overrightarrow{AD}=\overrightarrow{BC}$，所以，根据三角形法则有

$$\overrightarrow{AB}+\overrightarrow{BC}=\overrightarrow{AB}+\overrightarrow{AD}=\overrightarrow{AC}.$$

这表明，以同一点 A 为起点的两个已知向量 $\boldsymbol{a}$，$\boldsymbol{b}$ 为邻边作平行四边形 $ABCD$，那么以 A 为起点的对角线向量$\overrightarrow{AC}$就是向量 $\boldsymbol{a}$ 与向量 $\boldsymbol{b}$ 的和. 这种求不共线向量和的方法叫作**平行四边形法则**.

例 1 如图 6-9 所示，已知向量 $\boldsymbol{a}$ 与向量 $\boldsymbol{b}$，且 $\boldsymbol{a}/\!/\boldsymbol{b}$，求 $\boldsymbol{a}+\boldsymbol{b}$.

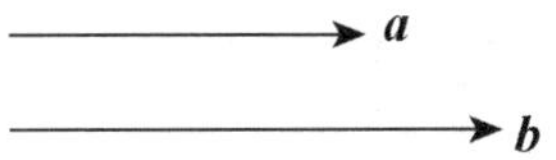

图 6-9

解 如图 6-10 所示.

图 6-10

例 2 在中心为 O 的正六边形(图 6-11)中，求出$\overrightarrow{AB}+\overrightarrow{BC}$，$\overrightarrow{AB}+\overrightarrow{AF}$，$\overrightarrow{CD}+\overrightarrow{DE}+\overrightarrow{EF}$.

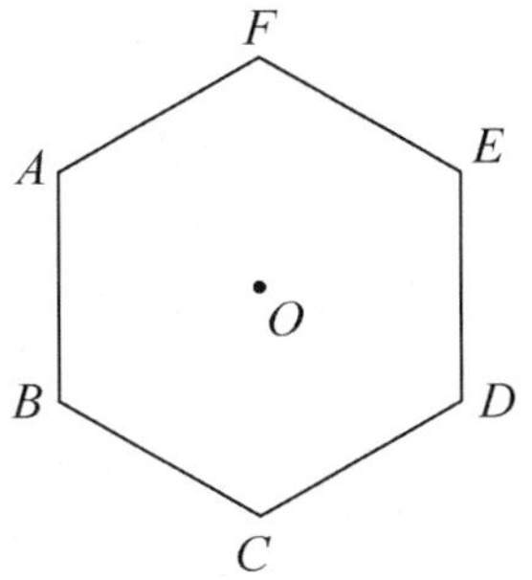

图 6-11

解 $\overrightarrow{AB}+\overrightarrow{BC}=\overrightarrow{AC}$，

$\overrightarrow{AB}+\overrightarrow{AF}=\overrightarrow{AO}$，

$\overrightarrow{CD}+\overrightarrow{DE}+\overrightarrow{EF}=\overrightarrow{CF}$.

下面我们讨论向量的减法运算．与数的减法是加法的逆运算一样，向量加法的逆运算就是向量的减法运算.

一般地，设向量 $\boldsymbol{a}$ 与向量 $\boldsymbol{b}$ 不共线，在平面上任取一点 O(图 6-12)，作$\overrightarrow{OA}=\boldsymbol{a}$，$\overrightarrow{OB}=\boldsymbol{b}$，则向量$\overrightarrow{BA}$叫作向量 $\boldsymbol{a}$ 与向量 $\boldsymbol{b}$ 的差，记作 $\boldsymbol{a}-\boldsymbol{b}$，即

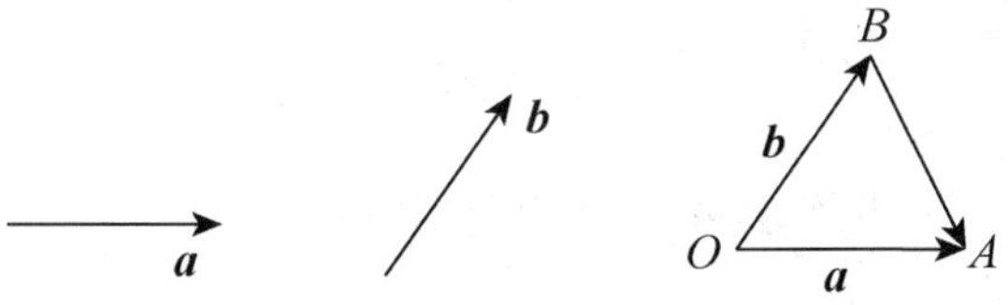

图 6-12

$$\boldsymbol{a}-\boldsymbol{b}=\overrightarrow{OA}-\overrightarrow{OB}=\overrightarrow{BA}.$$

这表明，如果把两个向量的始点放在一起，则这两个向量的差就是以减向量的终点为起点，被减向量的终点为终点的向量.

显然，$\boldsymbol{a}-\boldsymbol{a}=\boldsymbol{0}$.

例 3 如图 6-13(a)、图 6-13(b)所示，向量$\overrightarrow{OA}$，$\overrightarrow{OB}$同是从点 O 引出的向量，分别记为 $\boldsymbol{a}$，$\boldsymbol{b}$，试分别在图 6-13(a)、图 6-13(b)中做出 $\boldsymbol{a}-\boldsymbol{b}$ 和 $\boldsymbol{b}-\boldsymbol{a}$.

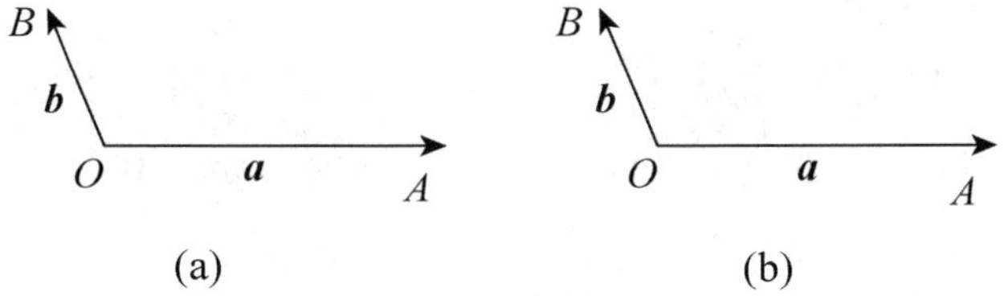

图 6-13

解 如图 6-14 所示.

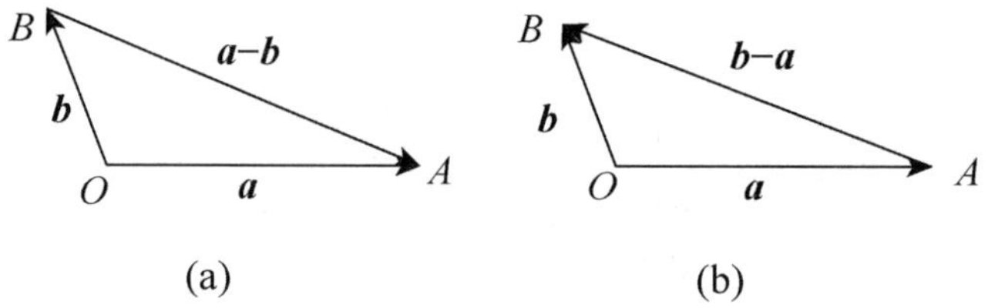

图 6-14

6.2.2 向量的数乘运算

我们知道，实数的乘法运算是从相同加数的加法运算引入的. 比如，$2+2+2=3\times2$. 这里，我们做类似的思考，引入向量的另一种运算：数乘向量.

图 6-15

如图 6-15 所示，已知向量 $\boldsymbol{a}$，可以作出：

(1)$\overrightarrow{OC}=\boldsymbol{a}+\boldsymbol{a}+\boldsymbol{a}$；

(2)$\overrightarrow{DG}=-\boldsymbol{a}-\boldsymbol{a}-\boldsymbol{a}$.

类似于实数的乘法，(1)(2)式可分别记作$\overrightarrow{OC}=3\boldsymbol{a}$，$\overrightarrow{DG}=-3\boldsymbol{a}$. 由图 6-15 可以看出，$3\boldsymbol{a}$ 的方向与 $\boldsymbol{a}$ 的方向相同，长度等于 $3|\boldsymbol{a}|$；$-3\boldsymbol{a}$ 的方向与 $\boldsymbol{a}$ 的方向相反，但长度仍等于 $3|\boldsymbol{a}|$.

一般地，我们规定任意实数 l 与向量 $\boldsymbol{a}$ 的乘积是一个向量，记作 $l\boldsymbol{a}$，这种运算叫作**数乘运算**. 其中，$l\boldsymbol{a}$ 的长度和方向规定如下.

(1)$|l\boldsymbol{a}|=|l||\boldsymbol{a}|$.

(2)$l\boldsymbol{a}(\boldsymbol{a}\neq\boldsymbol{0})$的方向：当 $l>0$ 时，$l\boldsymbol{a}$ 与向量 $\boldsymbol{a}$ 的方向相同；当 $l<0$时，$l\boldsymbol{a}$ 与向量 $\boldsymbol{a}$ 的方向相反；当 $l=0$ 时，$l\boldsymbol{a}=\boldsymbol{0}$.

(3)当 $\boldsymbol{a}=\boldsymbol{0}$ 时，$l\boldsymbol{a}=\boldsymbol{0}$.

容易看出，数乘向量的几何意义就是把向量 $\boldsymbol{a}$ 沿着 $\boldsymbol{a}$ 的方向或 $\boldsymbol{a}$ 的反方向拉伸或者收缩.

数乘向量运算满足下列运算规律.

(1) $l(m\boldsymbol{a})=(lm)\boldsymbol{a}$；

(2) $(l+m)\boldsymbol{a}=l\boldsymbol{a}+m\boldsymbol{a}$；

(3) $l(\boldsymbol{a}+\boldsymbol{b})=l\boldsymbol{a}+l\boldsymbol{b}$.

向量的加减法、数乘运算统称为向量的**线性运算**.

例 4 计算下列各式.

(1) $3(\boldsymbol{a}+\boldsymbol{b})-2(\boldsymbol{a}-\boldsymbol{b})$；　　(2) $2\times\left(-\frac{1}{6}\boldsymbol{a}\right)$.

解 (1) $3(\boldsymbol{a}+\boldsymbol{b})-2(\boldsymbol{a}-\boldsymbol{b})=3\boldsymbol{a}+3\boldsymbol{b}-2\boldsymbol{a}+2\boldsymbol{b}$

$$=(3\boldsymbol{a}-2\boldsymbol{a})+(3\boldsymbol{b}+2\boldsymbol{b})=\boldsymbol{a}+5\boldsymbol{b}.$$

(2) $2\times\left(-\frac{1}{6}\boldsymbol{a}\right)=\left(-2\times\frac{1}{6}\right)\boldsymbol{a}=-\frac{1}{3}\boldsymbol{a}$.

例 5 如图 6-16 所示，在△ABC 中，已知 $\overrightarrow{AB}=\boldsymbol{a}$，$\overrightarrow{AC}=\boldsymbol{b}$，$E$，$F$ 分别是 AB，AC 边的中点，试用向量 $\boldsymbol{a}$ 与向量 $\boldsymbol{b}$ 表示 $\overrightarrow{EF}$.

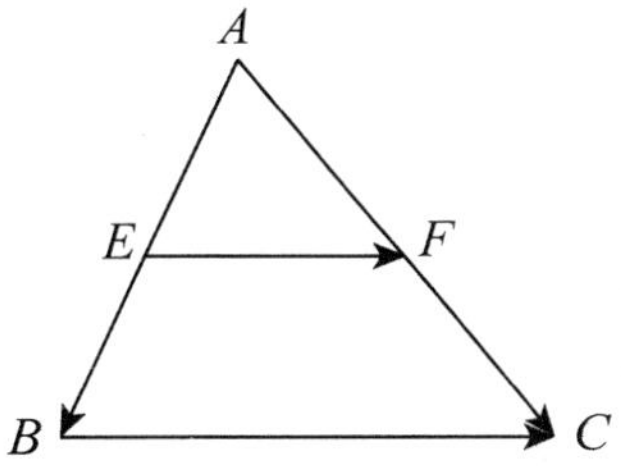

图 6-16

解 由向量的减法可知

$$\overrightarrow{BC}=\overrightarrow{AC}-\overrightarrow{AB}=\boldsymbol{b}-\boldsymbol{a},$$

因为 E，F 分别是 AB，AC 边的中点，所以有

$$\overrightarrow{EF}=\frac{1}{2}\overrightarrow{BC}=\frac{1}{2}(\boldsymbol{b}-\boldsymbol{a})=\frac{1}{2}\boldsymbol{b}-\frac{1}{2}\boldsymbol{a}.$$

例 6 设 $\boldsymbol{x}$ 是未知向量，解方程

$$3\boldsymbol{a}+4(\boldsymbol{b}-\boldsymbol{x})=0.$$

解 原式可变形为

$$3\boldsymbol{a}+4\boldsymbol{b}-4\boldsymbol{x}=0,$$

$$4\boldsymbol{x}=3\boldsymbol{a}+4\boldsymbol{b},$$

$$\boldsymbol{x}=\frac{3}{4}\boldsymbol{a}+\boldsymbol{b}.$$

由向量平行和数乘向量的定义可以直接推知，对于非零向量 $\boldsymbol{a}$ 与 $\boldsymbol{b}$，如果 $\boldsymbol{a}=l\boldsymbol{b}$，则由于 $l\boldsymbol{b}$ 与向量 $\boldsymbol{b}$ 的方向相同或相反，所以 $l\boldsymbol{b}$ 与 $\boldsymbol{b}$ 是共线向量，即 $\boldsymbol{a}/\!/\boldsymbol{b}$. 反过来，如果 $\boldsymbol{a}/\!/\boldsymbol{b}$，则必存在一个实数 l，使 $\boldsymbol{a}=l\boldsymbol{b}$.

一般地，对于非零向量 $\boldsymbol{a}$ 与 $\boldsymbol{b}$，当 $\lambda\neq0$ 时，有

$$\boldsymbol{a}/\!/\boldsymbol{b}\Leftrightarrow\boldsymbol{a}=\lambda\boldsymbol{b},$$

即两个非零向量 $\boldsymbol{a}$，$\boldsymbol{b}$ 平行的充要条件是 $\boldsymbol{a}=\lambda\boldsymbol{b}$.

例 7 如图 6-17 所示，已知 E，F 分别是 $\triangle ABC$ 的边 AB，AC 的中点，试证：

$$EF=\frac{1}{2}BC，且\ EF/\!/BC.$$

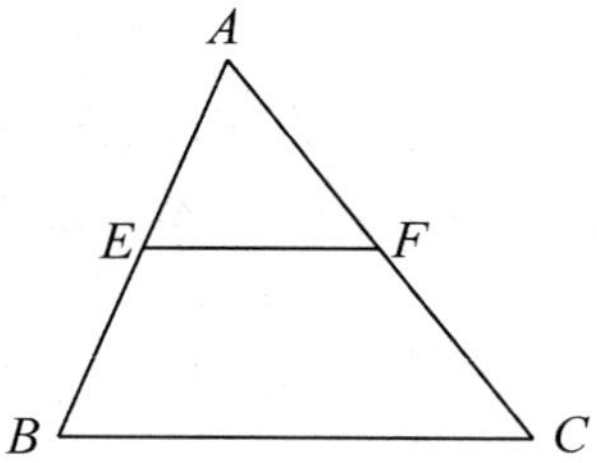

图 6-17

证明 由于 E，F 分别是边 AB，AC 的中点，所以

$$\overrightarrow{AE}=\frac{1}{2}\overrightarrow{AB},\ \overrightarrow{AF}=\frac{1}{2}\overrightarrow{AC},$$

$$\begin{aligned}\overrightarrow{EF}=\overrightarrow{AF}-\overrightarrow{AE}&=\frac{1}{2}\overrightarrow{AC}-\frac{1}{2}\overrightarrow{AB}\\&=\frac{1}{2}(\overrightarrow{AC}-\overrightarrow{AB})\\&=\frac{1}{2}\overrightarrow{BC},\end{aligned}$$

从而可得

$$EF/\!/BC，且\ EF=\frac{1}{2}BC.$$

思考题 6-2

1. 当两个向量共线时，若求其和，三角形法则还能适用吗？
2. $0\boldsymbol{a}=0$，$\lambda\boldsymbol{0}=0$ 正确吗？

课堂练习 6-2

1. 在平面内任意画出两个不共线的向量，分别用向量加法的三角形法则和平行四边形法则求两个向量的和.

2. 用向量加法的三角形法则验证 $(\boldsymbol{a}+\boldsymbol{b})+\boldsymbol{c}$ 与 $\boldsymbol{a}+(\boldsymbol{b}+\boldsymbol{c})$ 是否相等.

3. 填空.

(1) $\overrightarrow{AB}-\overrightarrow{AC}=$________；$\overrightarrow{OB}-\overrightarrow{OD}=$________；$\overrightarrow{CD}-\overrightarrow{CD}=$________.

(2) $\sqrt{3}\boldsymbol{a}$ 的方向与 $\boldsymbol{a}$ 的方向________，$\sqrt{3}\boldsymbol{a}$ 的长度是 $\boldsymbol{a}$ 的长度的________倍；$-4\boldsymbol{a}$ 的方向与 $\boldsymbol{a}$ 的方向________，$-4\boldsymbol{a}$ 的长度是 $\boldsymbol{a}$ 的长度的________倍.

4. 计算.

(1)$5\times\left(-\frac{3}{5}\right)\boldsymbol{a}$;　　(2)$3(\boldsymbol{a}+2\boldsymbol{b}-\boldsymbol{c})+\frac{1}{2}(6\boldsymbol{a}-2\boldsymbol{b}+\boldsymbol{c})$.

5. 已知在△ABC中，$\overrightarrow{AM}=\frac{1}{3}\overrightarrow{AB}$，$\overrightarrow{AN}=\frac{1}{3}\overrightarrow{AC}$，求证$MN\parallel BC$，并且$MN=\frac{1}{3}BC$.

6.3 向量的坐标表示

前面，我们已经知道向量可以利用几何方法来表示，那么，当我们知道平面直角坐标系内某点的坐标时，以原点为起点，该点为终点的向量，是否可以用这个点的坐标表示出来呢？在本节中，我们就给大家解决这样的问题.

6.3.1 向量的坐标表示

在平面直角坐标系中，我们一般会用 $\boldsymbol{i}$ 表示 x 轴上的单位向量，用 $\boldsymbol{j}$ 表示 y 轴上的单位向量，如图 6-18 所示. 同学们，考虑一下，你能把图中的向量$\overrightarrow{OB}$用含有 $\boldsymbol{i}$，$\boldsymbol{j}$ 的表达式表示出来吗？

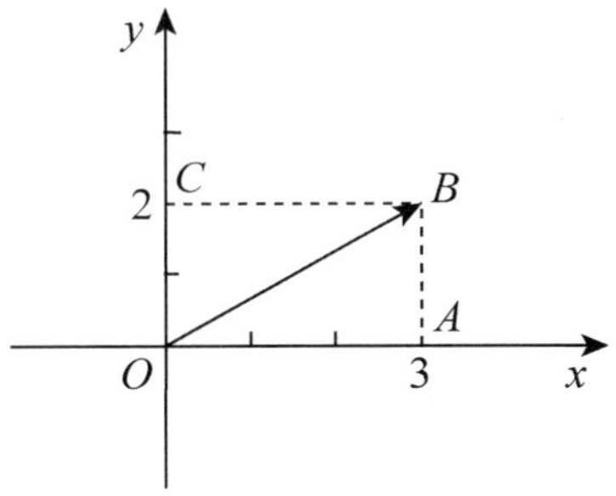

图 6-18

通过观察我们可以发现，在图 6-18 中，$\overrightarrow{OC}=\overrightarrow{AB}$；根据向量的数乘运算可得

$$\overrightarrow{OC}=2\boldsymbol{j},\ \overrightarrow{OA}=3\boldsymbol{i}.$$

由向量加法的平行四边形法则得

$$\overrightarrow{OB}=\overrightarrow{OA}+\overrightarrow{OC}=3\boldsymbol{i}+2\boldsymbol{j}.$$

在坐标轴上分别与 x 轴、y 轴方向相同的单位向量，称为**基本单位向量**，分别用 $\boldsymbol{i}$，$\boldsymbol{j}$ 表示.

一般地，如图 6-19 所示，设 $M(x_0, y_0)$是平面直角坐标系中的任意一点，则向量$\overrightarrow{OM}$的坐标表达式为

$$\overrightarrow{OM}=x_0\boldsymbol{i}+y_0\boldsymbol{j}=(x_0, y_0).$$

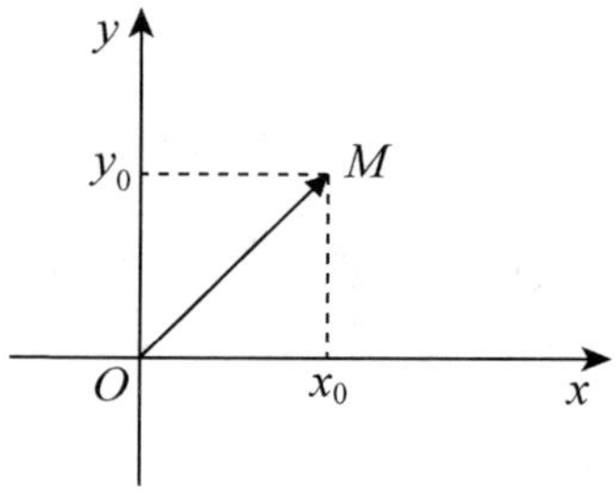

图 6-19

例 1　设点 A 的坐标为(2，1)，写出向量$\overrightarrow{OA}$的坐标表达式.

解　$\overrightarrow{OA}=2\boldsymbol{i}+\boldsymbol{j}=(2, 1)$.

给定平面直角坐标系中的两点 $M(x_1, y_1)$，$N(x_2, y_2)$，则以 M 为起点，以 N 为终点的向量为

$$\overrightarrow{MN}=\overrightarrow{ON}-\overrightarrow{OM}.$$

如图 6-20 所示，O 是坐标原点.

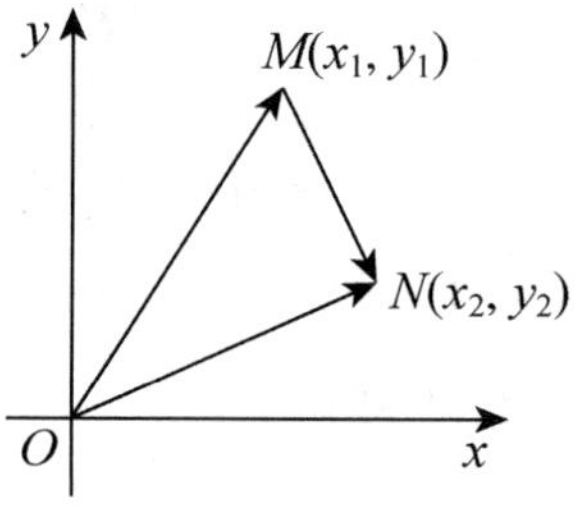

图 6-20

容易得

$$\overrightarrow{OM}=x_1\boldsymbol{i}+y_1\boldsymbol{j},\ \overrightarrow{ON}=x_2\boldsymbol{i}+y_2\boldsymbol{j},$$

从而

$$\begin{aligned}\overrightarrow{MN}&=(x_2\boldsymbol{i}+y_2\boldsymbol{j})-(x_1\boldsymbol{i}+y_1\boldsymbol{j})\\&=(x_2-x_1)\boldsymbol{i}+(y_2-y_1)\boldsymbol{j}\\&=(x_2-x_1,\ y_2-y_1).\end{aligned}$$

例 2　写出 $\boldsymbol{i}$，$\boldsymbol{j}$ 的坐标表达式.

解　由于 $\boldsymbol{i}=1\times\boldsymbol{i}+0\times\boldsymbol{j}$，$\boldsymbol{j}=0\times\boldsymbol{i}+1\times\boldsymbol{j}$，所以可得

$$\boldsymbol{i}=(1,\ 0),\ \boldsymbol{j}=(0,\ 1).$$

例 3　已知点 $A(1, 2)$，$B(3, 3)$，求向量$\overrightarrow{AB}$，$\overrightarrow{BA}$.

解　$\overrightarrow{AB}=(3-1, 3-2)=(2, 1)$，

$\overrightarrow{BA}=(1-3, 2-3)=(-2, -1)$.

6.3.2 坐标表示下的向量运算

设向量 $\boldsymbol{a}=(x_1, y_1)$，$\boldsymbol{b}=(x_2, y_2)$.

(1)能否求出 $\boldsymbol{a}+\boldsymbol{b}$，$\boldsymbol{a}-\boldsymbol{b}$，$\lambda\boldsymbol{a}$ 的坐标表示？

(2)在向量的坐标表示下，如何判断两个向量相等？

(3)在向量的坐标表示下，如何判断两个向量平行？

通过前面的学习，我们可以很容易地算出

$\boldsymbol{a}+\boldsymbol{b}=(x_1, y_1)+(x_2, y_2)=(x_1+x_2, y_1+y_2)$，

$\boldsymbol{a}-\boldsymbol{b}=(x_1, y_1)-(x_2, y_2)=(x_1-x_2, y_1-y_2)$，

$\lambda\boldsymbol{a}=\lambda(x_1, y_1)$.

例 4 已知向量 $\boldsymbol{a}=(-2, 3)$，$\boldsymbol{b}=(1, 2)$，求 $\boldsymbol{a}+\boldsymbol{b}$，$3\boldsymbol{a}-2\boldsymbol{b}$.

解 $\boldsymbol{a}+\boldsymbol{b}=(-2, 3)+(1, 2)=(-1, 5)$，

$3\boldsymbol{a}-2\boldsymbol{b}=3\times(-2, 3)-2\times(1, 2)=(-6, 9)-(2, 4)=(-8, 5)$.

在向量的坐标表示下，由于向量的坐标表达式是唯一的，因此，两个向量相等的充要条件是对应的坐标分别相等，即

$$\boldsymbol{a}=\boldsymbol{b}\Leftrightarrow x_1=x_2,\ y_1=y_2.$$

例 5 已知向量 $\boldsymbol{a}=(x, y+1)$ 与 $\boldsymbol{b}=(2-x, 2)$ 相等，求 x，y 的值.

解 由 $\boldsymbol{a}=\boldsymbol{b}$ 可得

$$\begin{cases}x=2-x,\\ y+1=2.\end{cases}$$

解之得

$$x=1,\ y=1.$$

在向量的坐标表示下，由 $\boldsymbol{a}/\!/\boldsymbol{b}\Leftrightarrow\boldsymbol{a}=\lambda\boldsymbol{b}$ 还可以得出下列结论.

当 $\boldsymbol{a}\neq\boldsymbol{0}$，$\boldsymbol{b}\neq\boldsymbol{0}$ 时，$\boldsymbol{a}/\!/\boldsymbol{b}$ 的充要条件是 $(x_1, y_1)=\lambda(x_2, y_2)$，即

$$\begin{cases}x_1=\lambda x_2,\\ y_1=\lambda y_2.\end{cases}\Leftrightarrow\lambda=\frac{x_1}{x_2}=\frac{y_1}{y_2},$$

整理得

$$x_1y_2-x_2y_1=0.$$

这就是说，$\boldsymbol{a}/\!/\boldsymbol{b}$ 的充要条件是 $x_1y_2-x_2y_1=0$，即

$$\boldsymbol{a}/\!/\boldsymbol{b}\Leftrightarrow x_1y_2-x_2y_1=0.$$

例 6 设向量 $\boldsymbol{a}=(2, 3)$，$\boldsymbol{b}=(x, -6)$，且 $\boldsymbol{a}/\!/\boldsymbol{b}$，求 x.

解 因为 $\boldsymbol{a}/\!/\boldsymbol{b}$，由平行的充要条件可得

$$x_1y_2-x_2y_1=2\times(-6)-3\times x=0,$$

故 $x=-4$.

思考题 6-3

平面内的任意一个向量都可以用基本单位向量 $\boldsymbol{i}$，$\boldsymbol{j}$ 表示吗？

课堂练习 6-3

1. 已知 A，B 两点的坐标，求向量$\overrightarrow{AB}$，$\overrightarrow{BA}$的坐标.

(1)$A(5,\ -3)$，$B(2,\ 1)$； (2)$A(1,\ 4)$，$B(-2,\ 1)$.

2. 已知向量 $\boldsymbol{a}=\boldsymbol{b}$，并且 $\boldsymbol{a}=(x+3,\ 2-y)$，$\boldsymbol{b}=(y+2,\ x-3)$，求实数 x，y 的值.

3. 在平面直角坐标系内，已知点 A，B，C，D 的坐标分别是$(2,\ 1)$，$(-1,\ -3)$，$(0,\ 4)$，$(3,\ y)$，若$\overrightarrow{AB}/\!/\overrightarrow{DC}$，求点 D 的纵坐标.

4. 根据下列 $\boldsymbol{a}$，$\boldsymbol{b}$ 的坐标，求 $\boldsymbol{a}+3\boldsymbol{b}$，$2\boldsymbol{a}-\boldsymbol{b}$，$2\boldsymbol{a}+3\boldsymbol{b}$.

(1)$\boldsymbol{a}=(3,\ 4)$，$\boldsymbol{b}=(0,\ -1)$； (2)$\boldsymbol{a}=\left(\frac{1}{2},\ 4\right)$，$\boldsymbol{b}=\left(1,\ -\frac{1}{3}\right)$.

6.4 向量的数量积

有了前面向量的坐标表示后，我们就可以进一步学习平面向量的数量积的概念，并可以通过数量积来求两个向量的夹角的大小.

6.4.1 向量的数量积的概念

如图 6-21 所示，一个力 $\boldsymbol{F}$ 作用于一辆小车，使小车沿水平方向前进，若力 $\boldsymbol{F}$ 与水平方向的夹角为 θ，小车前进的位移为 $\boldsymbol{s}$，则这个过程中力 $\boldsymbol{F}$ 做的功是多少？

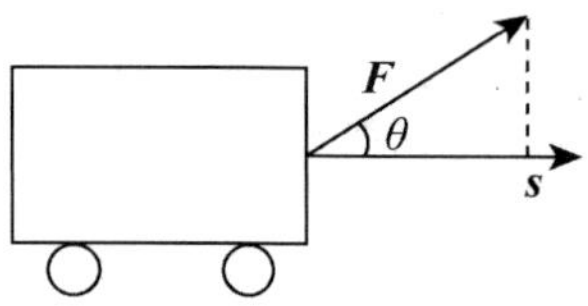

图 6-21

通过分析，我们可以得出力 $\boldsymbol{F}$ 在 x 轴方向的分力大小为 $F_x=|\boldsymbol{F}|\cos\theta$，所以，在小车前进位移 $\boldsymbol{s}$ 的过程中，力 $\boldsymbol{F}$ 做的功为

$$W=|\boldsymbol{F}|\,|\boldsymbol{s}|\cos\theta.$$

小贴士：两个向量的乘积是一个数量.

现在，我们以计算力做功为背景，引入下面向量的数量积的概念.

一般地，设有两个非零向量 $\boldsymbol{a}$，$\boldsymbol{b}$，作 $\overrightarrow{OA}=\boldsymbol{a}$，$\overrightarrow{OB}=\boldsymbol{b}$，则 $\angle AOB$ 称作向量 $\boldsymbol{a}$ 与向量 $\boldsymbol{b}$ 的**夹角**(图 6-22)，记作 $\theta=\langle\boldsymbol{a},\boldsymbol{b}\rangle$，并规定 $0°\leqslant\theta\leqslant 180°$.

如果向量 $\boldsymbol{a}$，$\boldsymbol{b}$ 的方向相同，则 $\theta=0°$；如果向量 $\boldsymbol{a}$，$\boldsymbol{b}$ 的方向相反，则 $\theta=180°$. 上述结论反过来也成立.

如果向量 $\boldsymbol{a}$，$\boldsymbol{b}$ 的夹角是 $90°$，我们说向量 $\boldsymbol{a}$ 与向量 $\boldsymbol{b}$ 互相垂直，记作 $\boldsymbol{a}\perp\boldsymbol{b}$.

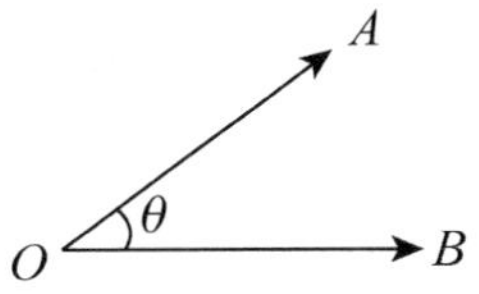

图 6-22

一般地，已知两个非零向量 $\boldsymbol{a}$ 与 $\boldsymbol{b}$，它们的夹角为 θ，那么 $|\boldsymbol{a}||\boldsymbol{b}|\cos\theta$ 叫作向量 $\boldsymbol{a}$ 与 $\boldsymbol{b}$ 的**数量积**，记作 $\boldsymbol{a}\cdot\boldsymbol{b}$，读作"$\boldsymbol{a}$ 点乘 $\boldsymbol{b}$"，即

$$\boldsymbol{a}\cdot\boldsymbol{b}=|\boldsymbol{a}||\boldsymbol{b}|\cos\theta.$$

由于 $|\boldsymbol{a}|$，$|\boldsymbol{b}|$，$\cos\theta$ 都是实数，所以 $\boldsymbol{a}$ 与 $\boldsymbol{b}$ 的数量积也是一个实数，并且由数量积的定义可知

$$\boldsymbol{a}\cdot\boldsymbol{0}=\boldsymbol{0}\cdot\boldsymbol{a}=0.$$

例 1 已知 $|\boldsymbol{a}|=10$，$|\boldsymbol{b}|=2\sqrt{3}$，$\boldsymbol{a}$ 与 $\boldsymbol{b}$ 的夹角为 $30°$，求 $\boldsymbol{a}\cdot\boldsymbol{b}$.

解 $$\boldsymbol{a}\cdot\boldsymbol{b}=|\boldsymbol{a}||\boldsymbol{b}|\cos\theta=10\times2\sqrt{3}\times\frac{\sqrt{3}}{2}=30.$$

例 2 已知基本单位向量 $\boldsymbol{i}$，$\boldsymbol{j}$ 是互相垂直的单位向量，求 $\boldsymbol{i}\cdot\boldsymbol{i}$，$\boldsymbol{j}\cdot\boldsymbol{j}$，$\boldsymbol{i}\cdot\boldsymbol{j}$.

解 $\boldsymbol{i}\cdot\boldsymbol{i}=|\boldsymbol{i}|^2=1$，$\boldsymbol{j}\cdot\boldsymbol{j}=|\boldsymbol{j}|^2=1$，$\boldsymbol{i}\cdot\boldsymbol{j}=|\boldsymbol{i}||\boldsymbol{j}|\cos 90°=0$.

根据向量数量积的定义，可以得到下面一些关于数量积的运算性质.

(1)$\boldsymbol{a}\cdot\boldsymbol{a}=|\boldsymbol{a}||\boldsymbol{a}|\cos 0°=|\boldsymbol{a}|^2$，即有

$$|\boldsymbol{a}|=\sqrt{\boldsymbol{a}\cdot\boldsymbol{a}}.$$

(2)当 $\boldsymbol{a}\neq\boldsymbol{0}$，且 $\boldsymbol{b}\neq\boldsymbol{0}$ 时，$\boldsymbol{a}$，$\boldsymbol{b}$ 的夹角余弦为

$$\cos\theta=\frac{\boldsymbol{a}\cdot\boldsymbol{b}}{|\boldsymbol{a}||\boldsymbol{b}|}.$$

(3)对于两个非零向量 $\boldsymbol{a}$，$\boldsymbol{b}$，有下式成立.

$$\boldsymbol{a}\perp\boldsymbol{b}\Leftrightarrow\boldsymbol{a}\cdot\boldsymbol{b}=0.$$

(4)对任意向量 $\boldsymbol{a}$，$\boldsymbol{b}$，$\boldsymbol{c}$ 及实数 λ，有下列运算规律.

交换律：$\boldsymbol{a}\cdot\boldsymbol{b}=\boldsymbol{b}\cdot\boldsymbol{a}$；

结合律：$\lambda(\boldsymbol{a}\cdot\boldsymbol{b})=\boldsymbol{a}\cdot(\lambda\boldsymbol{b})=(\lambda\boldsymbol{a})\cdot\boldsymbol{b}$；

分配律：$(\boldsymbol{a}+\boldsymbol{b})\cdot\boldsymbol{c}=\boldsymbol{a}\cdot\boldsymbol{c}+\boldsymbol{b}\cdot\boldsymbol{c}$.

例 3　已知 $|\boldsymbol{a}|=6$，$|\boldsymbol{b}|=3$，$\boldsymbol{a}$ 与 $\boldsymbol{b}$ 的夹角为 $60°$，求 $(\boldsymbol{a}-2\boldsymbol{b})\cdot\boldsymbol{b}$.

解

$$\begin{aligned}(\boldsymbol{a}-2\boldsymbol{b})\cdot\boldsymbol{b}&=\boldsymbol{a}\cdot\boldsymbol{b}-2\boldsymbol{b}\cdot\boldsymbol{b}\\&=|\boldsymbol{a}||\boldsymbol{b}|\cos 60°-2|\boldsymbol{b}|^2\\&=6\times3\times\frac{1}{2}-2\times3^2\\&=-9.\end{aligned}$$

6.4.2　坐标表示下向量的数量积

有了上述给出的向量的数量积的运算律，我们就可以利用向量的坐标计算向量的数量积.

设向量 $\boldsymbol{a}=(x_1, y_1)=x_1\boldsymbol{i}+y_1\boldsymbol{j}$，$\boldsymbol{b}=(x_2, y_2)=x_2\boldsymbol{i}+y_2\boldsymbol{j}$，则

$$\begin{aligned}\boldsymbol{a}\cdot\boldsymbol{b}&=(x_1\boldsymbol{i}+y_1\boldsymbol{j})\cdot(x_2\boldsymbol{i}+y_2\boldsymbol{j})\\&=x_1\boldsymbol{i}\cdot x_2\boldsymbol{i}+x_1\boldsymbol{i}\cdot y_2\boldsymbol{j}+y_1\boldsymbol{j}\cdot x_2\boldsymbol{i}+y_1\boldsymbol{j}\cdot y_2\boldsymbol{j}\\&=(x_1x_2)\boldsymbol{i}\cdot\boldsymbol{i}+(x_1y_2)\boldsymbol{i}\cdot\boldsymbol{j}+(y_1x_2)\boldsymbol{j}\cdot\boldsymbol{i}+(y_1y_2)\boldsymbol{j}\cdot\boldsymbol{j}\\&=x_1x_2+y_1y_2.\end{aligned}$$

故向量 $\boldsymbol{a}=(x_1, y_1)$ 与向量 $\boldsymbol{b}=(x_2, y_2)$ 的数量积等于其相应坐标乘积的和.

应用数量积，结合数量积的运算性质我们可得

$$|\boldsymbol{a}|=\sqrt{\boldsymbol{a}\cdot\boldsymbol{a}}=\sqrt{x_1^2+y_1^2},$$

$$\cos\theta=\frac{\boldsymbol{a}\cdot\boldsymbol{b}}{|\boldsymbol{a}||\boldsymbol{b}|}=\frac{x_1x_2+y_1y_2}{\sqrt{x_1^2+y_1^2}\sqrt{x_2^2+y_2^2}},$$

$$\boldsymbol{a}\perp\boldsymbol{b}\Leftrightarrow\boldsymbol{a}\cdot\boldsymbol{b}=0\Leftrightarrow x_1x_2+y_1y_2=0.$$

例 4 试证向量 $\boldsymbol{a}=(1,2)$ 与 $\boldsymbol{b}=(-6,3)$ 是互相垂直的.

证明 由于

$$\begin{aligned}\boldsymbol{a}\cdot\boldsymbol{b}&=x_1x_2+y_1y_2\\&=1\times(-6)+2\times3\\&=0,\end{aligned}$$

从而可得

$$\boldsymbol{a}\perp\boldsymbol{b}.$$

例 5 已知向量 $\boldsymbol{a}=(1,-3)$ 与 $\boldsymbol{b}=(2,-1)$，求 $\boldsymbol{a}\cdot\boldsymbol{b}$，$|\boldsymbol{a}|$，$|\boldsymbol{b}|$，向量 $\boldsymbol{a}$ 与向量 $\boldsymbol{b}$ 的夹角.

解

$$\boldsymbol{a}\cdot\boldsymbol{b}=1\times2+(-3)\times(-1)=5,$$

$$|\boldsymbol{a}|=\sqrt{1^2+(-3)^2}=\sqrt{10},$$

$$|\boldsymbol{b}|=\sqrt{2^2+(-1)^2}=\sqrt{5},$$

$$\cos\theta=\frac{\boldsymbol{a}\cdot\boldsymbol{b}}{|\boldsymbol{a}||\boldsymbol{b}|}=\frac{5}{\sqrt{10}\times\sqrt{5}}=\frac{\sqrt{2}}{2}.$$

由于向量夹角 θ 的范围是 $0^\circ\leqslant\theta\leqslant180^\circ$，所以 $\theta=45^\circ$.

思考题 6－4

1. 已知平面内向量 $\boldsymbol{a}=(x,y)$，怎样用向量 $\boldsymbol{a}$ 的坐标来表示 $|\boldsymbol{a}|$ 呢？

2. 已知平面内两个向量 $\boldsymbol{a}=(x_1,y_1)$，$\boldsymbol{b}=(x_2,y_2)$，怎样用向量 $\boldsymbol{a}$，$\boldsymbol{b}$ 的坐标表示它们之间的夹角？

课堂练习 6－4

1. 已知 $|\boldsymbol{a}|=2$，$|\boldsymbol{b}|=3$，$\boldsymbol{a}$ 与 $\boldsymbol{b}$ 的夹角为 30°，求 $(2\boldsymbol{a}+\boldsymbol{b})\cdot\boldsymbol{b}$.

2. 求下列向量的数量积.

(1) $\boldsymbol{a}=(5,-4)$，$\boldsymbol{b}=(3,-8)$； (2) $\boldsymbol{a}=\left(\frac{1}{2},\frac{3}{4}\right)$，$\boldsymbol{b}=\left(-\frac{1}{2},-\frac{1}{3}\right)$.

3. 判断下列各组向量是否互相垂直.

(1) $\boldsymbol{a}=(16,-4)$，$\boldsymbol{b}=(-2,-8)$； (2) $\boldsymbol{a}=\left(\frac{1}{2},\frac{3}{4}\right)$，$\boldsymbol{b}=\left(-\frac{1}{2},\frac{1}{3}\right)$.

4. 已知 $\boldsymbol{a}=(1,\sqrt{3})$，$\boldsymbol{b}=(0,\sqrt{3})$，求 $\boldsymbol{a}\cdot\boldsymbol{b}$，$|\boldsymbol{a}|$，$|\boldsymbol{b}|$，向量 $\boldsymbol{a}$ 与向量 $\boldsymbol{b}$ 的夹角.

本章小结

知识框架

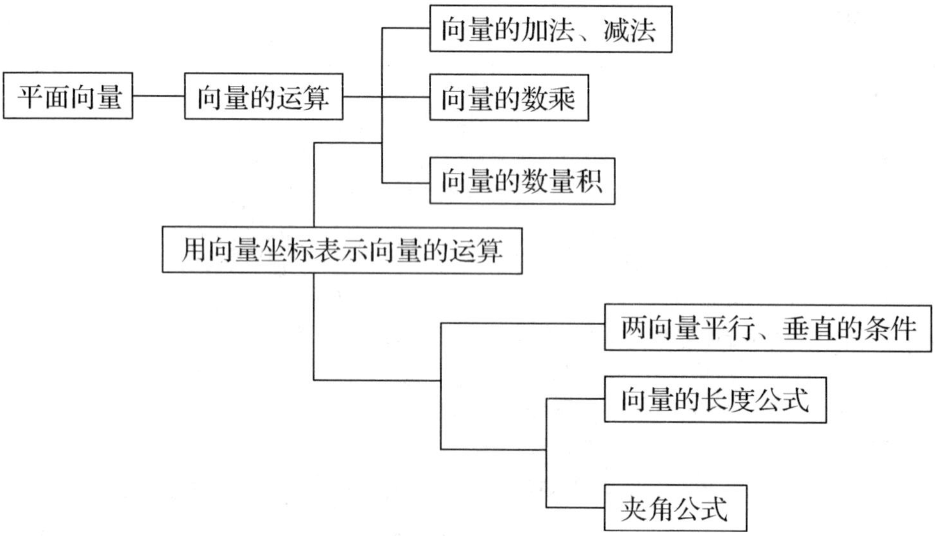

知识点梳理

6.1　向量的概念

1. 既有大小又有方向的量称为向量. 我们通常用带箭头的线段(简称有向线段)来表示，线段的长度表示向量的大小(又称向量的模)，箭头所指的方向表示向量的方向.

2. 模为 0 的向量称为零向量，记作 $\mathbf{0}$.

3. 模为 1 的向量称为单位向量，常用 $\boldsymbol{i}$，$\boldsymbol{j}$，$\boldsymbol{k}$ 来表示.

4. 方向相同或相反的非零向量称为平行向量(或称共线向量)，同时规定零向量与任何向量都平行.

5. 当两个向量的模相等，且方向相同时，叫作两个向量相等.

6. 当两个向量的模相等，而方向相反时，其中的一个向量称为另一个向量的负向量，零向量的负向量仍为零向量.

6.2 向量的线性运算

1. 加法运算法则.

三角形法则：$\overrightarrow{AB}+\overrightarrow{BC}=\overrightarrow{AC}$；

平行四边形法则：$\overrightarrow{AB}+\overrightarrow{AD}=\overrightarrow{AC}$，其中$\overrightarrow{AC}$是以$\overrightarrow{AB}$，$\overrightarrow{AD}$为邻边的平行四边形的对角线.

2. 减法运算法则.

三角形法则：$\overrightarrow{AC}-\overrightarrow{AB}=\overrightarrow{BC}$.

3. 数乘运算.

①定义：实数λ与向量$\boldsymbol{a}$的乘法简称数乘，其结果是一个向量$\lambda\boldsymbol{a}$. $\lambda\boldsymbol{a}$是与$\boldsymbol{a}$共线的向量. 当λ为正数时，$\lambda\boldsymbol{a}$与$\boldsymbol{a}$同向；当λ为负数时，$\lambda\boldsymbol{a}$与$\boldsymbol{a}$反向；当λ等于0时，$\lambda\boldsymbol{a}$为零向量. $\lambda\boldsymbol{a}$的模$|\lambda\boldsymbol{a}|=|\lambda||\boldsymbol{a}|$.

②运算律：

$$\lambda(\mu\boldsymbol{a})=(\lambda\mu)\boldsymbol{a};$$
$$(\lambda+\mu)\boldsymbol{a}=\lambda\boldsymbol{a}+\mu\boldsymbol{a};$$
$$\lambda(\boldsymbol{a}+\boldsymbol{b})=\lambda\boldsymbol{a}+\lambda\boldsymbol{b}.$$

6.3 向量的坐标表示

1. 向量的坐标表示.

在平面直角坐标系内，任意向量$\boldsymbol{a}$可表示成$\boldsymbol{a}=x\boldsymbol{i}+y\boldsymbol{j}$的形式，此时记为$\boldsymbol{a}=(x, y)$，$(x, y)$称为向量$\boldsymbol{a}$关于$\boldsymbol{i}$，$\boldsymbol{j}$的坐标，简称向量坐标. 一般向量的坐标等于向量终点的坐标减去起点的坐标，即起点为$A(x_1, y_1)$，终点为$B(x_2, y_2)$的向量$\overrightarrow{AB}=(x_2-x_1, y_2-y_1)$.

2. 向量坐标表示下的运算.

设$\boldsymbol{a}=(x_1, y_1)$，$\boldsymbol{b}=(x_2, y_2)$，$\lambda$为实数，则在坐标表示形式下向量的运算律为

加法：$\boldsymbol{a}+\boldsymbol{b}=(x_1+x_2, y_1+y_2)$；

减法：$\boldsymbol{a}-\boldsymbol{b}=(x_1-x_2, y_1-y_2)$；

数乘：$\lambda\boldsymbol{a}=(\lambda x_1, \lambda y_1)$；

向量的模：$|\boldsymbol{a}|=\sqrt{x_1^2+y_1^2}$；

两个非零向量的夹角θ：$\cos\theta=\dfrac{\boldsymbol{a}\cdot\boldsymbol{b}}{|\boldsymbol{a}|\cdot|\boldsymbol{b}|}=\dfrac{x_1x_2+y_1y_2}{\sqrt{x_1^2+y_1^2}\sqrt{x_2^2+y_2^2}}$.

3. 两个向量平行的充要条件.

$$\boldsymbol{a}\parallel\boldsymbol{b}\Leftrightarrow\boldsymbol{b}=\lambda\boldsymbol{a}\Leftrightarrow x_1y_2-x_2y_1=0.$$

6.4 向量的数量积

1. 定义.

两个向量 $\boldsymbol{a}$，$\boldsymbol{b}$ 的模与它们的夹角的余弦之积叫作向量 $\boldsymbol{a}$ 与向量 $\boldsymbol{b}$ 的数量积，它的结果是一个实数，即 $\boldsymbol{a}\cdot\boldsymbol{b}=|\boldsymbol{a}||\boldsymbol{b}|\cos\theta$.

2. 运算律.

$$\boldsymbol{a}\cdot\boldsymbol{b}=\boldsymbol{b}\cdot\boldsymbol{a};$$

$$\lambda(\boldsymbol{a}\cdot\boldsymbol{b})=\boldsymbol{a}\cdot(\lambda\boldsymbol{b})=(\lambda\boldsymbol{a})\cdot\boldsymbol{b};$$

$$(\boldsymbol{a}+\boldsymbol{b})\cdot\boldsymbol{c}=\boldsymbol{a}\cdot\boldsymbol{c}+\boldsymbol{b}\cdot\boldsymbol{c}.$$

3. 两个非零向量垂直的充要条件.

$$\boldsymbol{a}\perp\boldsymbol{b}\Leftrightarrow\boldsymbol{a}\cdot\boldsymbol{b}=0\Leftrightarrow x_1x_2+y_1y_2=0.$$

复习题六(A)

一、选择题(在每小题列出的4个备选项中只有一个是符合题目要求的，请将其代码填写在后面的括号里)

1. 下面表述中正确的是(　　).

A. 零向量没有方向　　B. 单位向量的方向是任意的

C. 向量有大小和方向两个要素　　D. 向量与向量可以比较大小

2. 在$\triangle ABC$中，$\overrightarrow{AB}-\overrightarrow{AC}=$(　　).

A. 0　　B. $\overrightarrow{CB}$　　C. $\overrightarrow{BA}$　　D. $\overrightarrow{BC}$

3. 下列各组向量不互相垂直的是(　　).

A. $\boldsymbol{a}=(3,\ -3)$，$\boldsymbol{b}=(5,\ -2)$　　B. $\boldsymbol{a}=(-2,\ 1)$，$\boldsymbol{b}=\left(\frac{1}{2},\ 1\right)$

C. $\boldsymbol{a}=(4,\ 3)$，$\boldsymbol{b}=(-3,\ 4)$　　D. $\boldsymbol{a}=(x,\ y)$，$\boldsymbol{b}=(y,\ -x)$

4. 若$\boldsymbol{a}\cdot\boldsymbol{a}=5$，则$|\boldsymbol{a}|=$(　　).

A. 5　　B. 25　　C. $\sqrt{5}$　　D. 1

5. 下列说法中正确的是(　　).

A. 任意两个单位向量都相等　　B. 平行的向量方向相同

C. 互为负向量的两个向量的模相等　　D. 任意实数与零向量的乘积为零

6. 在$\triangle ABC$中，$\overrightarrow{AB}+\overrightarrow{CA}=$(　　).

A. 0　　B. $\overrightarrow{CB}$　　C. $\overrightarrow{BA}$　　D. $\overrightarrow{BC}$

7. 已知向量$\boldsymbol{a}=(-\sqrt{3},\ -1)$，$\boldsymbol{b}=(1,\ \sqrt{3})$，则$\boldsymbol{a}$与$\boldsymbol{b}$的夹角等于(　　).

A. 150°　　B. 120°　　C. 60°　　D. 30°

8. 下列向量中，与$(3,\ 2)$垂直的向量是(　　).

A. $(3,\ -2)$　　B. $(2,\ 3)$　　C. $(-4,\ 6)$　　D. $(-3,\ 2)$

9. 已知向量$\boldsymbol{a}=(-1,\ 3)$，$\boldsymbol{b}=(x,\ -1)$，且$\boldsymbol{a}/\!/\boldsymbol{b}$，则$x=$(　　).

A. 3　　B. -3　　C. $\frac{1}{3}$　　D. $-\frac{1}{3}$

10. 已知向量$\boldsymbol{a}=(3,\ -1)$，$\boldsymbol{b}=(-1,\ 2)$，则$-3\boldsymbol{a}-2\boldsymbol{b}$的坐标是(　　).

A. $(7,\ 1)$　　B. $(-7,\ -1)$　　C. $(-7,\ 1)$　　D. $(7,\ -1)$

二、填空题(请在每小题的空格中填上正确答案)

1. 向量 $\boldsymbol{a}$ 的模 $|\boldsymbol{a}|=2$，则向量 $|-\boldsymbol{a}|=$________.

2. 在平行四边形 $ABCD$ 中，$\overrightarrow{AB}+\overrightarrow{AD}=$________，$\overrightarrow{AB}-\overrightarrow{AD}=$________.

3. 已知 $A=(-3,\ 4)$，$B=(5,\ -2)$，则 $|\overrightarrow{AB}|=$________.

4. 已知 A，B 两点的坐标分别是 $A(-3,\ 2)$，$B(2,\ 9)$，则向量 $\overrightarrow{AB}$ 的坐标为________，向量 $\overrightarrow{BA}$ 的坐标为________.

5. 设 $\overrightarrow{OP}$ 是从原点出发的向量，点 P 的坐标是 $(9,\ -3)$，则向量 $\overrightarrow{OP}$ 的坐标为________.

6. 已知 $\boldsymbol{a}=(3,\ -3)$，$\boldsymbol{b}=(5,\ -2)$，则 $\boldsymbol{a}+\boldsymbol{b}=$________，$2\boldsymbol{a}-3\boldsymbol{b}=$________.

7. 已知等边 $\triangle ABC$ 的边长为 1，则 $\overrightarrow{AB}\cdot\overrightarrow{BC}=$________.

8. 已知向量 $\overrightarrow{OM}=(3,\ -2)$，$\overrightarrow{ON}=(-5,\ -1)$，则 $\frac{1}{2}\overrightarrow{MN}=$________.

9. 设 $\boldsymbol{a}$ 表示“向东走 4 km”，$\boldsymbol{b}$ 表示“向北走 3 km”，则 $\boldsymbol{a}+\boldsymbol{b}$ 表示____________________.

10. 已知 $\boldsymbol{a}=(3,\ 1)$，$\boldsymbol{b}=(t,\ -3)$，若 $\boldsymbol{a}\perp\boldsymbol{b}$，则 $t=$________；若 $\boldsymbol{a}/\!/\boldsymbol{b}$，则 $t=$________.

三、判断题(判断下列语句. 正确的请在每小题后面的括号里填写“√”，错误的填写“×”)

1. 设向量 $\boldsymbol{a}=(3,\ -3)$ 和 $\boldsymbol{b}=(2,\ -2)$，则 $\boldsymbol{a}>\boldsymbol{b}$.（　　）

2. 若 $|\boldsymbol{a}|=|\boldsymbol{b}|$，则 $\boldsymbol{a}=\boldsymbol{b}$.（　　）

3. 两个向量共线，则这两个向量的夹角为 0°.（　　）

4. 若 $\boldsymbol{a}=\boldsymbol{b}$，$\boldsymbol{b}=\boldsymbol{c}$，则 $\boldsymbol{a}=\boldsymbol{c}$.（　　）

5. 向量 $\boldsymbol{a}$ 与 $\boldsymbol{b}$ 的夹角为 90° 时，$\boldsymbol{a}\cdot\boldsymbol{b}=0$.（　　）

四、解答题

1. 如图 6-23 所示，已知向量 $\boldsymbol{a}$，$\boldsymbol{b}$，求 $2\boldsymbol{a}$，$\boldsymbol{a}+\boldsymbol{b}$，$\boldsymbol{a}-\boldsymbol{b}$.

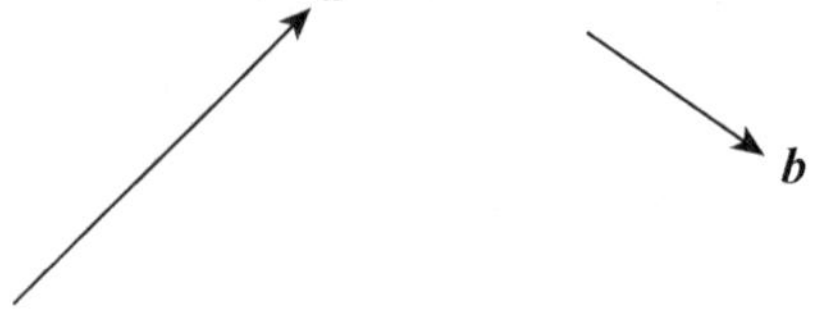

图 6-23

2. 根据图 6-24 写出向量$\overrightarrow{OM}$，$\overrightarrow{ON}$，$\overrightarrow{MN}$的坐标.

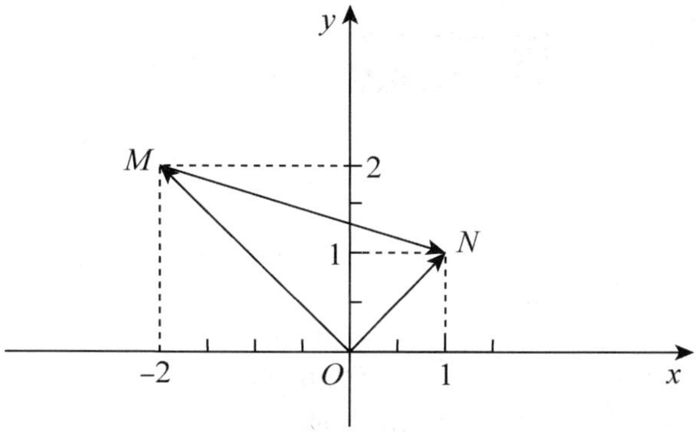

图 6-24

3. 已知向量 $\boldsymbol{a}=(x,\ 5)$，$\boldsymbol{b}=(4,\ 2)$，且 $\boldsymbol{a}/\!/\boldsymbol{b}$，求实数 x.

4. 已知 $|\boldsymbol{a}|=5$，$|\boldsymbol{b}|=2$，$\boldsymbol{a}$ 与 $\boldsymbol{b}$ 的夹角为 $120°$，求 $\boldsymbol{a}\cdot\boldsymbol{b}$.

5. 已知向量 $\boldsymbol{a}=(2,\ 8)$，$\boldsymbol{b}=(5,\ x)$互相垂直，求实数 x.

复习题六(B)

一、选择题(在每小题列出的4个备选项中只有一个是符合题目要求的，请将其代码填写在后面的括号里)

1. 下列说法中正确的是(　　).

A. 数量可以比较大小，向量也可以比较大小

B. 方向不同的向量不能比较大小，但同向的可以比较大小

C. 向量的大小与方向有关

D. 向量的模可以比较大小

2. 设 P 是 $\triangle ABC$ 所在平面内一点，$\overrightarrow{BC}+\overrightarrow{BA}=2\overrightarrow{BP}$，则(　　).

A. $\overrightarrow{PA}+\overrightarrow{PB}=\mathbf{0}$　　B. $\overrightarrow{PC}+\overrightarrow{PA}=\mathbf{0}$

C. $\overrightarrow{PB}+\overrightarrow{PC}=\mathbf{0}$　　D. $\overrightarrow{PA}+\overrightarrow{PB}+\overrightarrow{PC}=\mathbf{0}$

3. 设 O 是正方形 $ABCD$ 的中心，则向量 $\overrightarrow{AO}$，$\overrightarrow{BO}$，$\overrightarrow{CO}$，$\overrightarrow{DO}$ 是(　　).

A. 相等的向量　　B. 平行的向量

C. 有相同起点的向量　　D. 模相等的向量

4. 化简 $\overrightarrow{AB}-\overrightarrow{DE}+\overrightarrow{BC}-\overrightarrow{AD}=$(　　).

A. 0　　B. $\mathbf{0}$　　C. $\overrightarrow{EC}$　　D. $\overrightarrow{CE}$

5. 向量 $(\overrightarrow{AB}+\overrightarrow{MB})+(\overrightarrow{BO}+\overrightarrow{BC})+\overrightarrow{OM}$ 化简后等于(　　).

A. $\overrightarrow{BC}$　　B. $\overrightarrow{AB}$　　C. $\overrightarrow{AC}$　　D. $\overrightarrow{AM}$

6. 已知 P，A，B，C 是平面内四点，且 $\overrightarrow{PA}+\overrightarrow{PB}+\overrightarrow{PC}=\overrightarrow{AC}$，那么一定有(　　).

A. $\overrightarrow{PB}=2\overrightarrow{AP}$　　B. $\overrightarrow{CP}=2\overrightarrow{PB}$

C. $\overrightarrow{AP}=2\overrightarrow{PB}$　　D. $\overrightarrow{PB}=2\overrightarrow{AB}$

7. 在 $\triangle ABC$ 中，已知 D 是 AB 边上一点，若 $\overrightarrow{AD}=2\overrightarrow{DB}$，$\overrightarrow{CD}=\frac{1}{3}\overrightarrow{CA}+\lambda\overrightarrow{CB}$，则 $\lambda=$(　　).

A. $\frac{2}{3}$　　B. $\frac{1}{3}$

C. $-\frac{1}{3}$　　D. $-\frac{2}{3}$

8. 已知 O 是△ABC 所在平面内一点，D 为 BC 的中点，且 $2\overrightarrow{OA}+\overrightarrow{OB}+\overrightarrow{OC}=\mathbf{0}$，那么(　　).

A. $\overrightarrow{AO}=\overrightarrow{OD}$　　B. $\overrightarrow{AO}=2\overrightarrow{OD}$

C. $\overrightarrow{AO}=3\overrightarrow{OD}$　　D. $2\overrightarrow{AO}=\overrightarrow{OD}$

9. 已知 O，A，B 是平面上三个点，直线 AB 上有一点 C，满足 $2\overrightarrow{AC}+\overrightarrow{CB}=\mathbf{0}$，则$\overrightarrow{OC}=$(　　).

A. $2\overrightarrow{OA}-\overrightarrow{OB}$　　B. $-\overrightarrow{OA}+2\overrightarrow{OB}$

C. $\frac{2}{3}\overrightarrow{OA}-\frac{1}{3}\overrightarrow{OA}$　　D. $-\frac{1}{3}\overrightarrow{OA}+\frac{2}{3}\overrightarrow{OB}$

10. 设 P 是△ABC 所在平面内一点，$\overrightarrow{BC}+\overrightarrow{BA}=2\overrightarrow{BP}$，则(　　).

A. $\overrightarrow{PA}+\overrightarrow{PB}=\mathbf{0}$　　B. $\overrightarrow{PB}+\overrightarrow{PC}=\mathbf{0}$

C. $\overrightarrow{PC}+\overrightarrow{PA}=\mathbf{0}$　　D. $\overrightarrow{PA}+\overrightarrow{PB}+\overrightarrow{PC}=\mathbf{0}$

11. 设$\overrightarrow{OB}=x\overrightarrow{OA}+y\overrightarrow{OC}$，且 A，B，C 三点共线(该直线不过端点 O)，则 $x+y=$(　　).

A. 1　　B. -1　　C. 0　　D. 不能确定

12. 在△ABC 中，已知 D 是 AB 边上一点，若$\overrightarrow{AD}=\overrightarrow{DB}$，$\overrightarrow{CD}=\frac{1}{3}\overrightarrow{CA}+\lambda\overrightarrow{CB}$，则 $\lambda=$(　　).

A. $\frac{2}{3}$　　B. $\frac{1}{3}$　　C. $-\frac{1}{3}$　　D. $-\frac{2}{3}$

13. 已知点 $P(-1, 1)$，$Q(2, 5)$，点 R 在直线 PQ 上，且$\overrightarrow{PR}=-5\overrightarrow{QR}$，则点 R 的坐标为(　　).

A. $(-1, 4)$　　B. $\left(\frac{3}{2}, \frac{9}{2}\right)$

C. $\left(\frac{3}{2}, \frac{13}{3}\right)$　　D. $\left(\frac{11}{4}, \frac{13}{2}\right)$

14. 已知平面向量 $\boldsymbol{a}=(1, 1)$，$\boldsymbol{b}=(1, -1)$，则向量$\frac{1}{2}\boldsymbol{a}-\frac{3}{2}\boldsymbol{b}=$(　　).

A. $(-2, -1)$　　B. $(-2, 1)$

C. $(-1, 2)$　　D. $(1, 2)$

15. 已知向量 $\boldsymbol{a}=(x, y)$，$\boldsymbol{b}=(-1, 2)$，且 $\boldsymbol{a}+\boldsymbol{b}=(1, 3)$，则 $|\boldsymbol{a}|=$(　　).

A. $\sqrt{2}$　　B. $\sqrt{3}$　　C. $\sqrt{5}$　　D. $\sqrt{10}$

16. 若向量$\overrightarrow{BA}=(2, 3)$，$\overrightarrow{CA}=(4, 7)$，则$\overrightarrow{BC}=$(　　).

A. $(-2, -4)$　　B. $(2, 4)$　　C. $(6, 10)$　　D. $(-6, -10)$

17. 已知 $\boldsymbol{a}$，$\boldsymbol{b}$ 均为单位向量，它们的夹角为 $60°$，那么 $|\boldsymbol{a}+3\boldsymbol{b}|=$(　　).

A. $\sqrt{7}$　　B. $\sqrt{10}$　　C. $\sqrt{13}$　　D. 4

18. 设 $|\boldsymbol{a}|=12$，$|\boldsymbol{b}|=9$，$\boldsymbol{a}\cdot\boldsymbol{b}=54\sqrt{2}$，则 $\boldsymbol{a}$ 与 $\boldsymbol{b}$ 的夹角大小为(　　).

A. $45°$　　B. $135°$　　C. $60°$　　D. $120°$

19. 若 $\boldsymbol{a}/\!/\boldsymbol{b}$，$\boldsymbol{a}\cdot\boldsymbol{b}=$(　　).

A. 0　　B. -1　　C. $|\boldsymbol{a}||\boldsymbol{b}|$　　D. $\pm|\boldsymbol{a}||\boldsymbol{b}|$

20. 已知非零向量 $\boldsymbol{a}$，$\boldsymbol{b}$，若 $\boldsymbol{a}+2\boldsymbol{b}$ 与 $\boldsymbol{a}-2\boldsymbol{b}$ 互相垂直，则 $\dfrac{|\boldsymbol{a}|}{|\boldsymbol{b}|}=$(　　).

A. $\dfrac{1}{4}$　　B. 4　　C. $\dfrac{1}{2}$　　D. 2

21. 已知 $\boldsymbol{a}$，$\boldsymbol{b}$ 均为单位向量，它们的夹角为 $60°$，那么 $|\boldsymbol{a}+3\boldsymbol{b}|=$(　　).

A. $\sqrt{7}$　　B. $\sqrt{10}$　　C. $\sqrt{13}$　　D. 2

22. 在边长为 1 的正三角形 ABC 中，设 $\overrightarrow{AB}=\boldsymbol{c}$，$\overrightarrow{BC}=\boldsymbol{a}$，$\overrightarrow{AC}=\boldsymbol{b}$，则 $\boldsymbol{a}\cdot\boldsymbol{b}+\boldsymbol{b}\cdot\boldsymbol{c}+\boldsymbol{c}\cdot\boldsymbol{a}=$(　　).

A. 1.5　　B. -1.5　　C. 0.5　　D. -0.5

23. 已知向量 $\boldsymbol{a}$，$\boldsymbol{b}$ 的夹角为 $60°$，且 $|\boldsymbol{a}|=2$，$|\boldsymbol{b}|=3$，则 $\boldsymbol{a}^2+\boldsymbol{a}\cdot\boldsymbol{b}=$(　　).

A. 10　　B. $\sqrt{10}$　　C. 7　　D. 49

24. 如果向量 $\boldsymbol{a}$ 与 $\boldsymbol{b}$ 的夹角是 θ，那么我们称 $\boldsymbol{a}\times\boldsymbol{b}$ 为向量 $\boldsymbol{a}$ 与 $\boldsymbol{b}$ 的“向量积”，$\boldsymbol{a}\times\boldsymbol{b}$ 是一个向量，它的长度为 $|\boldsymbol{a}\times\boldsymbol{b}|=|\boldsymbol{a}||\boldsymbol{b}|\sin\theta$，若 $|\boldsymbol{a}|=5$，$|\boldsymbol{b}|=1$，$\boldsymbol{a}\cdot\boldsymbol{b}=-3$，则 $|\boldsymbol{a}\times\boldsymbol{b}|=$(　　).

A. 3　　B. -4　　C. 4　　D. 5

25. 已知 $\boldsymbol{a}$，$\boldsymbol{b}$ 是单位向量，若向量 $\boldsymbol{c}$ 满足 $|\boldsymbol{c}-\boldsymbol{a}-\boldsymbol{b}|$，则 $|\boldsymbol{c}|$ 的最大值为(　　).

A. $\sqrt{2}-1$　　B. $\sqrt{2}$　　C. $\sqrt{2}+1$　　D. $\sqrt{2}+2$

26. 设 $|\boldsymbol{a}|=12$，$|\boldsymbol{b}|=9$，$\boldsymbol{a}\cdot\boldsymbol{b}=-54\sqrt{2}$，则 $\boldsymbol{a}$ 与 $\boldsymbol{b}$ 的夹角为(　　).

A. $45°$　　B. $135°$　　C. $60°$　　D. $120°$

27. 若 $|\boldsymbol{a}|=|\boldsymbol{b}|=|\boldsymbol{a}-\boldsymbol{b}|$，则 $\boldsymbol{b}$ 与 $\boldsymbol{a}+\boldsymbol{b}$ 的夹角为(　　).

A. $30°$　　B. $60°$　　C. $150°$　　D. $120°$

28. 若 $\boldsymbol{a}/\!/\boldsymbol{b}$，则 $\boldsymbol{a}\cdot\boldsymbol{b}=$(　　).

A. 0　　B. -1　　C. $|\boldsymbol{a}||\boldsymbol{b}|$　　D. $\pm|\boldsymbol{a}||\boldsymbol{b}|$

29. 若 $\boldsymbol{a}+\boldsymbol{b}=\boldsymbol{c}$，$\boldsymbol{a}-\boldsymbol{b}=\boldsymbol{d}$，且向量 $\boldsymbol{c}$ 与 $\boldsymbol{d}$ 垂直，则一定有(　　).

A. $\boldsymbol{a}=\boldsymbol{b}$　　B. $|\boldsymbol{a}|=|\boldsymbol{b}|$

C. $\boldsymbol{a}\perp\boldsymbol{b}$　　D. $|\boldsymbol{a}|=|\boldsymbol{b}|$，且 $\boldsymbol{a}\perp\boldsymbol{b}$

30. 已知 $m\in\mathbf{R}$，向量 $\boldsymbol{a}=(m,1)$，若 $|\boldsymbol{a}|=3$，则 $m=$(　　).

A. $2\sqrt{2}$　　B. $-2\sqrt{2}$　　C. $\pm2\sqrt{2}$　　D. $\pm2\sqrt{3}$

31. 已知向量 $\overrightarrow{OA}=(\cos 15°,\ \sin 15°)$，$\overrightarrow{OB}=(\cos 75°,\ \sin 75°)$，则 $|\overrightarrow{AB}|=$(　　).

A. $\frac{1}{2}$　　B. $\frac{\sqrt{2}}{2}$　　C. $\frac{\sqrt{3}}{2}$　　D. 1

32. 在 $\triangle ABC$ 中，$\angle A=90°$，$\overrightarrow{AB}=(k,1)$，$\overrightarrow{AC}=(2,3)$，则 k 的值是(　　).

A. 5　　B. -5　　C. $\frac{3}{2}$　　D. $-\frac{3}{2}$

二、填空题(请在每小题的空格中填上正确答案).

1. 已知点 $A(-1,5)$，若向量 $\overrightarrow{AB}$ 与向量 $\boldsymbol{a}=(2,3)$ 同向，且 $\overrightarrow{AB}=3\boldsymbol{a}$，则点 B 的坐标为________.

2. 已知平行四边形 $ABCD$ 中，$A(0,0)$，$B(5,0)$，$D(2,4)$，对角线 AC，BD 交于点 M，则点 C 的坐标为________.

3. 已知向量 $\overrightarrow{OA}=(k,12)$，$\overrightarrow{OB}=(4,5)$，$\overrightarrow{OC}=(-k,10)$，且 A，B，C 三点共线，则 $k=$________.

4. 若三点 $A(2,2)$，$B(a,0)$，$C(0,b)$ 共线，则 $\frac{1}{a}+\frac{1}{b}=$________.

5. 若向量 $\boldsymbol{a}$，$\boldsymbol{b}$ 的夹角为 $150°$，$|\boldsymbol{a}|=\sqrt{3}$，$|\boldsymbol{b}|=4$，则 $|2\boldsymbol{a}+\boldsymbol{b}|=$________.

6. $|\boldsymbol{a}|=2$，$|\boldsymbol{b}|=4$，且 $\boldsymbol{a}+\lambda\boldsymbol{b}$ 与 $\boldsymbol{a}-\lambda\boldsymbol{b}$ 垂直，则 $\lambda=$________.

7. 若 $|\boldsymbol{a}|=1$，$|\boldsymbol{b}|=2$，$\boldsymbol{c}=\boldsymbol{a}+\boldsymbol{b}$，且 $\boldsymbol{c}\perp\boldsymbol{a}$，则向量 $\boldsymbol{a}$ 与 $\boldsymbol{b}$ 的夹角为________.

8. 在以 AO 为边，OB 为对角线的矩形中，$\overrightarrow{OA}=(-3,1)$，$\overrightarrow{OB}=(-2,k)$，则实数 $k=$________.

9. 若非零向量 $\boldsymbol{a}$，$\boldsymbol{b}$ 满足 $|\boldsymbol{a}|=3|\boldsymbol{b}|=|\boldsymbol{a}+2\boldsymbol{b}|$，则 $\boldsymbol{a}$，$\boldsymbol{b}$ 夹角的余弦值为________.

10. 已知向量 $\boldsymbol{a}=(3,1)$，$\boldsymbol{b}=(1,3)$，$\boldsymbol{c}=(k,2)$，若 $(\boldsymbol{a}-\boldsymbol{c})\perp\boldsymbol{b}$，则 $k=$________.

三、解答题

1. 已知 $A(-3,-5)$，$B(2,-4)$，$C(3,2)$，$D(-2,1)$，求证四边形 $ABCD$ 是平行四边形.

2. 已知 $|\boldsymbol{a}|=10$，$|\boldsymbol{b}|=6$，$\boldsymbol{a}$ 与 $\boldsymbol{b}$ 的夹角为 $135°$，求 $\boldsymbol{a}\cdot\boldsymbol{b}$，$(\boldsymbol{a}+\boldsymbol{b})\cdot\boldsymbol{b}$，$(\boldsymbol{a}+2\boldsymbol{b})\cdot(\boldsymbol{a}-4\boldsymbol{b})$.

3. 设向量 $\boldsymbol{a}=(2, -3)$，$\boldsymbol{b}=(x, 2x)$，且 $3\boldsymbol{a}\cdot\boldsymbol{b}=4$，试求 x 的值.

4. 已知 $|\boldsymbol{a}|=4$，$|\boldsymbol{b}|=5$，$\boldsymbol{a}$ 与 $\boldsymbol{b}$ 的夹角为 $60°$，求 $|3\boldsymbol{a}-\boldsymbol{b}|$.

5. 如图 6-25 所示，试用向量方法证明：对角线互相平分的四边形是平行四边形(提示：证明 $\overrightarrow{AB}=\overrightarrow{DC}$).

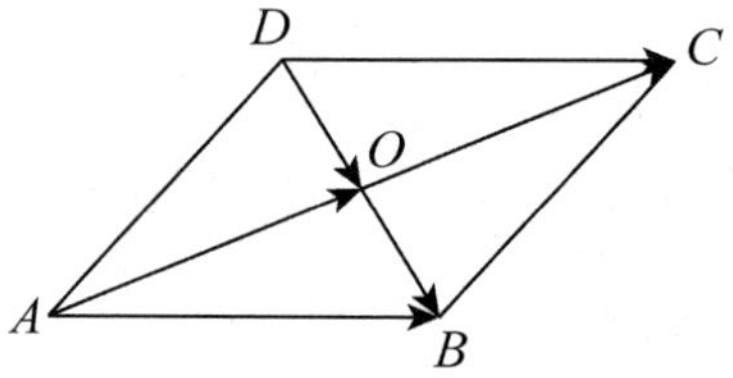

图 6-25

专题阅读

向量的由来

我们生活在一个激动人心的年代，“神舟”飞天，“嫦娥”奔月，外层空间旅行也已不是遥不可及的企盼. 空间探索向人们提出了很多难题，如发射一枚导弹，它的速度、它所受到的力以及运动中的加速度，都是成功与否的重要因素.

你可曾划过小河中逆流而行的小船？你可会游泳？顺流而下与逆流而上感觉有何不同？你一定有过这样的经历：顺风行走非常轻松，逆风前进步履艰难.

足球比赛中正在传球的队员、快速救球的守门员；正在航行的飞机；对行进中的敌舰发射的鱼雷；甚至肆虐的龙卷风、海啸……

所有这些，都在叙述着向量的故事.

向量最初应用于物理学，被称为矢量，是既有大小又有方向的量. 很多物理量，如力、速度、位移等都是向量. 大约公元前350年，古希腊著名学者亚里士多德(Aristotle，前384—前322)就知道力可以表示成向量，两个力的合成可以运用平行四边形法则得到. 16世纪到17世纪，数学家斯蒂文也开始应用平行四边形法则处理静力学问题. 同时期的意大利物理学家伽利略也发现并运用了这一法则.

最先使用有向线段表示向量的是英国大科学家牛顿.

向量是一种带几何性质的量，除零向量外，总可以用箭头表示方向、线段长表示大小的有向线段来表示它. 1827年，莫比乌斯以$\overrightarrow{AB}$表示起点为A、终点为B的向量，这种用法被数学家广泛接受. 另外，哈密顿(William Rowan Hamilton，1805—1865)、吉布斯(Josiah Willard Gibbs，1839—1903)等人则以小写希腊字母表示向量. 1912年，小写字母上加箭头表示向量的方法逐渐流行，尤其在手写稿中，如$\vec{a}$. 为了方便印刷，用粗黑小写斜体$\boldsymbol{a}$，$\boldsymbol{b}$等表示向量，这两种符号一直沿用至今.

向量是近代数学中重要和基本的数学概念之一，它是沟通代数与几何的一种工具，有着极其丰富的实际背景，在数学和物理学中有着广泛的应用.

第 7 章　复　数

本章概述

在现实生活中，复数有着很重要的作用．本章介绍复数的概念及运算．重点是学习利用复数及其相关性质解决代数、三角函数、几何等问题．

本章学习要求

△ 1．了解数的概念的发展，理解复数及其有关概念及几何意义．

△ 2．掌握复数的运算法则，正确地进行复数的运算．

△ 3．掌握复数的三角形式及代数式与三角形式的互化．

△ 4．掌握复数集中实系数一元二次方程 $ax^2+bx+c=0(b^2-4ac<0)$ 的解法．

7.1 复数的概念

7.1.1 复数的有关概念

我们来考查方程 $x^2=-1$，因为任何实数的平方都不会是负数，所以在实数范围内，这个方程没有解，为求解这个方程，我们引入了一个新的数 $\sqrt{-1}$，以 i 表示 $\sqrt{-1}$，即 $i=\sqrt{-1}$.

虚数单位 i：

(1)它的平方等于-1，即 $i^2=-1$；

(2)实数可以与它进行四则运算，进行四则运算时，原有加法、减法和乘除法运算律仍然成立.

复　数： 形如 $a+bi(a, b\in\mathbf{R})$的数叫复数，a 叫复数的实部，b 叫复数的虚部.

复数集： 全体复数组成的集合叫作复数集，用字母 **C** 表示.

复数的代数形式： 复数通常用字母 z 表示，即 $z=a+bi(a, b\in\mathbf{R})$，把复数表示成 $a+bi$ 的形式，叫作复数的代数形式.

复数的分类：

复数 $z=a+bi(a, b\in\mathbf{R})$
- $\xrightarrow{b=0}$ z 是实数
  - $\xrightarrow{a>0}$ 正实数
  - $\xrightarrow{a=0}$ 实数 0
  - $\xrightarrow{a<0}$ 负实数
- $\xrightarrow{b\neq0}$ z 是虚数
  - $\xrightarrow{a=0}$ 纯虚数 $bi(b\neq0, b\in\mathbf{R})$
  - $\xrightarrow{a\neq0}$ 非纯虚数

两个复数相等： 如果两个复数的实部和虚部分别相等，那么我们就说这两个复数相等. 这就是说，如果 $a, b, c, d\in\mathbf{R}$，且 $a+bi=c+di$，那么 $a=c$，$b=d$.

特别地，$a+bi=0(a, b\in\mathbf{R})\Leftrightarrow a=b=0$.

小贴士：复数相等的定义是求复数值，也是在复数集中解方程的重要依据．一般地，两个复数只能说相等或不相等，而不能比较大小．例如，**3＋5i** 与 **4＋3i** 不能比较大小．

例 1 请说出复数 $3+2\mathrm{i}$，$\sqrt{5}-\mathrm{i}$，$4\mathrm{i}$ 的实部和虚部，其中有没有纯虚数？

解 它们都是虚数，它们的实部分别是 3，$\sqrt{5}$，0，虚部分别是 2，-1，4，其中 $4\mathrm{i}$ 是纯虚数．

例 2 实数 m 取什么数值时，复数 $z=m+1+(m-1)\mathrm{i}$ 是：

(1)实数；(2)虚数；(3)纯虚数．

解 (1)当 $m-1=0$，即 $m=1$ 时，复数 z 是实数；

(2)当 $m-1\neq0$，即 $m\neq1$ 时，复数 z 是虚数；

(3)当 $m+1=0$，且 $m-1\neq0$ 时，即 $m=-1$ 时，复数 z 是纯虚数．

“任何两个复数都不能比较大小”对吗？

小贴士：如果两个复数都是实数，就可以比较大小．只有当两个复数不全是实数时，才不能比较大小．

7.1.2 复数的几何意义

复数的几何意义：

(1) 复数与平面内的点或有序实数对一一对应．

(2)复数与以原点为起点，以它对应的点为终点的向量一一对应．即

复数 $z=a+bi \xleftrightarrow{\text{一一对应}}$ 复平面内的点 $(a，b)$，

复平面内的点 $(a，b) \xleftrightarrow{\text{一一对应}}$ 平面向量 $\overrightarrow{OZ}$，

复数 $z=a+bi \xleftrightarrow{\text{一一对应}}$ 平面向量 $\overrightarrow{OZ}$(图 7-1)．

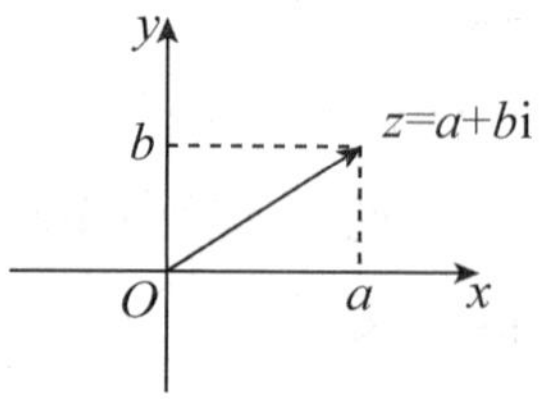

图 7-1

小贴士：人们常将复数 $z=a+bi$ 说成点 $Z(a, b)$ 或向量 $\overrightarrow{OZ}$.

复平面的概念：

当用平面直角坐标系平面内的点来表示复数时，我们称这个平面为复平面，x 轴称为**实轴**，y 轴称为**虚轴**.

实数都落在实轴上，纯虚数落在虚轴上，除原点外，虚轴上的点都表示纯虚数.

复数的模和共轭复数：

(1) 设复数 $z=a+b\mathrm{i}(a, b\in\mathbf{R})$ 在复平面内对应的点是 $Z(a, b)$，点 Z 到原点的距离 $|OZ|$ 叫作**复数 z 的模或绝对值**，记作 $|z|$.

显然，
$$|z|=\sqrt{a^2+b^2}.$$

(2) 如果两个复数的实部相等，虚部互为相反数，则称这两个复数互为共轭复数. 复数 z 的共轭复数，用 $\bar{z}$ 表示，当 $z=a+b\mathrm{i}$ 时，则 $\bar{z}=a-b\mathrm{i}$.

例 3 求复数 $z_1=3+4\mathrm{i}$ 及 $z_2=-\dfrac{1}{2}-\sqrt{2}\mathrm{i}$ 的模，并求出它们的共轭复数.

解 $|z_1|=\sqrt{3^2+4^2}=5$,

$$|z_2|=\sqrt{\left(-\frac{1}{2}\right)^2+(-\sqrt{2})^2}=\frac{3}{2}.$$

$$\bar{z}_1=3-4\mathrm{i},$$

$$\bar{z}_2=-\frac{1}{2}+\sqrt{2}\mathrm{i}.$$

7.1.3 复数的三角形式

我们知道复数 $a+b\mathrm{i}$ 由实部 a 和虚部 b 唯一确定，复数还可以用三角形式来表示，现在我们来学习复数的三角形式.

复数的辐角：

如图 7-2 所示，以实轴的正半轴为始边，$\overrightarrow{OZ}$ 所在的射线为终边的角 θ，称为复数 $a+b\mathrm{i}$ 的辐角.

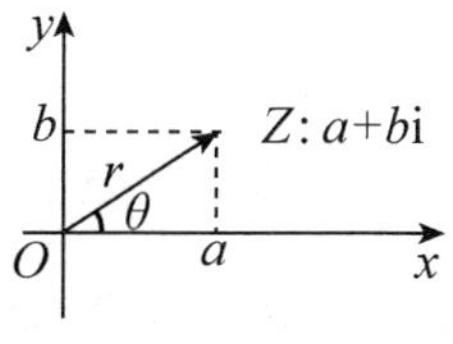

图 7-2

显然，非零复数的辐角有无数多个值，它们彼此相差 2π 的整数倍数.

对于复数零，由于零向量没有确定的方向，因此没有确定的辐角.

辐角的主值：

为了实际需要，我们把适合于$-\pi<\theta\leqslant\pi$的辐角θ称为主辐角，θ的值称为辐角的主值，记作$\arg z$，并规定：用主辐角表示复数$z=a+bi$的辐角.

(1)非零复数由它的模和辐角的主值唯一确定.

两个非零复数相等⇔当且仅当它们的模和主辐角分别相等

(2)几个特殊复数的主辐角.

$z=a(a>0)$的主辐角$\theta=0$，

$z=a(a<0)$的主辐角$\theta=\pi$，

$z=bi(b>0)$的主辐角$\theta=\frac{\pi}{2}$，

$z=bi(b<0)$的主辐角$\theta=-\frac{\pi}{2}$.

复数$z=a+bi$的模和主辐角公式：

$$|z|=\sqrt{a^2+b^2},$$

$$\tan\theta=\frac{b}{a}(a\neq0).$$

复数$a+bi$的三角形式：

当复数$z=a+bi\neq0$时，设$\begin{cases}a=r\cos\theta,\\b=r\sin\theta.\end{cases}$

所以$a+bi=r\cos\theta+ir\sin\theta=r(\cos\theta+i\sin\theta)$.

其中$r=\sqrt{a^2+b^2}$，$\cos\theta=\frac{a}{r}$，$\sin\theta=\frac{b}{r}$.

式子$r(\cos\theta+i\sin\theta)$叫作复数$a+bi$的三角形式，$a+bi$叫作复数的代数形式.

例4　求复数$z=-1-\sqrt{3}i$的模.

解　因为$a=-1<0$，$b=-\sqrt{3}<0$，

所以$|z|=\sqrt{a^2+b^2}=\sqrt{(-1)^2+(-\sqrt{3})^2}=2$.

例5　把复数$z=\sqrt{2}-\sqrt{2}i$化为三角形式.

解　由题意知$a=\sqrt{2}$，$b=-\sqrt{2}$，

所以$r=\sqrt{a^2+b^2}=\sqrt{\sqrt{2}^2+(-\sqrt{2}^2)}=2$.

因为 $a=\sqrt{2}>0$，$b=-\sqrt{2}<0$，
所以主辐角 θ 属于第四象限角.

因为 $\tan\theta=\frac{a}{b}=\frac{-\sqrt{2}}{\sqrt{2}}=-1$，

所以 $\theta=-\frac{\pi}{4}$ 为所求的主辐角.

故 $z=\sqrt{2}-\sqrt{2}\mathrm{i}=2\left[\cos\left(-\frac{\pi}{4}\right)+\mathrm{i}\sin\left(\frac{\pi}{4}\right)\right]$.

思考题 7－1

1. 非零复数的辐角有几个？每两个辐角之间有什么关系？
2. 所有的复数都不能比较大小，对吗？

课堂练习 7－1

1. 设复数 $z=1+\sqrt{2}\mathrm{i}$，求 z^2-2z 的值(i 为虚数单位).

2. $\left|\frac{2}{1+\mathrm{i}}\right|=$(　　).

A. $2\sqrt{2}$　　B. 2

C. $\sqrt{2}$　　D. 1

3. 复数 $z=\frac{2-\mathrm{i}}{2+\mathrm{i}}$(i 为虚数单位)在复平面内对应的点所在的象限为(　　).

A. 第一象限　　B. 第二象限

C. 第三象限　　D. 第四象限

7.2 复数的运算

7.2.1 复数的加法和减法

运算法则：设 $z_1=a+b\mathrm{i}$，$z_2=c+d\mathrm{i}$，a，b，c，$d\in\mathbf{R}$，

$$z_1\pm z_2=(a+b\mathrm{i})\pm(c+d\mathrm{i})=(a\pm c)+(b\pm d)\mathrm{i}.$$

几何意义： 复数加减法可按向量的平行四边形或三角形法则进行．如图 7-3 给出的平行四边形 OZ_1ZZ_2 可以直观地反映出复数加减法的几何意义，即

$$\overrightarrow{OZ}=\overrightarrow{OZ_1}+\overrightarrow{OZ_2}，\overrightarrow{Z_1Z_2}=\overrightarrow{OZ_2}-\overrightarrow{OZ_1}.$$

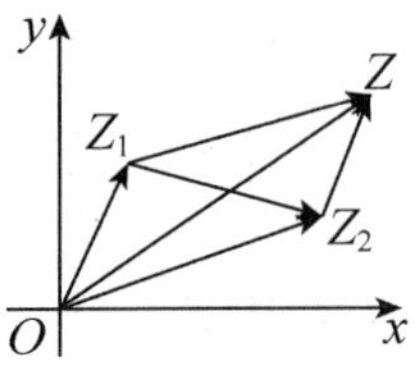

图 7-3

加法运算律：

(1)交换律：$z_1+z_2=z_2+z_1$.

(2)结合律：$(z_1+z_2)+z_3=z_1+(z_2+z_3)$.

例 1 $z_1=1+2i$，$z_2=3-i$，求 z_1+z_2，z_1-z_2.

解 $z_1+z_2=(1+2i)+(3-i)=(1+3)+(2-1)i=4+i$,

$z_1-z_2=(1+2i)-(3-i)=(1-3)+(2+1)i=-2+3i$.

7.2.2 复数的乘法和除法

设 $z_1=a+bi$，$z_2=c+di$，a，b，c，$d\in\mathbf{R}$.

乘法法则： $z_1\cdot z_2=(a+bi)\cdot(c+di)=(ac-bd)+(bc+ad)i$.

特例：
$$\begin{aligned}z\cdot\overline{z}&=(a+bi)(a-bi)\\&=a^2-b^2i^2\\&=a^2+b^2.\end{aligned}$$

乘法运算律：

(1)交换律：$z_1z_2=z_2z_1$；

(2)结合律：$(z_1\cdot z_2)\cdot z_3=z_1\cdot(z_2\cdot z_3)$；

(3)分配律：$z_1(z_2+z_3)=z_1z_2+z_1z_3$.

除法法则： $\dfrac{z_1}{z_2}=\dfrac{(a+bi)}{(c+di)}=\dfrac{(a+bi)(c-di)}{(c+di)\cdot(c-di)}=\dfrac{(ac+bd)+(bc-ad)i}{c^2+d^2}$.

例 2 计算 $(2-3i)(4+2i)$.

解
$$\begin{aligned}(2-3i)(4+2i)&=8+4i-12i-6i^2\\&=8-8i+6\\&=14-8i.\end{aligned}$$

例 3 计算$(3+4\mathrm{i})\div(-2-3\mathrm{i})$.

解
$$(3+4\mathrm{i})\div(-2-3\mathrm{i})=\frac{3+4\mathrm{i}}{-2-3\mathrm{i}}=\frac{(3+4\mathrm{i})(-2+3\mathrm{i})}{(-2-3\mathrm{i})(-2+3\mathrm{i})}=\frac{-6+9\mathrm{i}-8\mathrm{i}+12\mathrm{i}^2}{13}=\frac{-18+\mathrm{i}}{13}.$$

7.2.3 实数系一元二次方程的解法

对于实系数一元二次方程$ax^2+bx+c=0(a, b, c\in\mathbf{R}$，且$a\neq0)$，其判别式$\Delta=b^2-4ac$.

当$\Delta>0$时，方程有两个不同的实根$\frac{-b\pm\sqrt{b^2-4ac}}{2a}$；

当$\Delta=0$时，方程有两个相同的实根$-\frac{b}{2a}$；

当$\Delta<0$时，方程有两个共轭的复数根$-\frac{b}{2a}\pm\frac{\sqrt{-b^2+4ac}}{2a}\mathrm{i}$.

根与系数的关系：如果方程$ax^2+bx+c=0(a\neq0)$的两个根是x_1，x_2，那么$x_1+x_2=-\frac{b}{a}$，$x_1x_2=\frac{c}{a}$.

例 4 解方程：$x^2-4x+8=0$.

解 因为$\Delta=16-32=-16<0$，

所以方程的解为$x_1=\frac{4+\sqrt{16}\mathrm{i}}{2}=2+2\mathrm{i}$，$x_2=\frac{4-\sqrt{16}\mathrm{i}}{2}=2-2\mathrm{i}$.

例 5 已知方程$x^2+px+q=0(p, q\in\mathbf{R})$的一个根为$-1+\mathrm{i}$.

(1)求实数p，q的值；

(2)根据根与系数的关系，猜测方程的另一个根，并证明.

解 (1)把$x=-1+\mathrm{i}$代入方程$x^2+px+q=0$，

得$(-p+q)+(p-2)\mathrm{i}=0$，

即$\begin{cases}-p+q=0,\\ p-2=0.\end{cases}$

解得 $p=2$，$q=2$.

(2)由(1)知方程为 $x^2+2x+2=0$.

设另一个根为 x_2，由根与系数的关系得，

$x_2=-1-\mathrm{i}$.

把 $x_2=-1-\mathrm{i}$ 代入方程 $x^2+2x+2=0$，

则左边$=(-1-\mathrm{i})^2+2(-1-\mathrm{i})+2=0=$右边，

所以 $x_2=-1-\mathrm{i}$ 是方程的另一个根.

思考题 7－2

1. 实系数一元二次方程的根与系数的关系，在 $\Delta<0$ 时成立吗？
2. 在复数集 **C** 中，方程 $x^3-1=0$ 有几个解，分别是什么？

课堂练习 7－2

1. 对于两个复数 $\alpha=-\frac{1}{2}+\frac{\sqrt{3}}{2}\mathrm{i}$，$\beta=-\frac{1}{2}-\frac{\sqrt{3}}{2}\mathrm{i}$，有下列四个结论：

①$\alpha\beta=1$；②$\frac{\alpha}{\beta}=1$；③$\frac{|\alpha|}{|\beta|}=1$；④$\alpha^3+\beta^3=1$，其中正确的结论的个数为(　　).

A. 1　　B. 2　　C. 3　　D. 4

2. 若方程 $x^2+(m+2\mathrm{i})x+2+m\mathrm{i}=0$ 至少有一个实数根，求实数 m 的值.

3. 把复数 z 的共轭复数记作 $\overline{z}$，已知 $(1+2\mathrm{i})\overline{z}=4+3\mathrm{i}$，求 z 及 $\frac{z}{\overline{z}}$.

本章小结

知识框架

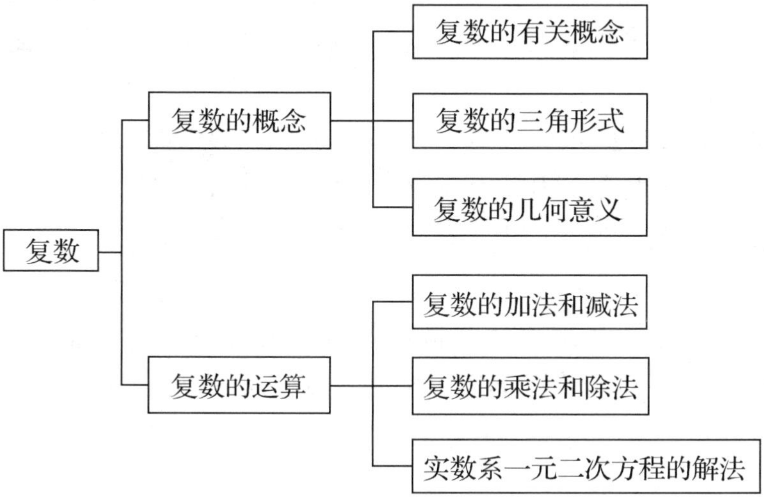

知识点梳理

7.1 复数的概念

1. 虚数单位的性质.

i 叫作虚数单位，并做以下规定.

(1)i 可与实数进行四则运算.

(2)$i^2=-1$，这样方程 $x^2=-1$ 就有解了，解为 $x=i$ 或 $x=-i$.

2. 复数的概念.

(1)定义.

形如 $a+bi(a, b\in \mathbf{R})$ 的数叫作复数，其中 i 叫作虚数单位，a 叫作实部，b 叫作虚部. 全体复数所成的集合 $\mathbf{C}$ 叫作复数集. 复数通常用字母 z 表示，即 $z=a+bi(a, b\in \mathbf{R})$.

(2)分类.

	满足条件(a，b 为实数)
复数的分类	$a+b\mathrm{i}$ 为实数$\Leftrightarrow b=0$
	$a+b\mathrm{i}$ 为虚数$\Leftrightarrow b\neq 0$
	$a+b\mathrm{i}$ 为纯虚数$\Leftrightarrow a=0$，且 $b\neq 0$

3. 复数相等.

$a+b\mathrm{i}=c+d\mathrm{i}\Leftrightarrow a=c$，$b=d(a, b, c, d\in\mathbf{R})$.

也就是说，两个复数相等，充要条件是它们的实部和虚部分别相等.

注意： 只有两个复数全是实数，才可以比较大小，否则无法比较大小.

4. 共轭复数.

$a+b\mathrm{i}$ 与 $c+d\mathrm{i}$ 共轭$\Leftrightarrow a=c$，$b=-d(a, b, c, d\in\mathbf{R})$.

$z=a+b\mathrm{i}$ 的共轭复数记作 $\overline{z}=a-b\mathrm{i}$，且 $z\cdot\overline{z}=a^2+b^2$.

5. 复数的几何意义.

(1)复平面的概念.

建立平面直角坐标系来表示复数的平面叫作复平面，x 轴叫作实轴，y 轴叫作虚轴. 显然，实轴上的点都表示实数；除了原点外，虚轴上的点都表示纯虚数.

(2)复数的几何意义.

复数 $z=a+b\mathrm{i}$ 与复平面内的点 $Z(a, b)$ 及平面向量$\overrightarrow{OZ}=(a, b)(a, b\in\mathbf{R})$是一一对应关系(复数的实质是有序实数对，有序实数对既可以表示一个点，也可以表示一个平面向量).

相等的向量表示同一个复数.

(3)复数的模.

向量$\overrightarrow{OZ}$的模叫作复数 $z=a+b\mathrm{i}$ 的模，记作$|z|$或$|a+b\mathrm{i}|$，表示点(a, b)到原点的距离，即$|z|=|a+b\mathrm{i}|=\sqrt{a^2+b^2}$，$|z|=|\overline{z}|$.

若 $z_1=a+b\mathrm{i}$，$z_2=c+d\mathrm{i}$，则$|z_1-z_2|$表示(a, b)到(c, d)的距离，即$|z_1-z_2|=\sqrt{(a-c)^2+(b-d)^2}$.

6. 复数的三角形式.

(1)复数的辐角.

以实轴的正半轴为始边，$\overrightarrow{OZ}$所在的射线为终边的角 θ，称为复数 $a+b\mathrm{i}$ 的辐角(见图 7-2).

显然，非零复数的辐角有无数多个值，它们彼此相差 2π 的整数倍数.

对于复数零，由于零向量没有确定的方向，因此没有确定的辐角.

(2)辐角的主值.

为了实际需要，我们把适合于 $-\pi<\theta\leqslant\pi$ 的辐角 θ 称为主辐角，θ 的值称为辐角的主值，记作 $\arg z$，并规定：用主辐角表示复数 $z=a+bi$ 的辐角.

(3)复数 $z=a+bi$ 的模和主辐角公式.

$$|z|=\sqrt{a^2+b^2},$$

$$\tan\theta=\frac{b}{a}(a\neq 0).$$

(4)复数 $a+bi$ 的三角形式.

当复数 $z=a+bi\neq 0$ 时，设 $\begin{cases}a=r\cos\theta,\\ b=r\sin\theta.\end{cases}$

所以 $a+bi=r\cos\theta+ir\sin\theta=r(\cos\theta+i\sin\theta)$.

其中 $r=\sqrt{a^2+b^2}$，$\cos\theta=\frac{a}{r}$，$\sin\theta=\frac{b}{r}$.

式子 $r(\cos\theta+i\sin\theta)$ 叫作复数 $a+bi$ 的三角形式，$a+bi$ 叫作复数的代数形式.

7.2 复数的运算

1. 运算法则.

设 $z_1=a+bi$，$z_2=c+di$，a，b，c，$d\in\mathbf{R}$.

(1) $z_1\pm z_2=a+bi+c+di=(a+c)+(b+d)i$;

(2) $z_1\cdot z_2=(a+bi)\cdot(c+di)=(ac-bd)+(bc+ad)i$;

(3) $\frac{z_1}{z_2}=\frac{(a+bi)}{(c+di)}=\frac{(a+bi)(c-di)}{(c+di)\cdot(c-di)}=\frac{(ac+bd)+(bc-ad)i}{c^2+d^2}$.

2. 几何意义：复数加减法可按向量的平行四边形或三角形法则进行.

3. 常用结论.

(1) i 是虚数单位，$i^2=-1$，$i^3=-i$，$i^4=1$;

(2) $(1+i)^2=2i$，$(1-i)^2=-2i$;

(3) $\left(-\frac{1}{2}\pm\frac{\sqrt{3}}{2}i\right)^3=1$，$\left(\frac{1}{2}\pm\frac{\sqrt{3}}{2}i\right)^3=-1$.

复习题七(A)

一、选择题(在每小题列出的4个备选项中只有一个是符合题目要求的，请将其代码填写在后面的括号里)

1. 已知 $z_1=a+bi$，$z_2=c+di$，若 z_1-z_2 是纯虚数，则有(　　).

A. $a-c=0$，且 $b-d\neq0$　　B. $a-c=0$，且 $b+d\neq0$

C. $a+c=0$，且 $b-d\neq0$　　D. $a+c=0$，且 $b+d\neq0$

2. 如果一个复数与它的模的和为 $5+\sqrt{3}\mathrm{i}$，那么这个复数是(　　).

A. $\dfrac{11}{5}$　　B. $\sqrt{3}\mathrm{i}$

C. $\dfrac{11}{5}+\sqrt{3}\mathrm{i}$　　D. $\dfrac{11}{5}+2\sqrt{3}\mathrm{i}$

3. $z_1=(m^2+m+1)+(m^2+m-4)\mathrm{i}$，$m\in\mathbf{R}$，$z_2=3-2\mathrm{i}$，则 $m=1$ 是 $z_1=z_2$ 的(　　).

A. 充分不必要条件　　B. 必要不充分条件

C. 充要条件　　D. 既不充分又不必要条件

4. 复数 $\dfrac{2-\mathrm{i}}{2+\mathrm{i}}=$(　　).

A. $\dfrac{3}{5}-\dfrac{4}{5}\mathrm{i}$　　B. $\dfrac{3}{5}+\dfrac{4}{5}\mathrm{i}$　　C. $1-\dfrac{4}{5}\mathrm{i}$　　D. $1+\dfrac{3}{5}\mathrm{i}$

5. 复数 z 满足 $(z-\mathrm{i})\mathrm{i}=2+\mathrm{i}$，则 $z=$(　　).

A. $-1-\mathrm{i}$　　B. $1-\mathrm{i}$　　C. $-1+3\mathrm{i}$　　D. $1-2\mathrm{i}$

6. 已知 $z_1=m^2-3m+m^2\mathrm{i}$，$z_2=4+(5m+6)\mathrm{i}$，其中 m 为实数，若 $z_1-z_2=0$，则 m 的值为(　　).

A. 4　　B. -1　　C. 6　　D. 0

7. 若复数 x 满足 $z(2-\mathrm{i})=11+7\mathrm{i}$(i 为虚数单位)，则 $z=$(　　).

A. $3+5\mathrm{i}$　　B. $3-5\mathrm{i}$　　C. $-3+5\mathrm{i}$　　D. $-3-5\mathrm{i}$

8. 设 a，$b\in\mathbf{R}$，i 是虚数单位，则“$ab=0$”是“复数 $a+\dfrac{b}{\mathrm{i}}$ 为纯虚数”的(　　).

A. 充分不必要条件　　B. 必要不充分条件

C. 充要条件　　D. 既不充分也不必要条件

9. 下列命题中：

①若 $a\in\mathbf{R}$，则 $(a+1)\mathrm{i}$ 是纯虚数；

②若 a，$b\in\mathbf{R}$，且 $a>b$，则 $a+\mathrm{i}^3>b+\mathrm{i}^2$；

③若 $(x^2-1)+(x^2+3x+2)\mathrm{i}$ 是纯虚数，则实数 $x=\pm1$；

④两个虚数不能比较大小.

其中，正确命题的序号是(　　).

A. ①　　B. ②　　C. ③　　D. ④

二、填空题(请在每小题的空格中填上正确答案)

1. 如果 $z=a^2-4a+3+(a-1)\mathrm{i}$ 为纯虚数，那么实数 a 的值为________.

2. 已知复数 $z=\sqrt{3x-1}-x+(x^2-4x+3)\mathrm{i}>0$，则实数 $x=$________.

3. 已知复数 $z_1=(a^2-2)+(a-4)\mathrm{i}$，$z_2=a-(a^2-2)\mathrm{i}$，$a\in\mathbf{R}$，且 z_1-z_2 为纯虚数，则 $a=$________.

4. 若复数 $z=1-2\mathrm{i}$，则 $z\bar{z}+2=$________.

5. 设复数 z 满足 $(z+1)\mathrm{i}=-3+2\mathrm{i}$，则 z 的实部是________.

三、计算题

1. 已知复数 $z=\dfrac{a^2-7a+6}{a^2-1}+(a^2-5a-6)\mathrm{i}(a\in\mathbf{R})$. 实数 a 取什么值时，z 是

(1)实数？(2)虚数？(3)纯虚数？

2. 在复平面上，设点 A，B，C，对应的复数分别为 i，1，$4+2\mathrm{i}$. 过 A，B，C 作平行四边形 $ABCD$，求此平行四边形的对角线 BD 的长.

复习题七(B)

一、选择题(在每小题列出的4个备选项中只有一个是符合题目要求的，请将其代码填写在后面的括号里)

1. 若a，$b\in\mathbf{R}$，i为虚数单位，且$(a+\mathrm{i})\mathrm{i}=b+\mathrm{i}$，则(　　).

A. $a=1$，$b=1$　　B. $a=-1$，$b=1$

C. $a=-1$，$b=-1$　　D. $a=1$，$b=-1$

2. 已知$(x+\mathrm{i})(1-\mathrm{i})=y$，则实数$x$，$y$分别为(　　).

A. $x=-1$，$y=1$　　B. $x=-1$，$y=2$

C. $x=1$，$y=1$　　D. $x=1$，$y=2$

3. 已知$\dfrac{a+2\mathrm{i}}{\mathrm{i}}=b+\mathrm{i}(a, b\in\mathbf{R})$，其中i为虚数单位，则$a+b=$(　　).

A. -1　　B. 1　　C. 2　　D. 3

4. 已知$\dfrac{\overline{z}}{1+\mathrm{i}}=2+\mathrm{i}$，则复数$z=$(　　).

A. $-1+3\mathrm{i}$　　B. $1-3\mathrm{i}$

C. $3+\mathrm{i}$　　D. $3-\mathrm{i}$

5. i是虚数单位，若$\dfrac{1+7\mathrm{i}}{2-\mathrm{i}}=a+b\mathrm{i}(a, b\in\mathbf{R})$，则乘积$ab$的值是(　　).

A. -15　　B. -3　　C. 3　　D. 15

6. 复数$z=\mathrm{i}(1+\mathrm{i})$在复平面内对应的点位于(　　).

A. 第一象限　　B. 第二象限

C. 第三象限　　D. 第四象限

7. 复数$z=\mathrm{i}(-2-\mathrm{i})$在复平面内对应的点位于(　　).

A. 第一象限　　B. 第二象限

C. 第三象限　　D. 第四象限

8. 复数$z=\dfrac{2-\mathrm{i}}{2+\mathrm{i}}$在复平面内对应的点位于(　　).

A. 第一象限　　B. 第二象限

C. 第三象限　　D. 第四象限

9. 复数 $z=\frac{i}{1+i}$在复平面内对应的点位于(　　).

A. 第一象限　B. 第二象限　C. 第三象限　D. 第四象限

10. 在复平面内，复数 $6+5i$，$-2+3i$ 对应的点分别为 A，B，若 C 为线段 AB 的中点，则点 C 对应的复数是(　　).

A. $4+8i$　B. $8+2i$　C. $2+4i$　D. $4+i$

11. 若 i 为虚数单位，则$(1+i)i=$(　　).

A. $1+i$　B. $1-i$　C. $-1+i$　D. $-1-i$

12. $a=0$ 是复数 $a+bi(a, b\in \mathbf{R})$为纯虚数的(　　).

A. 充分条件　B. 必要条件

C. 充要条件　D. 既充分也不必要条件

13. 在复平面内，复数$\frac{2-i}{1+i}$对应的点位于(　　).

A. 第一象限　B. 第二象限

C. 第三象限　D. 第四象限

14. 下列命题中，假命题是(　　).

A. 两个复数不可以比较大小　B. 两个实数可以比较大小

C. 两个虚数不可以比较大小　D. 一虚数和一实数不可以比较大小

15. 设 a，b，c，$d\in \mathbf{R}$，则复数$(a+bi)(c+di)$为实数的充要条件是(　　).

A. $ad-bc=0$　B. $ac-bd=0$

C. $ac+bd=0$　D. $ad+bc=0$

16. 如果复数$\frac{2-bi}{1+2i}$的实部与虚部互为相反数，那么实数 $b=$(　　).

A. $-\frac{2}{3}$　B. $\frac{2}{3}$　C. 2　D. $\sqrt{2}$

17. 若复数 z 满足方程 $z^2+2=0$，则 z^3 的值为(　　).

A. $\pm 2\sqrt{2}$　B. $-2\sqrt{2}$　C. $\pm 2\sqrt{2}i$　D. $-2\sqrt{2}i$

18. 已知 $z+5-6i=3+4i$，则复数 z 为(　　).

A. $-4+20i$　B. $-2+10i$　C. $-8+20i$　D. $-2+20i$

19. 若 i 表示虚数单位，则 i^2 的值是(　　).

A. 0　B. -1　C. i　D. $-i$

20. 复数$\left(1+\frac{1}{i}\right)^8$ 的值是(　　).

A. $16i$　B. $4i$　C. 16　D. 4

二、填空题(请在每小题的空格中填上正确答案)

1. 在复平面内，表示复数 $z=(m-3)+2\sqrt{m}\,\mathrm{i}$ 的点在直线 $y=x$ 上，则实数 m 的值为________.

2. 复数 $z=x+1+(y-2)\mathrm{i}$，且 $|z|=3$，则点 $Z(x, y)$的轨迹是________.

3. 复数 $z_1=1+2\mathrm{i}$，$z_2=-2+\mathrm{i}$，$z_3=-\sqrt{3}-\sqrt{2}\mathrm{i}$，$z_4=\sqrt{3}-\sqrt{2}\mathrm{i}$，$z_1$，$z_2$，$z_3$，$z_4$在复平面内的对应点分别是 A，B，C，D，则$\angle ABC+\angle ADC=$________.

4. 复数 $4+3\mathrm{i}$ 与 $-2-5\mathrm{i}$ 分别表示向量$\overrightarrow{OA}$与$\overrightarrow{OB}$，则向量$\overrightarrow{AB}$表示的复数是________.

5. 已知 $f(z+\mathrm{i})=3z-2\mathrm{i}$，则 $f(\mathrm{i})=$________.

6. 已知$\frac{m}{1+\mathrm{i}}=1-n\mathrm{i}$，其中 m，n 是实数，i 是虚数单位，则 $m-n\mathrm{i}=$________.

7. 已知复数 z 与 $(z+2)^2-8\mathrm{i}$ 均是纯虚数，则 $z=$________.

8. 若$|z|=2$，且$|z+\mathrm{i}|=|z-1|$，则复数 $z=$________.

9. 对于非零实数 a，b，以下四个命题都成立：

①$a^2+1>0$；

②$(a+b)^2=a^2+2ab+b^2$；

③若$|a|=|b|$，则 $a=\pm b$；

④若 $a^2=ab$，则 $a=b$.

那么，对于非零复数 a，b，仍然成立的命题的所有序号是________.

10. 已知复数 z 满足 $|z|=5$，且$(3-4\mathrm{i})z$ 是纯虚数，则 $\overline{z}=$________.

三、计算题

1. 设 a，b 为共轭复数，且$(a+b)^2-3ab\mathrm{i}=4-12\mathrm{i}$，求 a，b 的值.

2. 已知复数 z_1 满足$(z_1-2)(1+\mathrm{i})=1-\mathrm{i}$，复数 z_2 满足 $z_1\cdot z_2$ 是实数，且$|z_2|=\sqrt{5}$，求 z_2.

3. 实数 m 分别取何值时，复数 $z=(m^2+5m+6)+(m^2-2m-15)\mathrm{i}$.

(1)与 $2-12\mathrm{i}$ 相等；

(2)与复数 $12+16\mathrm{i}$ 共轭；

(3)对应点在 x 轴上方.

4. 已知平行四边形 $OABC$ 的三个顶点 O，A，C 对应的复数分别是 0，$4+2\mathrm{i}$，$-2+4\mathrm{i}$，求点 B 对应的复数.

专题阅读

复数的起源

我们知道：两个负数相乘，其乘积总是正数．因此，根据定义，所有不等于零的数的平方应该都是正数．问题自然就出现了——一个负数的平方根是多少？我们知道，4的算术平方根($\sqrt{4}$)是$2(2^2=4)$．是否也可以认为$\sqrt{4}$也可能是-2呢？因为$(-2)^2=4$．到了16世纪，一些复杂等式的运算不可避免涉及了求解负数的平方根和立方根问题，数学家们则被迫开始解决这一难题．

$$\text{复数}(a+bi)\begin{cases}\text{实数}(b=0)\\ \text{虚数}(b\neq0)\begin{cases}\text{纯虚数}(a=0)\\ \text{非纯虚数}(a\neq0)\end{cases}\end{cases}$$

1545年，意大利数学家卡尔达诺(Gerolamo Cardano，1501—1576)提出，虽然负数的平方根没有实数值，但是可以有一个虚值，或者可以“假想”一个数值．很快，邦别利提出可以利用叫作“复数”的数值来表达一些等式．在复数里，有基于单位1的“实数”部分，也有基于单位i的虚数部分．我们要感谢笛卡儿提出了虚数这个概念，感谢欧拉使用符号i．虚数单元i的运算和单元1的运算类似，也是i+2i=3i，但是虚数部分构成了另外一组数的基础，而这组数和实数截然不同．(这两种数之间没有交叉，但是很相似．)所以一个复数可以是1+i或者3+2i．进行实数的加减运算的时候，实数和虚数部分分别运算．进行乘法运算的时候，系数与这两部分分别相乘．

1673年，沃利斯发明了一种简单的方法，将虚数表示成平面上的点．他引入另一条与实数轴垂直的数轴，将虚数放在这条数轴上．实数构成了平面上的一条数轴，而虚数则构成了另一条数轴．平面上其他点与复数一一对应，复数由两部分组成，一部分为实部，另一部分为虚部．在笛卡儿坐标系中，我们沿实轴度量实部，沿平行于虚轴方向度量虚部．这与笛卡儿运用代数方法处理平面几何问题类似，都使用了数轴．例如，3+i距原点右方3个单位，上方1个单位．沃利斯的思想解决了有关虚数的意义问题，但无人问津(图7-4)．不过慢慢地，他的思想潜移默化中被人们所接受了．大多数数学家不再为复数平方根在实数轴上无立足之地而苦恼了．

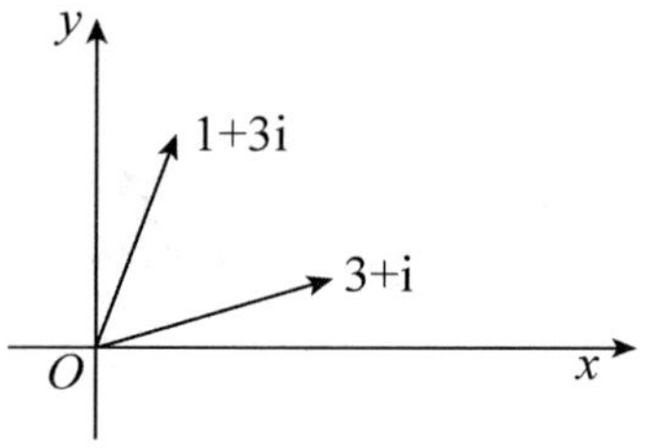

图 7-4

复数作为合理的量被人们接受后，在数学的各个分支中迅速传播．如今，复数被广泛应用于物理学和工程学中．一个简单的例子就是振动（周期性重复运动）研究，如地震中建筑物的摇动、车内的振动、交流电的传输等．复数还可以用于测算动力系统稳态的稳定性，因此被广泛应用于控制论中．

第8章 算法与程序框图

本章概述

随着科学技术的发展，计算机已成为人们不可或缺的工具，并在人们的学习和工作中发挥着重要的作用．要了解计算机的工作原理，首先要学习算法的相关知识．本章将介绍算法的相关概念，算法的直观描述——程序框图．

本章学习要求

△ 1．通过对解决具体问题过程与步骤的分析，体会算法的思想，了解算法的含义．

△ 2．掌握绘制算法流程图的常用符号、一般规则和意义．

△ 3．理解程序框图的三种基本逻辑结构：顺序结构、选择结构、循环结构，并能运用这些知识，根据简单实际问题的自然语言写出其算法及流程，并绘制流程图．

8.1 算法的概念

我们从小学就接触过算法，如加减法的竖式运算、九九乘法表、多边形的面积公式等，探讨算法的概念及结构有着重要的意义. 那么什么是算法呢？本节通过几个具体的实例引入了算法的概念.

8.1.1 算法的概念

首先，我们通过下面两个引例体会算法的含义.

引例 1(猜数游戏) 已知一件商品价格位于 0～6 000 元，如何才能在主持人的简单提示下快速猜出商品的价格呢？

解 在众多的解决途径中，一种较好的途径是：

第一步，猜 0 和 6 000 的中间数“3 000”.

第二步，若主持人说“低了”，则猜 3 000 和 6 000 的中间数“4 500”；若主持人说“高了”，则猜 0 和 3 000 的中间数“1 500”.

第三步，重复第二步的猜数方法，直到猜出正确的价格.

引例 2(二元一次方程组) 写出求解二元一次方程组$\begin{cases}2x-3y=1,\\3x+6y=19\end{cases}$的计算步骤.

由方程组$\begin{cases}2x-3y=1, & (1)\\3x+6y=19. & (2)\end{cases}$

解 （利用加减消元法进行求解）

第一步，由(1)×2 得 $4x-6y=2$； (3)

第二步，由(2)+(3)得 $7x=21$；

第三步，整理得 $x=3$；

第四步，将 $x=3$ 代入(1)，得 $y=\frac{5}{3}$.

所以原方程组的解为$\begin{cases}x=3,\\y=\frac{5}{3}.\end{cases}$

以上问题的解决需要一系列可操作的程序或步骤. 在数学中，我们把解决问题的程序或步骤称为算法．我们以前学过的加、减、乘、除运算法则，方程或不等式的解法，多项式的运算法则等都是算法．算法通常可以编成计算机程序，让计算机执行并解决问题，极大地提高了解决问题的速度．

算法通常具备以下特性．

①有限性：算法的程序或步骤必须在有限步内完成，而不能无限地执行下去．

②确定性：算法的每一步必须是确定的而不是模棱两可的，每一个步骤只能有一个确定的后继步骤，并且能够通过有效地执行这些步骤得到确定的结果．

③不唯一性：求解某一个问题的算法可以有多个．例如，二元一次方程组可以用代入消元法求解，也可用加减消元法求解．

你能写出此二元一次方程组的另一种算法吗？

8.1.2 算法简单举例

例 1 写出求解$\frac{6}{7}\times\left(\frac{1}{3}-\frac{1}{6}\right)\times\frac{14}{3}\div\frac{1}{2}$的一个算法．

解

第一步，计算$\frac{1}{3}-\frac{1}{6}$，得到$\frac{1}{6}$；

第二步，将$\frac{6}{7}$与第一步的运算结果$\frac{1}{6}$相乘，得到$\frac{1}{7}$；

第三步，将第二步的运算结果$\frac{1}{7}$乘$\frac{14}{3}$，得到$\frac{2}{3}$；

第四步，将第三步的运算结果$\frac{2}{3}$除以$\frac{1}{2}$，得到$\frac{4}{3}$．

小贴士：在描述算法的步骤时，可以用 S1(Step1)来表示第一步，用 S2(Step2)来表示第二步，依此类推．

例 2 写出求解一元一次方程 $2(x+3)=12-x$ 的一个算法.

解

S1，去括号得 $2x+6=12-x$；

S2，移项得 $2x+x=12-6$；

S3，合并同类项得 $3x=6$；

S4，系数化为 1 得 $x=2$.

例 3 设计一个算法，判断 7 是否为质数.

分析 只有 1 和它本身两个因数的数称为质数. 根据质数的定义，可以依次用 2～6 除 7，如果它们都不能整除 7，则 7 是质数，否则 7 不是质数.

解

S1，用 2 除 7，余数为 1，所以 2 不能整除 7；

S2，用 3 除 7，余数为 1，所以 3 不能整除 7；

S3，用 4 除 7，余数为 3，所以 4 不能整除 7；

S4，用 5 除 7，余数为 2，所以 5 不能整除 7；

S5，用 6 除 7，余数为 1，所以 6 不能整除 7.

因此，7 是质数.

例 4 写出求解 54、72 和 90 的最大公约数的一个算法.

分析 最大公约数是指两个或多个整数共有约数中最大的一个.

解

S1，将 54，72，90 分别分解质因数得：

$54=2\times3\times3\times3$，

$72=2\times2\times2\times3\times3$，

$90=2\times3\times3\times5$；

S2，找出它们的公因数：2，3，3；

S3，计算最大公因数 $2\times3\times3=18$.

例 5 写出计算 $1\times2\times3\times4\times5\times6$ 的一个算法.

解

S1，计算 1 乘 2，得到 2；

S2，将 S1 的计算结果 2 乘 3，得到 6；

S3，将 S2 的计算结果 6 乘 4，得到 24；

S4，将 S3 的计算结果 24 乘 5，得到 120；

S5，将 S4 的计算结果 120 乘 6，得到 720.

思考题 8－1

1. 你能举出更多算法的例子吗？
2. 你能写出求解一般的一元一次方程 $ax+b=0(a\neq0)$ 的一个算法吗？

课堂练习 8－1

1. 写出求解 $6+5\times(4-2)$ 的一个算法.
2. 写出求解一元一次方程 $5+2x=1-8x$ 的一个算法.
3. 设计一个算法，判断 35 是否为质数.
4. 写出求解 42，63 和 84 的最大公约数的一个算法.
5. 写出计算 $1+2+3+4+5+6$ 的一个算法.
6. 写出求解二元一次方程组$\begin{cases}4x+5y=20,\\3x+2y=1\end{cases}$的一个算法.
7. 写出求解不等式 $3x+5>-x+25$ 的一个算法.

8.2 程序框图

为了更清晰、直观地表达算法的程序或步骤，我们经常用图形来表示它——程序框图，本节介绍了程序框图的基本图例及三种基本逻辑结构.

8.2.1 程序框图的基本图例

程序框图又称流程图，是一种用规定的图形、指向线及文字说明来准确、直观地表示算法的图形.

一个程序框图包括以下几个部分：表示相应操作的程序框；带箭头的流程线；程序框外必要文字说明. 其中，一个或几个程序框的组合表示算法中的一个步骤，带箭头的流程线表示算法步骤的执行顺序.

例如，$1\times2\times3\times4\times5\times6$ 的一个算法可以用下面的程序框图 8-1 来表示.

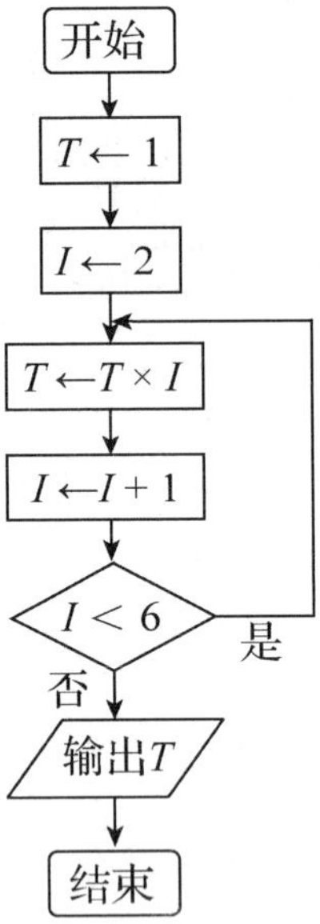

说明：
$T \leftarrow 1$:令T=1;
$I \leftarrow 2$:令I=2;
$T \leftarrow T \times I$:将$T \times I$结果仍存放在T中；
$I \leftarrow I+1$: 使I值增加1

图 8-1

基本的程序框和它们各自表示的功能如表 8-1 所示.

表 8-1

程序框	名称	功能
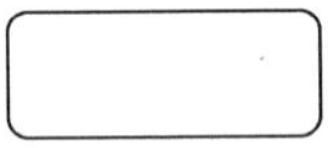	起止框	表示一个算法的起始和结束，是任何流程图不可缺少的
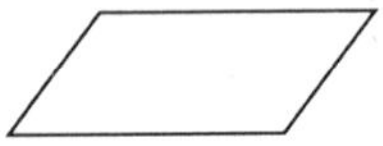	输入、输出框	表示一个算法输入和输出的信息，可用在算法中任何需要输入、输出的位置
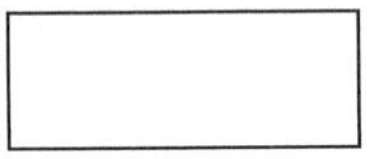	处理框	赋值、计算，算法中处理数据需要的算式、公式等分别写在不同的用以处理数据的处理框内
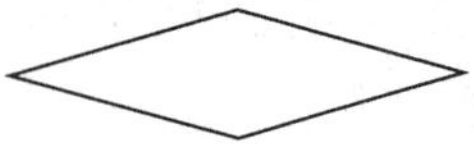	判断框	判断某一条件是否成立，成立时在出口处标明“是”或“Y”；不成立时标明“否”或“N”
	流程线	连接程序框

图 8-1 所示的程序框图包含三种基本逻辑结构：顺序结构、条件结构和循环结构. 不同的程序框图虽然千差万别，但都是由这三种结构相互嵌套和组合而成的.

同学们在画程序框图时要注意以下规则.

(1)使用标准的图形符号.

(2)框图一般按从上到下、从左到右的方向画.

(3)除判断框外，大多数流程图符号只有一个进入点和一个退出点. 判断框具有超过一个退出点的唯一符号.

(4)判断框分两大类，一类判断框有“是”与“否”两分支的判断，而且有且仅有两个结果；另一类是多分支判断，有几种不同的结果.

(5)在图形符号内描述的语言要非常简练清楚.

8.2.2 程序框图的三种基本逻辑结构

1. 顺序结构

顺序结构是由若干个步骤依次进行组成的结构，各步骤是按从上到下的顺序进行的，如图 8-2 所示. 它是最简单的，任何一个算法都离不开的一种基本算法结构.

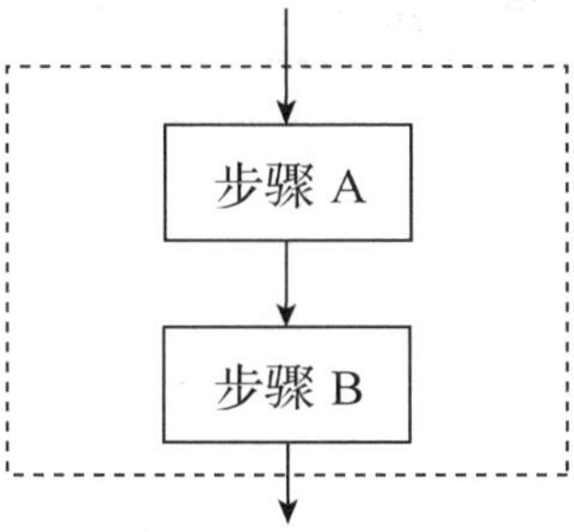

图 8-2

例 1 已知 $z=4x+3y$，设计一个算法，计算当 $x=3$，$y=5$ 时 z 的值，并画出程序框图.

解

S1，$x\leftarrow 3$，$y\leftarrow 5$；

S2，计算 $z=4x+3y$；

S3，输出 z.

程序框图如图 8-3 所示.

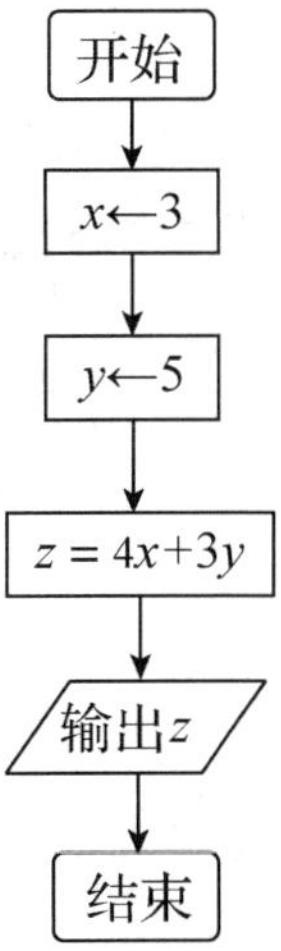

图 8-3

例 2 已知一个三角形的三边长分别为 a，b，c，设计一个算法，利用海伦-秦九韶公式求三角形的面积，并画出程序框图.

分析 海伦-秦九韶公式是计算三角形面积的公式，表达式为

$$S=\sqrt{p(p-a)(p-b)(p-c)}，其中\ p=\frac{a+b+c}{2}.$$

解

S1，输入 a，b，c；

S2，计算 $p=\frac{a+b+c}{2}$；

S3，计算 $S=\sqrt{p(p-a)(p-b)(p-c)}$；

S4，输出 S.

程序框图如图 8-4 所示.

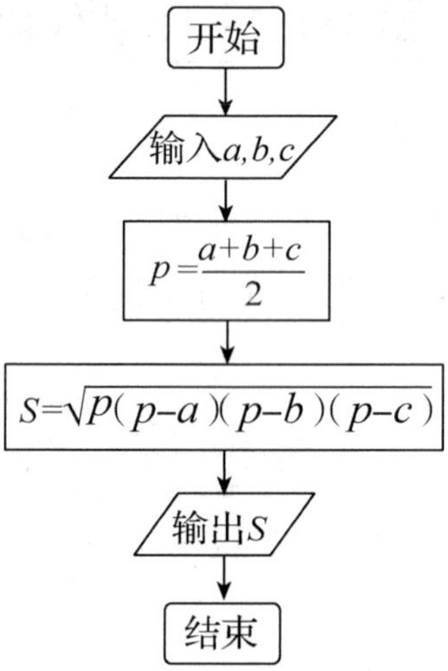

图 8-4

2. 条件结构

在一个算法中，有时会遇到条件的判断，当条件成立时，执行一种操作；当条件不成立时，执行另一种操作．如图 8-5 所示，当条件 M 成立时，执行 A，否则执行 B. 这种通过对条件的判断根据条件是否成立而选择不同流向的算法结构称为条件结构.

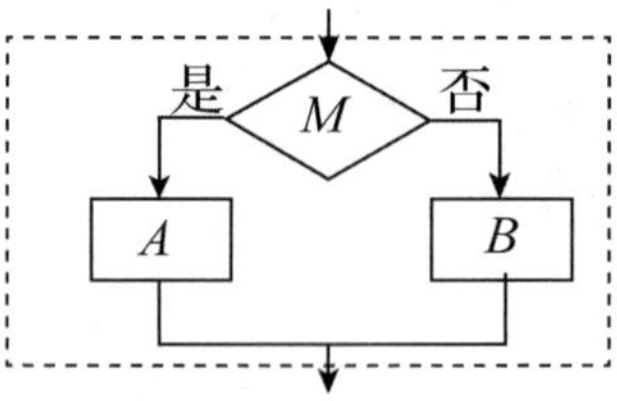

图 8-5

例 3 为节约水资源，某市制定了新的阶梯水价，居民每月应缴纳的水费 y(元)与用水量 $x(\mathrm{m}^3)$之间的函数关系为 $y=\begin{cases}4.2x, & x\leqslant 144,\\ 5.6x-201.6, & x>144\end{cases}$ 试设计一

个求该函数的算法，并画出程序框图.

解 此分段函数的算法如下.

S1，输入 x.

S2，若 $x\leqslant 144$，则 $y=4.2x$；若 $x>144$，则 $y=5.6x-201.6$.

S3，输出 y.

程序框图如图 8-6 所示.

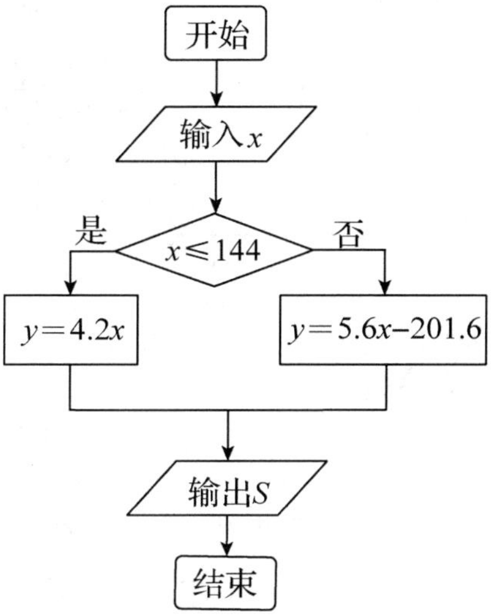

图 8-6

例 4 设计求解一元二次方程 $ax^2+bx+c=0(a\neq 0)$的一个算法，并画出程序框图.

分析 当 $\Delta=b^2-4ac\geqslant 0$ 时，方程有两个实数根；当 $\Delta=b^2-4ac<0$ 时，方程无实数根.

解

S1，输入 a，b，c.

S2，$\Delta\leftarrow b^2-4ac$.

S3，当 $\Delta\geqslant 0$ 时，输出两个实数根 $x_1=\dfrac{-b+\sqrt{\Delta}}{2a}$，$x_2=\dfrac{-b-\sqrt{\Delta}}{2a}$；当 $\Delta<0$ 时，输出“方程无实数根”.

程序框图如图 8-7 所示.

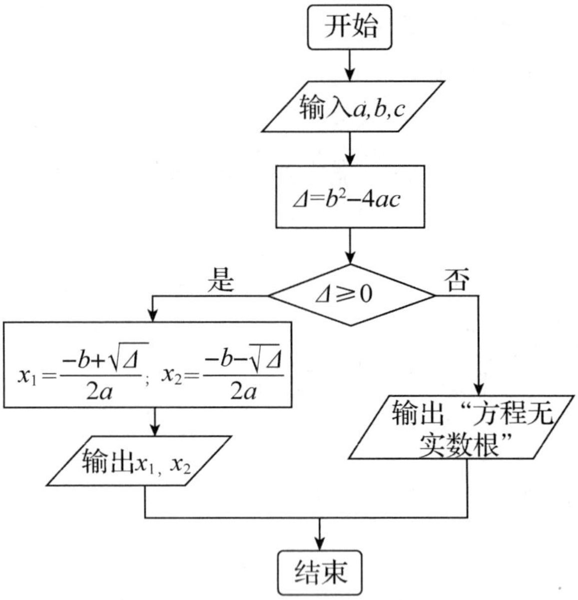

图 8-7

3. 循环结构

在一些算法中，经常会出现从某处开始，需要反复执行某一步骤的结构，称之为循环结构，反复执行的步骤为循环体．循环结构的程序框图经常表示为图 8-8 的形式，当给定的条件 M 成立时，执行 A 操作，再判断条件 M 是否成立，如果仍然成立，再执行 A 操作，如此反复，直到某一次条件 M 不成立为止，此时不再执行 A 操作，该循环系统结束．此种结构称为当型循环结构．显然，循环结构中一定包含条件结构．

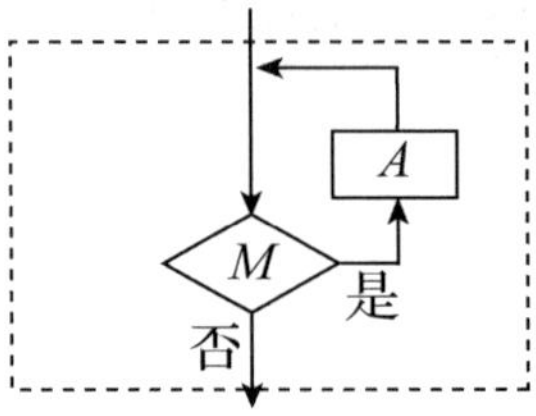

图 8-8

例 5　设计一个计算 $1+2+3+\cdots+10$ 的算法，并画出程序框图．

分析　我们可以采取依次相加的方式进行求解．

S1，计算 1 加 2，得到 3；

S2，将 S1 的计算结果 3 加 3，得到 6；

S3，将 S2 的计算结果 6 加 4，得到 10；

……

为了描述上述步骤共同的结构，我们可以引入一个变量 I，令 I 依次取值 1，2，3，…，10；同时引入一个累加变量 S 表示第 I 步的计算结果，S 初始值取 0，则

$$第(I-1)步的结果+I=第 I 步的结果,$$

$$S=S+I.$$

解 算法如下.

S1，令 $S=0$，$I=1$；

S2，若 $I\leqslant 10$，则执行 S3，否则执行 S5；

S3，$S=S+I$；

S4，$I=I+1$，返回 S2；

S5，输出 S.

程序框图如图 8-9 所示.

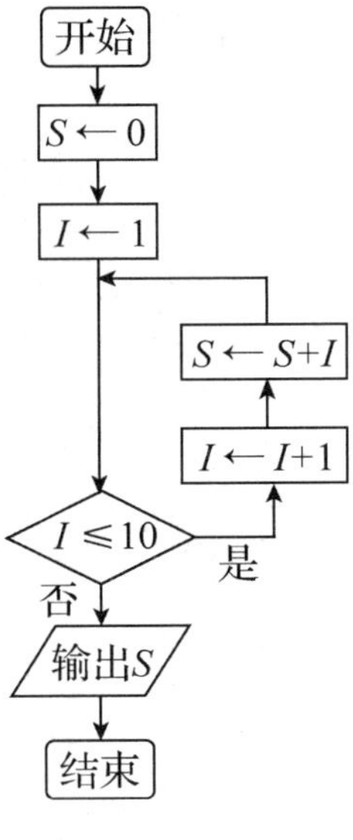

图 8-9

I 同时记录了循环的次数，称为技术变量. 在循环结构中都有一个计数变量和累加变量. 计数变量用于记录循环次数，累加变量用于输出结果. 计数变量和累加变量一般是同步执行的，累加一次，计数一次.

除了当型循环结构，循环结构还可以用图 8-10 来表示. 其特点是：首先，执行 A 操作；其次，判断条件 M 是否成立，若不成立，则重复执行 A 操作，直到条件 M 成立，此循环系统结束，此种结构称为直到型循环结构.

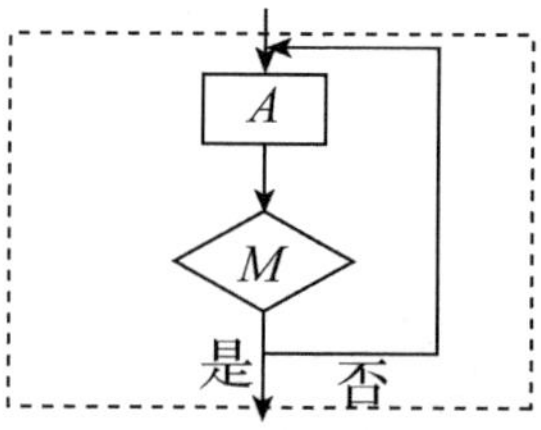

图 8-10

还可以用直到型循环结构来表示，如图 8-11 所示.

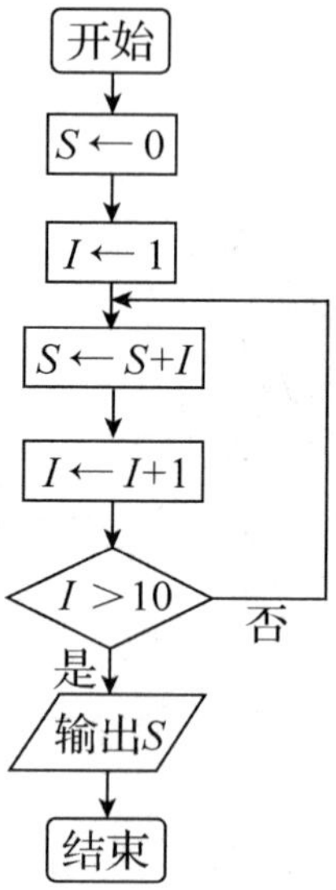

图 8-11

思考题 8－2

1. 程序框图有哪几种程序框？各自的功能是什么？

2. 程序框图有哪几种基本逻辑结构？各有什么特点？

课堂练习 8－2

1. 设计一个求半径为 R 的球的表面积和体积的算法，并画出程序框图.

2. 已知 $w=3x+2y+6z$，设计一个算法，计算当 $x=5$，$y=6$，$z=7$ 时 w 的值，并画出程序框图.

3. 试设计一个求 $y=|x|$ 的算法，并画出程序框图.

4. 试设计一个求分段函数 $y=\begin{cases}2x-1, & x\leqslant 0,\\ 2x+1, & x>0\end{cases}$ 的算法，并画出程序框图.

8.3 应用举例

本节将介绍算法的两个案例——更相减损术与秦九韶算法.

8.3.1 更相减损术

《九章算术》中的："可半者半之，不可半者，副置分母、子之数，以少减多，更相减损，求其等也，以等数约之."这段话体现了一种求两个数最大公约数的算法，称为更相减损术.

这段话翻译如下.

第一步，对于任意给出的两个正整数，首先判断它们是否都是偶数，若是，则用 2 约简；若不是，则转第二步.

第二步，用其中的大数减去小数，把所得的差与较小的数比较，再用其中的大数减去小数，继续这个操作，直到所得的数相等为止.

则这个相等的数或者这个数与约简的数的乘积就是所求的最大公约数.

例 1 求 49 和 91 的最大公约数.

分析 由于 49 和 91 不是偶数，所以不需要约简，直接进行第二步.

解 将 49 和 91 辗转相减得

$$
\begin{aligned}
&91-49=42,\\
&49-42=7,\\
&42-7=35,\\
&35-7=28,\\
&28-7=21,\\
&21-7=14,\\
&14-7=7.
\end{aligned}
$$

最后一步中，减数与差相等，终止操作，所以 91 和 49 的最大公约数是 7.

8.3.2 秦九韶算法

对于多项式 $f(x)=x^5+x^4+x^3+x^2+x+1$，如何求当 $x=5$ 时，$f(x)$的值呢？

算法一：我们可以将 $x=5$ 直接代入得

$$
\begin{aligned}
f(5)&=5^5+5^4+5^3+5^2+5+1\\
&=3\,125+625+125+25+5+1\\
&=3\,906.
\end{aligned}
$$

本次运算过程共做了 10 次乘法运算和 5 次加法运算.

算法二：

$$
\begin{aligned}
f(5)&=5^5+5^4+5^3+5^2+5+1\\
&=5\times(5^4+5^3+5^2+5+1)+1\\
&=5\times(5\times(5^3+5^2+5+1)+1)+1\\
&=5\times(5\times(5\times(5^2+5+1)+1)+1)+1\\
&=5\times(5\times(5\times(5\times(5+1)+1)+1)+1)+1.
\end{aligned}
$$

本次运算过程共做了 4 次乘法运算和 5 次加法运算.

显然，对于计算机而言，算法二的计算更快速有效. 像算法二这样求 n 次多项式的值是由秦九韶率先提出来的，被称为秦九韶算法. 秦九韶算法是中国古代数学的一枝奇葩，直到今天，这种算法仍是多项式求值比较先进的算法.

对于一般的 n 次多项式，秦九韶算法可以表示为

$$
\begin{aligned}
f(x)&=a_nx^n+a_{n-1}x^{n-1}+\cdots+a_1x+a_0\\
&=(a_nx^{n-1}+a_{n-1}x^{n-2}+\cdots+a_2x+a_1)x+a_0\\
&=((a_nx^{n-2}+a_{n-1}x^{n-3}+\cdots+a_2)x+a_1)x+a_0\\
&=\cdots\\
&=(\cdots((a_nx+a_{n-1})x+a_{n-2})x+\cdots+a_1)x+a_0.
\end{aligned}
$$

用 $v_1\sim v_n$ 分别表示 n 个一次式，得到下列算法.

S1，计算 $v_1=a_nx+a_{n-1}$；

S2，计算 $v_2=v_1x+a_{n-2}$；

S3，计算 $v_3=v_2x+a_{n-3}$；

……

Sn，计算 $v_n=v_{n-1}x+a_0$.

秦九韶算法的特点是：一个 n 次多项式可以通过对一次式的反复计算而得出，这样就将 n 次多项式的计算转化成了 n 次加法和 n 次乘法的计算.

例 2 写出 $f(x)=3x^4+2x^3-9x^2-11x+1$ 在 $x=4$ 时的值的一个算法.

分析 根据秦九韶算法，将多项式改写为

$$f(x)=(((3x+2)x-9)x-11)x+1.$$

解

S1，$v_0=3$；

S2，$v_1=3\times4+2=14$；

S3，$v_2=14\times4-9=47$；

S4，$v_3=47\times4-11=177$；

S5，$v_4=177\times4+1=709$；

所以 $f(4)=709$.

思考题 8－3

1. 你能尝试写出更相减损术的算法并画出程序框图吗？
2. 你能尝试画出秦九韶算法的程序框图吗？

课堂练习 8－3

1. 用更相减损术求 48 和 84 的最大公约数.
2. 写出 $f(x)=2x^5+4x^4+x^3-5x^2-2x+1$ 在 $x=5$ 时的值的一个算法.

本章小结

知识框架

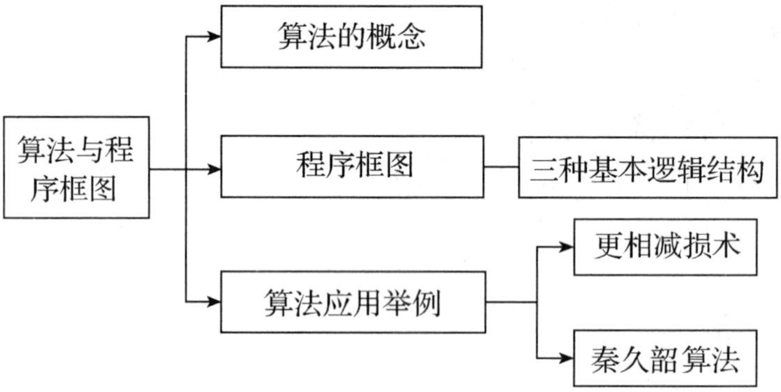

知识点梳理

8.1 算法的概念

1. 我们把解决问题的程序或步骤称为算法.

2. 算法通常具备以下特性.

(1)有限性：算法的程序或步骤必须在有限步内完成，而不能无限地执行下去.

(2)确定性：算法的每一步必须是确定的而不是模棱两可的，每一个步骤只能有一个确定的后继步骤，并且能够通过有效地执行这些步骤得到确定的结果.

(3)不唯一性：求解某一个问题的算法可以有多个. 例如，二元一次方程组可以用代入消元法求解，也可用加减消元法求解.

8.2 程序框图

1. 程序构图的概念：程序框图又称流程图，是一种用规定的图形、指向线及文字说明来准确、直观地表示算法的图形.

2. 一个程序框图包括以下几个部分：表示相应操作的程序框；带箭头的流

程线；程序框外必要的文字说明．其中，一个或几个程序框的组合表示算法中的一个步骤，带箭头的流程线表示算法步骤的执行顺序．

3．基本的程序框和它们各自表示的功能如下．

程序框	名称	功能
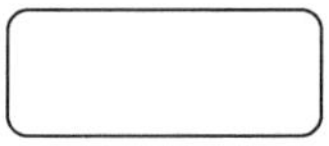	起止框	表示一个算法的起始和结束，是任何流程图不可缺少的
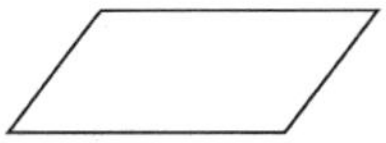	输入、输出框	表示一个算法输入和输出的信息，可用在算法中任何需要输入、输出的位置
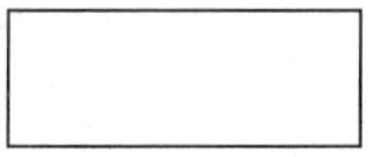	处理框	赋值、计算，算法中处理数据需要的算式、公式等分别写在不同的用以处理数据的处理框内
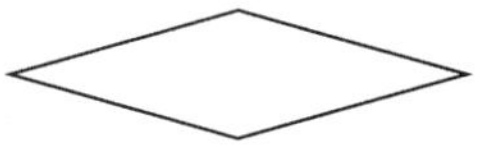	判断框	判断某一条件是否成立，成立时在出口处标明“是”或“Y”；不成立时标明“否”或“N”
→	流程线	连接程序框

4．程序框图包含三种基本逻辑结构：顺序结构、条件结构和循环结构．

5．同学们在画程序框图时要注意以下规则．

(1)使用标准的图形符号．

(2)框图一般按从上到下、从左到右的方向画．

(3)除判断框外，大多数流程图符号只有一个进入点和一个退出点．判断框具有超过一个退出点的唯一符号．

(4)判断框分两大类，一类判断框有“是”与“否”两分支的判断，而且有且仅有两个结果；另一类是多分支判断，有几种不同的结果．

(5)在图形符号内描述的语言要非常简练清楚．

6．顺序结构：顺序结构是由若干个步骤依次进行组成的结构，各步骤是按从上到下的顺序进行的，它是一种最简单的，任何一个算法都离不开的一种基本算法结构．

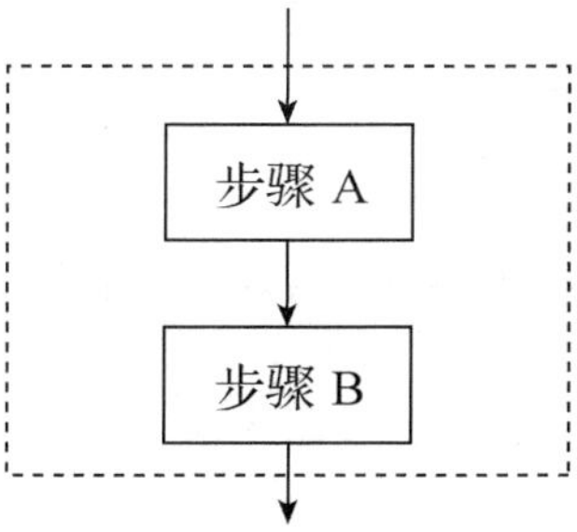

7. 条件结构：在一个算法中，有时会遇到条件的判断，当条件成立时，执行一种操作；当条件不成立时，执行另一种操作. 如图所示，当条件 M 成立时，执行 A，否则执行 B. 这种对条件的判断根据条件是否成立而选择不同的流向的算法结构称为条件结构.

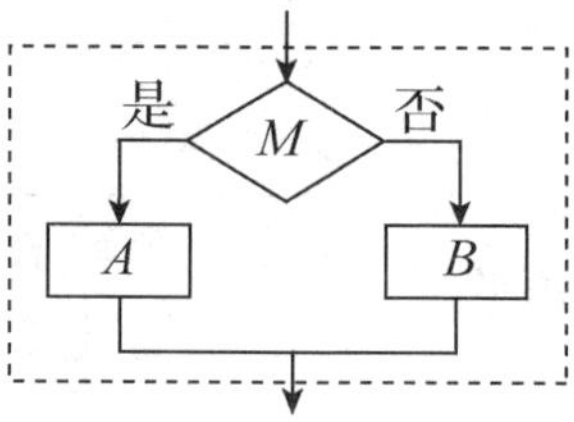

8. 循环结构：在一些算法中，经常会出现从某处开始，需要反复执行某一步骤的情况，称为循环结构，反复执行的步骤为循环体.

9. 循环结构可细分为两类.

(1)当型循环结构：当给定的条件 M 成立时，执行 A 操作，再判断条件 M 是否成立，如果仍然成立，再执行 A 操作，如此反复，直到某一次条件 M 不成立为止，此时不再执行 A 操作，该循环系统结束. 此种结构称为当型循环结构. 显然，循环结构中一定包含条件结构.

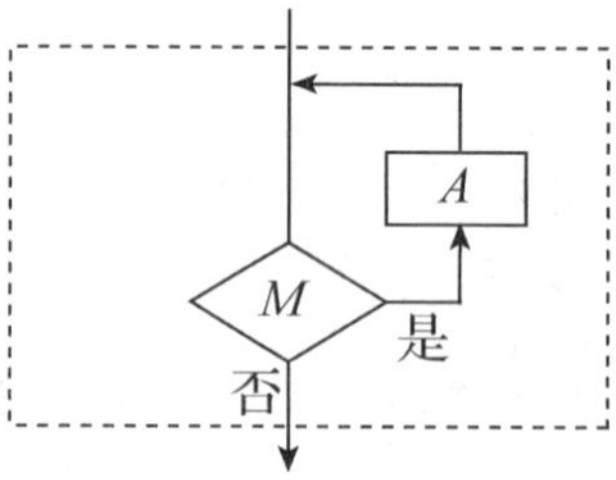

(2)直到型循环结构：首先执行 A 操作，然后判断条件 M 是否成立，若不成立，则再次执行 A 操作，直到条件 M 成立，此循环系统结束，此种结构称为直到型循环结构.

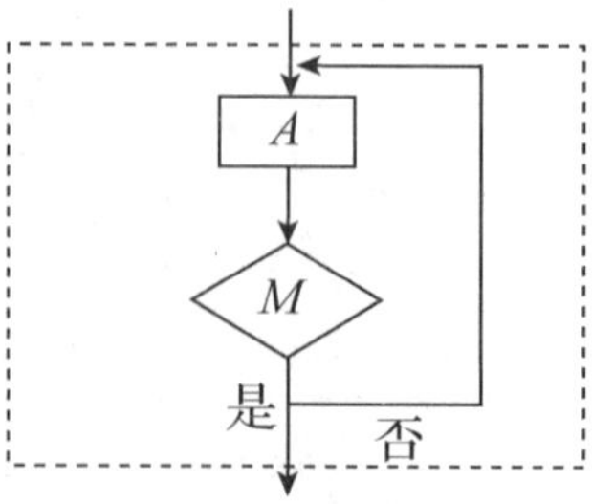

10. 在循环结构中都有一个计数变量和累加变量. 计数变量用于记录循环次数，累加变量用于输出结果. 计数变量和累加变量一般是同步执行的，累加一次，计数一次.

8.3 应用举例

1. 用更相减损术求最大公约数的步骤.

第一步，对于任意给出的两个正整数，首先判断它们是否都是偶数，若是，则用 2 约简；若不是，则转第二步.

第二步，用其中的大数减去小数，把所得的差与较小的数比较，再用其中的大数减去小数，继续这个操作，直到所得的数相等为止.

则这个相等的数或者这个数与约简的数的乘积就是所求的最大公约数.

2. 秦九韶算法.

$$\begin{aligned}f(x)&=a_nx^n+a_{n-1}x^{n-1}+\cdots+a_1x+a_0\\&=(a_nx^{n-1}+a_{n-1}x^{n-2}+\cdots+a_2x+a_1)x+a_0\\&=((a_nx^{n-2}+a_{n-1}x^{n-3}+\cdots+a_2)x+a_1)x+a_0\\&=\cdots\\&=(\cdots((a_nx+a_{n-1})x+a_{n-2})x+\cdots+a_1)x+a_0\end{aligned}$$

用 $v_1\sim v_n$ 分别表示 n 个一次式，得到下列算法.

第一步，计算 $v_1=a_nx+a_{n-1}$，

第二步，计算 $v_2=v_1x+a_{n-2}$，

第三步，计算 $v_3=v_2x+a_{n-3}$，

……

第 n 步，计算 $v_n=v_{n-1}x+a_0$.

3. 秦九韶算法的特点：一个 n 次多项式可以通过对一次式的反复计算而得出，这样就将 n 次多项式的计算转化成了 n 次加法和 n 次乘法的计算.

复习题八(A)

一、选择题(在每小题列出的4个备选项中只有一个是符合题目要求的，请将其代码填写在后面的括号里)

1. 下列不属于算法特征的是(　　).

A. 不唯一性　　B. 确定性　　C. 有限性　　D. 抽象性

2. 下列关于算法的说法，正确的有(　　)个.

①算法的每一步必须是确定的而不是模棱两可的

②求解某一个问题的算法可以有多个

③算法的每一个步骤只能有一个确定的后继步骤

④算法可以有无限多步

A. 1　　B. 2　　C. 3　　D. 4

3. 算法的三种基本逻辑结构是(　　).

A. 顺序结构　条件结构　循环结构

B. 顺序结构　条件结构　分支结构

C. 流程结构　条件结构　循环结构

D. 流程结构　循环结构　分支结构

4. 流程图中表示判断框的是(　　).

A. 矩形框　　B. 菱形框

C. 圆形框　　D. 椭圆形框

5. 程序框中矩形框的功能是(　　).

A. 起止框　　B. 输入、输出框

C. 处理框　　D. 判断框

6. 下列程序框中，出口可以有两个流向的是(　　).

A. 起止框　　B. 输入、输出框

C. 处理框　　D. 判断框

7. 关于算法的三种逻辑结构说法错误的是(　　).

A. 一个算法只能有一种逻辑结构

B. 任何一个算法都离不开的一种基本算法结构

C. 通过对条件的判断根据条件是否成立而选择不同的流向的算法结构称为条件结构

D. 循环结构中一定包含条件结构

8. 三种逻辑结构中要求先进行判断，根据结果进行不同处理的是(   ).

A. 顺序结构　　B. 顺序结构和循环结构

C. 条件结构和循环结构　　D. 顺序结构和条件结构

9. 如下算法.

S1，输入 x；

S2，若 $x \geqslant 0$，则 $y=x$，否则 $y=x^2$；

S3，输出 y.

若输出的 y 值为 9，则 x 的值是(   ).

A. 3　　B. -3　　C. 9　　D. -3 或 9

10. 阅读下面的程序框图(图 8-12)，该程序输出的结果 $S=$(   ).

A. 10　　B. 28　　C. 30　　D. 46

二、填空题(请在每小题的空格中填上正确答案)

1. 补全下列求一元一次方程 $4x-5=6(x+2)$ 的解的算法过程.

S1，$4x-5=6x+12$；

S2，________；

S3，$-2x=7$；

S4，$x=-\dfrac{7}{2}$.

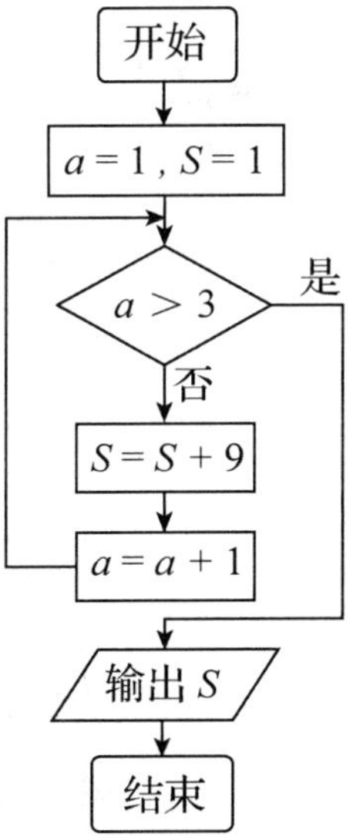

图 8-12

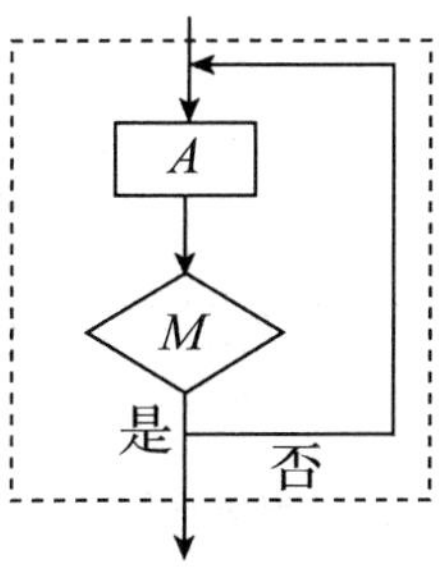

图 8-13

2. ________表示一个算法的起始和结束，是任何流程图不可缺少的.

3. 程序框的三种基本逻辑结构是________、________和________.

4. 下面给出了计算球的表面积的算法.

S1，输入 $R=6$；

S2，$S=4\pi R^2$；

S3，输出 S.

则 $S=$________.

5. 从某处开始，需要反复执行某一步骤的结构，称之为________，反复执行的步骤称为________.

6. 图 8-13 是________型循环结构.

7. 循环结构中一定包含________结构.

8. 在循环结构中都有一个________和________，其中________用于记录循环次数，________用于输出结果.

9. 如图 8-14 所示的程序框图，若输入 $a=1$，$b=2$，则输出的 a 的值为________.

10. 如图 8-15 所示的程序框图，运行相应的程序，输出的结果 $n=$________.

三、解答题

1. 写出求解 $32+4\times5-10$ 的一个算法.

2. 写出求解一元一次不等式 $6x-4>4\times(5-x)$ 的一个算法.

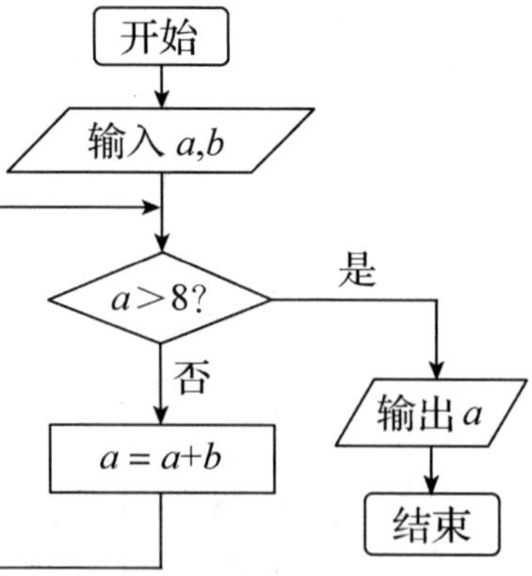

图 8-14

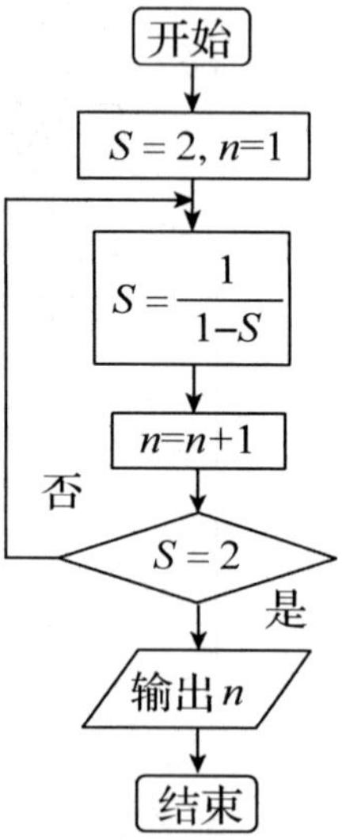

图 8-15

3. 写出求解二元一次方程组$\begin{cases}2x+3y=5,\\2x-7y=-15\end{cases}$的一个算法.

4. 用更相减损术求 225 和 135 的最大公约数.

5. 写出 $f(x)=2x^4-5x^3+6x^2+x+3$ 在 $x=6$ 时的值的一个算法.

四、画图

1. 试设计一个求半径为 R 的球的表面积的算法，并画出程序框图.

2. 试设计一个求分段函数 $y=\begin{cases}x-1, & x\leqslant 1,\\x+1, & x>1\end{cases}$的算法，并画出程序框图.

复习题八(B)

1. 设计一个求解二元一次方程组$\begin{cases}a_1x+b_1y=c_1,\\a_2x+b_2y=c_2\end{cases}$$(a_1b_2-a_2b_1\neq 0)$的算法.

2. 试设计一个求 $y=|3x-2|$ 的算法，并画出程序框图.

3. 设计一个判断 7 是否为质数的算法，并画出程序框图.

4. 试设计一个求 10 个数的平均数的算法.

5. 写出 $f(x)=2x^4-5x^3+6x^2+x+3$ 在 $x=6$ 时的值的一个算法.

专题阅读

秦九韶

秦九韶(约 1208—约 1261)，字道古，南宋著名数学家，生于普州安岳(今属四川)，自称鲁郡(治今山东曲阜)人.

秦九韶“年十八在乡里为义兵首”．他在《数书九章》中说：“早岁侍亲中都(南宋京都临安)，因得访习于太史”．他的父亲曾任秘书省(“天文历数之事”属其职权范围)少监．青年的秦九韶跟随父亲来到杭州，有机会向太史们学习数学天文历法．秦九韶聪明好学，“性极机巧，星象、音律、算术以至营造等事无不精究.”

1244 年 8 月，秦九韶为建康府(今南京)通判，11 月丁母优解官归湖州守孝 3 年．在此期间，他完成了《数书九章》这一伟大的数学巨著.

《数书九章》十八卷(一作九卷)，在中世纪世界数学史上，堪称鸿篇巨制．他在该书的自序中说：“窃尝设为问答以拟于用，积多而惜其弃，因取八十一题厘为九类，立术具草，间以图发之.”81 个应用题分为 9 类，每类 9 题．其 9 类是：大衍、天时、田域、测望、赋役、钱谷、营建、军旅、市场.

秦九韶在每道题中都包括答案、术和草．“术”主要说明解题步骤．“草”是根据术文的演算过程，说明题意，有些还绘有图形．它的体例继承《九章算术》，为应用题集，但其中问题的复杂程度，解题水平都高于以往.《数书九章》对“大衍求一术”(整数论中的一次同余式解法)和“正负开方法”(高次方程的数值解法)，具有卓越的研究成果，代表了中国乃至世界中世纪数学的最高成就．前者称“中国剩余定理”，后者称“秦九韶程序”.

《数书九章》中的 81 题，绝大部分问题都同当时社会生活实际需要密切相关，基本上是今天意义下的数学内容．其题目具体、翔实．例如，对耕地面积的计算，降水量的测量、赋税、田租、高利贷的计算、商业、货币、物价的记录等，都反映了南宋时期社会经济的状况，对研究南宋经济史具有参考价值．中国传统数学发展到宋元时代，达到了它的鼎盛时期，秦九韶就是这个时期产生的著名“宋元四大家”之一．美国科学史家萨顿称，秦九韶是“他那个民族、他那个时代，并且确实也是所有时代最伟大的数学家之一.”

辗转相除法

我们已经学过如何求两个正整数的最大公约数. 例如，求 30 和 45 的最大公约数，我们可以采用短除法进行.

$$\begin{array}{r|rr} 3 & 30 & 45 \\ \hline 5 & 10 & 15 \\ \hline & 2 & 3 \end{array}$$

所以，30 和 45 的最大公约数是 $3\times5=15$.

那么除了这种方法外还有没有其他方法呢？我们可以采用辗转相除法. 辗转相除法是一个反复执行直到余数等于 0 停止的步骤. 具体做法是：用较小数除较大数，再用出现的余数(第一余数)去除除数，再用出现的余数(第二余数)去除第一余数，如此反复，直到最后余数是 0 为止. 如果是求两个数的最大公约数，那么最后的除数就是这两个数的最大公约数. 例如，求 153 和 119 的最大公约数可以做如下计算.

$$153=119\times1+34,$$
$$119=34\times3+17,$$
$$34=17\times2.$$

所以 17 是 153 和 119 的最大公约数.

求任意两个正整数 m，$n(m>n)$的最大公约数，算法如下.

S1，输入两个正整数 m，n.

S2，计算 m 除以 n 的余数 r.

S3，令 $m=n$，$n=r$.

S4，若 $r=0$，则 m，n 的最大公约数为 m；否则转到第二步.

S5，输出最大公约数 m.

其程序框图如下.

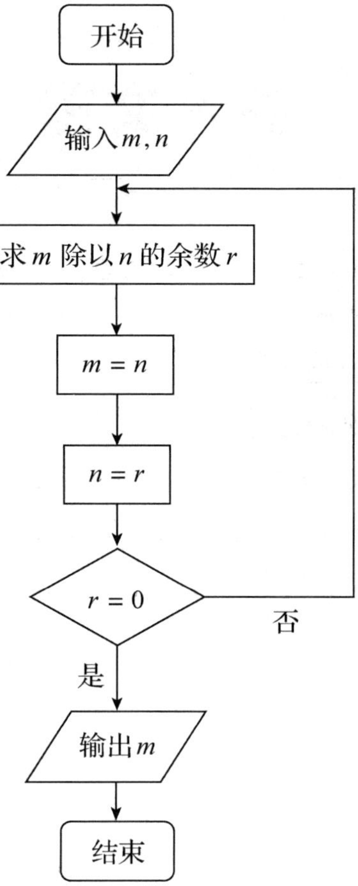

图 8-16

参考文献

[1]《数学手册》编写组. 数学手册．北京：人民教育出版社，1979.

[2] [德]埃伯哈德·蔡德勒，等．数学指南(实用数学手册). 李文林，等，译．北京：科学出版社，2012.

[3] 人力资源和社会保障部教材办公室．数学(第五版 上、下册). 北京：中国劳动社会保障出版社，2011.

[4] 朱鹏华，吴鹏. 数学. 北京：北京师范大学出版社，2015.